U0344828

污染综合防治最佳可行技术参考丛书

欧盟委员会
EUROPEAN COMMISSION

有机精细化学品工业
污染综合防治最佳可行技术

**Reference Document on
Best Available Techniques for the
Manufacture of Organic Fine Chemicals**

欧盟委员会联合研究中心　编著
Joint Research Center, European Communities

环境保护部科技标准司　组织编译

周岳溪　赖　波　杨　柳　伏小勇　等译

化学工业出版社
·北京·

图书在版编目（CIP）数据

有机精细化学品工业污染综合防治最佳可行技术/欧盟委员会联合
研究中心编著. 周岳溪等译. —北京：化学工业出版社，2015.9
（污染综合防治最佳可行技术参考丛书）
ISBN 978-7-122-24921-0

Ⅰ.①有… Ⅱ.①欧…②周… Ⅲ.①有机化工-精细加工-化工生产-
工业污染防治-研究 Ⅳ.①X783

中国版本图书馆 CIP 数据核字（2015）第 188008 号

Reference Document on Best Available Techniques for the Manufacture of Organic Fine Chemicals/by Joint Research Center，European Communities.

责任编辑：刘兴春　刘　婧　　　　　　　　　装帧设计：关　飞
责任校对：王素芹

出版发行：化学工业出版社（北京市东城区青年湖南街 13 号　邮政编码 100011）
印　　刷：北京永鑫印刷有限责任公司
装　　订：三河市胜利装订厂
787mm×1092mm　1/16　印张 20¾　字数 457 千字　2016 年 1 月北京第 1 版第 1 次印刷

购书咨询：010-64518888（传真：010-64519686）　　售后服务：010-64518899
网　　址：http://www.cip.com.cn
凡购买本书，如有缺损质量问题，本社销售中心负责调换。

定　　价：138.00 元　　　　　　　　　　　　　　　　版权所有　违者必究

◀序▶

中国的环境管理正处于战略转型阶段。2006年，第六次全国环境保护大会提出了"三个转变"，即"从重经济增长轻环境保护转变为保护环境与经济增长并重；从环境保护滞后于经济增长转变为环境保护与经济发展同步；从主要用行政办法保护环境转变为综合运用法律、经济、技术和必要的行政办法解决环境问题"。2011年，第七次全国环境保护大会提出了新时期环境保护工作"在发展中保护、在保护中发展"的战略思想，"以保护环境优化经济发展"的基本定位，并明确了探索"代价小、效益好、排放低、可持续的环境保护新道路"的历史地位。

在新形势下，中国的环境管理逐步从以环境污染控制为目标导向转为以环境质量改善及以环境风险防控为目标导向。"管理转型，科技先行"，为实现环境管理的战略转型，全面依靠科技创新和技术进步成为新时期环境保护工作的基本方针之一。

自2006年起，我部开展了环境技术管理体系建设工作，旨在为环境管理的各个环节提供技术支撑，引导和规范环境技术的发展和应用，推动环保产业发展，最终推动环境技术成为污染防治的必要基础，成为环境管理的重要手段，成为积极探索中国环保新道路的有效措施。

当前，环境技术管理体系建设已初具雏形。根据《环境技术管理体系建设规划》，我部将针对30多个重点领域编制100余项污染防治最佳可行技术指南。到目前，已经发布了燃煤电厂、钢铁行业、铅冶炼、医疗废物处理处置、城镇污水处理厂污泥处理处置5个领域的8项污染防治最佳可行技术指南。同时，畜禽养殖、农村生活、造纸、水泥、纺织染整、电镀、合成氨、制药等重点领域的污染防治最佳可行技术指南也将分批发布。上述工作已经开始为重点行业的污染减排提供重要的技术支撑。

在开展工作的过程中，我部对国际经验进行了全面、系统地了解和借鉴。污染防治最佳可行技术是美国和欧盟等进行环境管理的重要基础和核心手段之一。20世纪70年代，美国首先在其《清洁水法》中提出对污染物执行以最佳可行技术为基础的排放标准，并在排污许可证管理和总量控制中引入最佳可行技术的管理思路，取得了良好成效。1996 年，欧盟在综合污染预防与控治指令（IPPC 96/61/EC）中提出要建立欧盟污染防治最佳可行技术体系，并组织编制了 30 多个领域的污染防治最佳可行技术参考文件，为欧盟的环境管理及污染减排提供了有力支撑。

  为促进社会各界了解国际经验，我部组织有关机构翻译了欧盟《污染综合防治最佳可行技术参考》丛书，期望本丛书的出版能为我国的环境污染综合防治以及环境保护技术和产业发展提供借鉴，并进一步拓展中国和欧盟在环境保护领域的合作。

环境保护部副部长 吴晓青

‹序›

石油化工是国民经济重要支柱性产业，也是污染物排放量大的行业。构建先进科学理念，强化资源综合利用，实施污染物的全过程减排，有效支撑石油化工行业可持续发展，改善环境质量。工业发达国家积累了成功经验，可供我国借鉴。

水污染控制是中国环境科学研究院的重要学科领域之一，周岳溪是该学科的主要带头人，二十多年来一直从事工业废水和城镇污水污染控制工程技术研究和成果推广应用，相继承担了多项国家科研计划项目，特别是国家水体污染控制与治理科技重大专项的项目，开展重污染行业废水污染物全过程减排技术研究与应用，取得了很好的社会效益、经济效益和环境效益。在项目的实施过程中，注重吸取国外的先进理念和技术，结合项目的实施，组织翻译了欧盟《污染综合防治最佳可行技术参考》丛书中的《石油炼制与天然气加工工业污染综合防治最佳可行技术》、《大宗有机化学品工业污染综合防治最佳可行技术》、《氨、无机酸和化肥工业污染综合防治最佳可行技术》、《有机精细化学品工业污染综合防治最佳可行技术》和《聚合物生产工业污染综合防治最佳可行技术》等。该类图书由欧盟成员国、相关企业、非政府环保组织和欧洲综合污染防治局组成的技术工作组（TWG）负责编著，旨在实施欧盟"综合污染预防与控制指令"（IPPC 96/61/EC）所提出的污染综合预防和控制策略，确定最佳可行技术（BAT 技术），实施污染综合防治，减少大气、水体和土壤的污染物排放，有效保护生态环境。

该丛书系统介绍了欧盟在上述领域的行业管理、通用 BAT 技术、典型生产工艺 BAT 技术以及最新技术进展等，内容翔实，实用性强。相信其出版将在我国石油化工行业污染综合防治领域引进先进理念，促进工程管理能力，提高科学技术研究与应用发展。

中国工程院院士

中国环境科学研究院院长

2013 年 11 月

◆前言◆

本书是结合本课题组承担的国家水体污染控制与治理科技重大专项（国家重大水专项）项目的实施，翻译欧盟石油化工《污染综合防治最佳可行技术（BAT 技术）参考》丛书之一，即"有机精细化学品（OFC）工业污染综合防治最佳可行技术参考文件"[Integrated Pollution Prevention and Control Reference Document on Best Available Techniques for the Manufacture of Organic Fine Chemicals] 的中译本。主要内容为：绪论；第 1 章总论；第 2 章应用性工艺技术；第 3 章现有排放消耗；第 4 章最佳可行性技术（BAT 技术）备用技术；第 5 章 BAT 技术；第 6 章新兴技术；第 7 章结束语；附录；参考文献。

本书全面、系统地介绍了欧盟 OFC 行业的运行管理、生产工艺技术和污染综合防治的 BAT 技术等，内容翔实、实用性强，适合于行业管理人员和从事污染防治的工程技术人员阅读，也可作为环境科学与工程专业的科研、设计、环境影响评价及高等学校高年级本科生及研究生的参考用书。

本书翻译人员及分工为：第 1 章、第 6 章由王玲玲、赖波、周岳溪负责；第 2 章、第 5 章、附录由杨柳、赖波、周岳溪负责；第 3 章、第 7 章由刘发强、赵保卫、赖波、周岳溪负责；第 4 章由伏小勇、陈学民、赖波、周岳溪负责。全书最后由周岳溪译校、统稿。

本书的翻译出版获得了欧盟综合污染与预防控制局的许可与支持；得到了国家水体污染与治理科技重大专项办公室、国家环保部科技标准司、中国环境科学研究院领导的支持；化学工业出版社对本书出版给予大力支持，在此谨呈谢意。

限于译校者知识面与水平，加之时间紧迫，本书难免存在不妥和疏漏之处，恳请读者不吝指正。

周岳溪

2015 年 6 月

《目录》

绪论

0.1 内容摘要

有机精细化学品（OFC）BREF（最佳可行技术参考文件），是根据欧盟理事会指令 96/61/EC 的 16（2）（下文简称"指令"）的技术交流成果。本绪论介绍主要调查结果、重要最佳可行技术（best available techniques，下文简称"BAT 技术"）的结论及相关消费/排放值。本书阅读应结合 BAT 技术和 BREF 前言、目的、用法和法律条款诠释。本绪论可作为单独技术文件，因没有 BREF 的全部内容，不能作为确定 BAT 技术的依据。

本书重点介绍 OFC 多产品工厂的序批式生产，同时涉及 OFC 生产以序批式、半序批式及连续式运行的"更大"规模生产线。本书未涵盖指令附录 1 中所有有机化学品，如染料、色素、植物健康品、杀菌剂、医药产品（化学和生物过程）、有机炸药、有机中间体、专用表面活性剂、香料、芳香剂、信息素、增塑剂、维生素、荧光增白剂和阻燃剂等。

0.1.1 有机精细化学品生产及其环境问题

有机精细化学品（OFC）生产具有非连续、规模小、产品种类繁多及附加值高的特点。产品供给其他化学公司、直接销售给终端用户或进一步纯化或制备专用精细化学品。一般的 OFC 生产企业拥有 150～250 名职员，也有少于 10 名职员的小公司和超过 20000 名职员的大型跨国公司。

OFC 生产的中间体及产品种类繁多，生产工艺/操作差异小，包括反应物和溶剂的投加和排放、惰化、反应、结晶、相分离、过滤、蒸馏以及产品清洗。许多产品生产需冷却、加热、真空或加压操作。生产过程排放的废物（废液）需通过回收/减排系统处理或废物处置。

OFC生产的主要环境问题是，排放的挥发性有机化合物（VOCs）和高浓度难降解有机废水，大多数属于废溶剂和不可回收废物，OFC生产企业分散，产品种类繁多，排放物组成复杂，缺乏相关原材料消耗等数据。本书不能详细介绍OFC行业的排放，尽管如此，通过广泛调研，收集了该行业典型装置的排放数据。

0.1.2 BAT备选技术

BAT技术筛选分为"环境影响防治"（与工艺设计密切相关）和"废物管理与处理"两类。环境影响防治包括合成路线选择、备选示范工艺、设备选择和装置设计；废物管理与处理包括废物性质评估技术、排放物识别和监控。此外，本书介绍了废气回收/减排技术、废水预处理和生物处理技术。

0.1.3 最佳可行技术（BAT技术）

本书正文涉及的背景资料和相关技术，详细介绍了环境管理BAT技术，以及通用BAT技术的排放值［以浓度和排放量（质量）表示］等，本绪论不予赘述。

0.1.3.1 防治措施
（1）工艺研发的环境保护理念

BAT技术在工艺研发的全过程融入了环境、健康和安全理念。BAT技术不仅对正常操作进行结构性的安全评估，而且考虑了化学工艺偏差和装置运行失误的影响。BAT技术建立并实施了严格的运行规程和技术措施，减少危险物质处理与贮存的风险；从事危险物质处理的运行人员，上岗前必须进行有效合格的技术培训。新建装置必须采用BAT技术设计，实现污染物排放最小化。也就是说，通过装置设计、建设、运行和维护的全过程BAT技术，实现物质（通常为液体）排放（溢出）最小化，减少土壤和地下水的潜在污染风险。设施必须严格密封、运行稳定，有效抵抗可能出现的机械、热或化学作用。BAT技术可快速、准确地识别各种泄漏。BAT技术设置容积充足的截留池，安全截留溢出的泄漏物、消防用水以及污染地表水，确保有效处理处置。

（2）源头防护和设备密闭

BAT技术通过源头防护和设备密闭实现非控制性排放最小化。采用闭路循环（包括溶剂冷凝回收）实施干燥处理。在确保纯度许可的前提下，BAT技术实施工艺蒸汽循环再利用。BAT技术通过关闭所有非必须排孔，有效防止气体收集系统从工艺设备中吸入空气，实现气体用量最小化。BAT技术确保工艺设备，特别是反应釜的高度气密性。BAT技术一般采用短时惰性保护，而不是持续惰性保护。如果基于安全要求，则必须采用持续惰性保护。例如，制氧工艺或惰性保护后需继续加载物料，则必须采用连续惰性保护。

（3） 蒸馏冷凝器设计优化

BAT 技术通过蒸馏冷凝器的设计优化，实现蒸馏过程废气排放最小化。

（4） 增加反应釜的液体量以减少峰值

BAT 技术在满足化学反应操作运行并符合安全要求的前提下，往往采用底部进料或者底部浸泡的方式，将液体原料投加至反应釜；或通过管道将液体原料从顶部投加，即将进料管道设在釜顶，把料液沿着反应釜内壁投加至反应釜内，防止原料飞溅，减少废气的有机物含量。如果生产过程中，反应釜中同时投加固体和有机液体原料，则在满足化学反应操作运行并符合安全要求的前提下，通过密度差可降低排放气体的有机物浓度，BAT 技术则以固体原料为气体原料的动态覆盖层。BAT 技术通过优化生产运行操作程序，采用平流过滤，有效削减原料的高峰负荷及其排放浓度峰值。

（5） 产品改进备选技术

BAT 技术采用膜分离、溶剂选择、反应萃取等技术，淘汰高盐母液，有效进行母液配制（work-up），避免中间产物分离。BAT 技术通过规模化生产试验，验证产品逆流清洗技术可行性，然后应用于实际生产。

（6） 真空、制冷及清洗

BAT 技术采用干式运转泵（dry running pump）、溶剂环介质（ring medium）的液环泵（liquid ring pump）或闭环液环泵（closed cycle liquid ring pump），制备无水真空。如果不能使用这些技术，则采用蒸汽喷射器（steam injector）或水环泵（water ring pump）等替代技术。序批式工艺，如何有效控制预定的化学反应终点，BAT 技术的操作规程明确。间接冷却属于 BAT 技术。尽管如此，添加水或冰以控制安全温度、温度跃变或温度骤变等过程不能采用间接冷却。此外，直接冷却还可应用于运行"失控"或热交换器堵塞风险的控制。BAT 技术在冲洗/清洗设备前，通过预冲洗，最大限度地减少冲洗废水的有机物量。实际生产中，各种物质均通过管道频繁输送，管道洁净直接影响清洁环节中产品损耗量。

0.1.3.2 废物管理与处置

（1） 物料平衡和废物解析

在 BAT 技术中，VOCs（包括 CHCs）、TOC（或 COD）、AOX（或 EOX，可萃取性有机卤化物）和重金属的物料平衡以年为基准。BAT 技术通过详细的废物流分析确定废物源，构建基本数据库，确保废气、废水和固体废弃物的管理和有效处置。BAT 技术要求，废水评价指标不能少于表 0.1 列出的参数，除非经科学论证某参数与所评价废水无关。

（2） 大气排放监测

大气排放应历时记录，不能依据短期采样结果推断排放值。大气排放数据用排放历时曲线表示。大气排放监测的 BAT 技术，监测排放历时曲线反映生产过程运行模式。如非氧化减排/回收系统，各种工艺排放的废气通过中心回收/减排系统处理，BAT 技

表 0.1 废水评价参数

参数	数值
废水体积/批次	标准
批次/a	
废水体积/d	
废水体积/a	
COD 或 TOC	
BOD_5	
pH 值	
生物降解性(bioeliminability)	
生物抑制(包括硝化作用)	
AOX	预期
CHCs	
溶剂	
重金属	
总氮(TN)	
总磷(TP)	
氯化物	
溴化物	
SO_4^{2-}	
残余毒性	

术采用连续监测系统（如氢火焰离子检测器，FID），可逐一监测排放气体中具有潜在生态毒性的物质。

（3）单独废气量监测

BAT 技术可监测评价生产装置排放至回收/减排系统的各股废气量。

（4）溶剂回用

在确保纯度要求的前提下，溶剂回用属于 BAT 技术。在生产周期内，前批次的溶剂回用于后续批次，即将收集的废溶剂厂内（原位）（on-site）或厂外（异位）（off-site）纯化后回用，或废溶剂收集进行能量（热）回收。

（5）挥发性有机化合物（VOCs）处理技术的选择

根据生产场所具体情况、点源排放数量，挥发性有机化合物（VOCs）回收/减排系统可采用单项或集成技术，其服务对象为整个生产区域或单座生产建筑物或某种生产工艺。BAT 技术按照图 0.1 所示的流程，选择 VOCs 回收/减排 BAT 技术。

（6）非氧化性的挥发性有机化合物的回收或减排：BAT 技术排放值

非氧化性的挥发性有机化合物（VOCs）的回收或减排，BAT 技术的 VOCs 排放值，如表 0.2 所列。

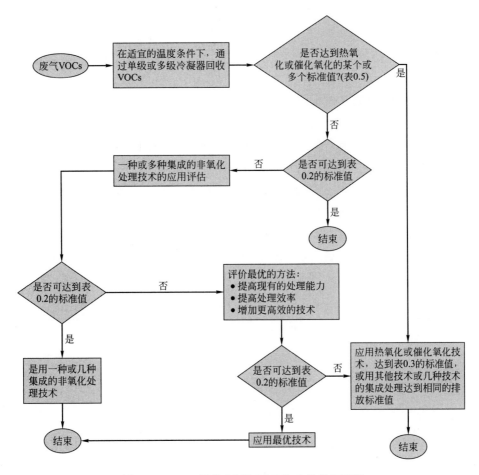

图 0.1 VOCs 回收/减排 BAT 技术的确定流程

表 0.2 非氧化 VOCs 回收/减排 BAT 技术的排放值

参数	点源的平均排放值[1]
总有机碳（TOC）	0.1kgC/h 或 20mgC/m³[2]

① 平均时间对应于排放历时曲线，排放值用 m³（标）干气来表示。

② 未稀释的废气流量用浓度值表示，如车间或建筑物排气口的废气流量。

(7) 热氧化/焚烧或催化氧化：BAT 技术排放值

热氧化/焚烧或催化氧化，BAT 技术选择标准及 VOCs 排放值，分别如表 0.3、表 0.4 所列。

表 0.3 催化氧化和热氧化/焚烧的选择标准

序号	选择标准
1	剧毒、致癌或致癌原类 1 或致癌原类 2 的废气
2	正常运行中，可能自产热
3	装置的初级能源总消耗减少（如二次加热）

表 0.4　热氧化/焚烧或催化氧化 BAT 技术的 VOCs 排放值

热氧化/焚烧或催化氧化	物质量 kgC/h(平均值)	或	mgC/m³(平均浓度)
总有机碳(TOC)	<0.05		<5

注：平均时间对应于排放历时曲线，排放值用 m³(标)干气来表示。

(8) NO_x 回收/减排 BAT 技术

热氧化/焚烧或催化氧化，BAT 技术的 NO_x 排放值如表 0.5 所列。必要时需用脱硝(DeNO_x)[如，选择性催化还原(SCR)或选择性非催化还原(SNCR)]或二级燃烧单元装置，方可达到表 0.5 的排放值。化学生产过程中的废气，BAT 技术的 NO_x 排放值如表 0.5 所列。必要时需用涤气或配置 H_2O 和(或)H_2O_2 的清洗剂的洗涤器，方可达到表 0.4 的排放值。采用吸收法处理化学生产过程排放的高浓度 NO_x(≥1000mL/m³)尾气，可制备成 55% 的 HNO_3，厂内(原位)或厂外(异位)回用。通常，化学生产过程产生的 NO_x 尾气含有 VOCs，采用配置脱硝系统(DeNO_x)或二级燃烧单元装置(已应用原位处理)的热氧化/焚烧系统处理 VOCs。

表 0.5　BAT 技术的 NO_x 排放值

排放源	平均排放值/(g/h)①	或	平均排放值/(mg/m³)①	备注
化学生产过程,如硝化、废酸的回收	0.03~1.7	或	7~220②	排放下限值对应于洗气处理系统和 H_2O 洗涤系统的低废气处理量。若废气处理量大,即使以 H_2O_2 为冲洗介质,排放浓度也高于下限值
热氧化/焚烧,催化氧化	0.1~0.3		13~50②	
热氧化/焚烧,催化氧化,含氮有机物废气处理			25~150②	下限对应于 SCR,上限对应于 SNCR

① NO_x 以 NO_2 计,平均时间对应于排放历时曲线。

② 排放值以 m³(标)干气为单位。

(9) HCl、Cl_2、HBr、NH_3、SO_x 和氰化物回收/减排 BAT 技术

根据产能，若论证设备投资合理，则可由高浓度 HCl 废气有效回收 HCl。若废气未预处理脱除 VOCs，则必须监测所回收的 HCl 是否存在有机污染物(AOX)。BAT 技术的废气排放值如表 0.6 所列。必要时应用装填适用洗涤介质的单台或多级洗涤器。

表 0.6　BAT 技术的 HCl、Cl_2、HBr、NH_3、SO_x 和氰化物排放值

参数	浓度	或	流量
HCl	0.2~7.5mg/m³		0.001~0.08kg/h
Cl_2	0.1~1mg/m³		
HBr	<1mg/m³	或	
NH_3	0.1~10mg/m³		0.001~0.1kg/h
SCR 或 SNCR 的 NH_3 排放量	<2mg/m³		<0.02kg/h
SO_x	1~15mg/m³		0.001~0.1kg/h
氰化物(以 HCN 计)	1mg/m³		3g/h

(10) 颗粒物去除

各种废气都需颗粒物去除。回收/减排系统的选择主要依据颗粒物性质。BAT技术的颗粒物排放值为$0.05\sim5mg/m^3$或$0.001\sim0.1kg/h$。必要时需采用布袋除尘器、纤维织网过滤器、旋风分离器、清洗或湿式静电除尘器（WESP）等，方可达到排放值。

(11) 典型废水分离和选择性预处理BAT技术

BAT技术处理卤化和磺基氯化过程的废母液，包括废水分流、预处理或处理。BAT技术预处理后，废水中含有影响后续处理或直接排放会导致受纳水体产生水环境风险的生物活性物质的浓度低于相应的阈值。BAT技术包括废水分流、废酸液（如磺化或硝化过程产生的废酸液）分别收集的原位/异位回收和难降解有机物预处理的技术。

(12) 难降解有机废水预处理BAT技术

BAT技术包括难降解有机废水分流和预处理。有机废水分类：若废水生物降解率大于$80\%\sim90\%$，则不属于难降解有机废水；废水生物降解率低，但每批次或每天的排放量约为$7.5\sim40kgTOC$，则不属于难降解有机废水。BAT技术首先进行难降解有机废水的分流，然后再预处理与生物处理，废水的COD去除率$>95\%$。

(13) 废水中溶剂回收BAT技术

若生物处理的成本及溶剂购买费用高于废水中溶剂的回收提纯成本，则采用BAT技术进行废水中溶剂原位/异位回收回用。具体技术包括汽提、蒸馏、精馏、萃取或其集成技术。能量平衡计算结果表明，废水溶剂的总热值大于天然燃料，BAT技术以回收废水溶剂作为热源，替代天然燃料。

(14) 废水中去除卤代物的BAT技术

BAT技术通过汽提、精馏或萃取等方法处理废水，出水CHCs浓度如表0.7所列。如果废水的可吸附有机卤化物（AOX）浓度高，经过BAT技术预处理后排入厂内废水生物处理厂（biological WWTP）或城市污水处理厂的废水AOX浓度如表0.7所列。

表0.7　BAT技术处理排入厂内废水生物处理厂或城市污水处理厂的浓度值

参数	年均值	单位	备注
AOX	$0.5\sim8.5$		上限值对应于生产过程中AOX排放节点多且预处理和/或可吸附有机卤化物易生物去除
可去除性CHCs	<0.1		预处理的出水总浓度应$<1mg/L$
Cu	$0.03\sim0.4$	mg/L	
Cr	$0.04\sim0.3$		上限值对应于重金属或重金属化合物直接用于多个生产过程，且排放后经过预处理
Ni	$0.03\sim0.3$		
Zn	$0.1\sim0.5$		

(15) 废水重金属去除的BAT技术

高浓度重金属废水经过BAT技术预处理后，排入厂内废水生物处理厂或城市污水处理厂的废水重金属浓度可达到表0.7的限值。若重金属废水排入厂内的废水生物处理厂不影响其正常运行而且剩余污泥焚烧处置，同时预处理-生物组合工艺处理废水的重金属去除效果与单独的生物处理的相当，则选择重金属废水与其他废水混合后排入厂内废水生物处理厂处理。

(16) 游离氰化物去除的 BAT 技术

BAT 技术是通过可行技术替代原材料，进行含游离氰废水再处理。BAT 技术预处理高浓度含氰化物废水，出水的氰化物浓度≤1mg/L，或确保氰化物在城市废水生物处理厂中安全降解。

(17) 废水生物处理的 BAT 技术

BAT 技术是通过城市废水生物处理厂处理适当浓度的有机废水，如工艺废水、洗涤和清洁废水。污水生物处理 COD 去除率一般为 93%～97%（年均值）。生产废水排入城市生物处理厂处理时，应确保有机物的去除率不低于厂内废水处理车间原位处理的去除率。由于工厂的产品种类（如染料/色素、荧光增白剂）繁多，排放的废水中含有各种难降解芳香族中间化合物，厂内预处理装置运行过程中无论有机溶剂去除还是难降解有机物降解都在变化。在处理生产废水时，城市废水生物处理厂（biological WWTP，下文简称"生物 WWTP"）COD 去除率不能视为简单的运行工艺参数。根据实际需要进行生物 WWTP 改造，其中包括改变处理容量，增加缓冲池容积或补充硝化/反硝化过程或添加化学/机械处理单元，以充分发挥生物 WWTP 对所有生产废水生物处理潜力，BOD 去除率可以达到 99%以上，处理后出水的 BOD 浓度为 1～18mg/L（年均值）。该处理结果是指生产废水未与冷却水混合稀释，直接排入生物 WWTP 后的处理效果。BAT 技术的排放值如表 0.8 所列。

表 0.8　废水生物 WWTP 处理 BAT 技术的排放值

指标	年均值[①]		备注
	浓度	单位	
COD	12～250	mg/L	
总磷（TP）	0.2～1.5		上限值对应于含磷化合物的生产废水
无机氮	2～20		上限值对应于含氮化合物的生产废水或发酵废水
AOX	0.1～1.7		上限值对应于各种 AOX 相关的生产废水，高 AOX 废水预处理后的废水
Cu	0.007～0.1		
Cr	0.004～0.05		上限值对应于使用重金属和重金属化合物的各种废水，及预处理废水
Ni	0.01～0.05		
Zn	—0.1		
悬浮固体			
LID_F	1～2	稀释系数	毒性为水生动物毒性（EC$_{50}$）
LID_D	2～4		
LID_A	1～8		
LID_L	3～16		
LID_EU	1.5		

① 未经冷却水等稀释，直接排入生物 WWTP 排放值。

(18) 总废水监测

BAT 技术是定期监测生物 WWTP 的原水和出水。如果生物 WWTP 处理本来需要处理具有潜在生态毒性的物质或者偶然排入具有潜在生态毒性的物质，则 BAT 技术还需要对处理后的总出水进行常规生物监测。在需要关注残留毒性时（如生物 WWTP 处理效果受特殊的生产过程影响），BAT 技术进行毒性和 TOC 的联合在线监测。

0.1.4　结束语

OFC 生产的 BAT 技术资料交流于 2003～2005 年执行。技术工作组（Technical Working Group）自始至终合作非常成功，没有产生异议。尽管如此，由于技术保密日益突出，整个工作遇到了明显的阻力。

EC 启动实施了包括清洁生产、废水处理与循环新技术以及管理策略系列课题在内的 RTD 项目，对本书的编制提供了支持。这些项目的成果无疑会直接受益于本 BREF 的修订。在此，恳请读者就本书（包括绪论）涉及 EIPPCB 的相关研究结果予以确认。

0.2　序言

0.2.1　本书的地位

除特别说明外，本书的"指令"（directive）是指综合污染预防与控制的欧盟理事会指令（IPPC96/61/EC）。

本书介绍了欧盟成员国和相关工业部门的 BAT 技术、相关监测及其发展的技术交流系列成果的部分内容。欧盟委员会根据指令第 16（2）条款出版。因此，确定"BAT 技术"时，需与指令的附录Ⅳ的要求保持一致。

0.2.2　IPPC 指令的相关法律义务和 BAT 技术定义

为了帮助读者理解本书编写的法律背景，序言介绍 IPPC 指令（下文简称"指令"）的直接相关条文，包括术语"BAT 技术"的定义。显然，这些描述无疑是不完全的，只是提供信息，也不具有法律效力，不能改变或偏离指令的条文。

指令的目的是综合预防和控制附录Ⅰ中的污染行为，提高整体环境保护水平。指令的法律基础是保护环境。实施兼顾其他欧盟目标，如欧盟行业的竞争性，促进持续发展。

具体地，指令为不同类型工业设施提供许可制度，要求运营商和监管部门全面综合考察工业设施的污染和资源消耗。总目标是改善生产工艺的管理和控制，整体上提高环境保护水平。指令的核心是第 3 条提出的基本原则，经营者应采取所有合理的预防措施，特别是通过应用最佳可行技术，防止污染，改善环境效益。

指令第 2（11）条款定义了"BAT 技术"是"生产发展及其运行方法的最有效、最先进的阶段，反映了技术实际适应性，为制定排放限值提供了基本的技术依据，防止或（在无法防止时）减少污染排放及其对环境的整体影响。"第 2（11）条款对此定义的进一步说明如下：

- "技术"包括装置设计、建造、维护、运行和报废退役的技术与方法；
- "可行"技术是指在经济和技术可行条件下，被相关工业部门规模实施应用，具有成本与技术优势，这些技术不限于欧盟成员国内部使用或生产，只要经营者可合理获得；
- "最佳"是指在实现对整体环境的高水平保护方面最有效。

此外，指令附录Ⅳ包括"在通常或特定情况下，确定最佳可行技术时需要考虑的事项……尤其要考虑措施的可能成本和效益，以及污染预防原则"等。这些事项包括欧盟委员会按照指令第 16（2）条款公布的信息。

许可授权部门在确定许可条件时，需考虑指令第 3 条款提出的一般原则。这些条件必须包括排放限值，适当时可用等效参数或技术措施补充或替代。根据指令第 9（4）条款，这些排放限值、等效参数和技术措施，必须在不妨碍达到环境质量标准的前提下，基于 BAT 技术，不规定使用任何技术或特定技术，但应考虑相应装置的技术特点、地理位置和当地环境条件。任何情况下，许可条件都应包括对最大限度减小远程或跨界污染的规定，实现整体高水平的环境保护。

根据指令第 11 条款，欧盟成员国有义务确保主管部门遵循并知悉 BAT 技术的发展。

0.2.3 本书的编写目的

指令第 16（2）条款要求欧盟委员会组织"各成员国和工业部门开展有关最佳可行技术、相关监测及其发展的技术信息交流"，并公布交流成果。

第 25 项指出，技术信息交流的目的在于"在欧盟层次上发展和交流有关 BAT 技术的信息，有助于解决欧盟内部的技术不平衡，促进欧盟所采用的限值和技术在全球的推广，帮助欧盟成员国有效实施本指令"。

欧盟委员会（环境总署）为了指令第 16（2）条款的实施，建立了专门的信息交流论坛（IEF），在 IEF 框架下建立了技术工作组。IEF 和技术工作组中都包括欧盟成员国及其工业部门代表。

本书编写目的是为了准确反映指令第 16（2）条款规定的技术交流，为许可授权部门确定许可条件提供技术资料，使 BAT 技术的有关资料成为提高环境效益的有力手段。

0.2.4 资料来源

本书汇总了不同渠道收集的资料，包括为协助委员会工作而特别设立的专家组，这些资料已经委员会核实。对所有的贡献者谨呈谢意。

0.2.5 本书的理解和使用

本书提供的资料，旨在为具体案例中确定 BAT 技术提供参考。在确定 BAT 技术和设定基于 BAT 技术的许可条件时，始终应以实现整体高水平环境保护为总目标。本书的其余部分提供了下列资料。

第 1 章、第 2 章介绍本领域相关工业部门及生产工艺的基本资料。

第 3 章介绍现有装置的排放和消耗状况的数据资料。

第 4 章详细介绍污染物减排及其他技术，这些技术与确定 BAT 技术和基于 BAT 技术的许可条件密切相关。具体内容包括与确定 BAT 技术和基于 BAT 技术的许可条件密切相关的可达排放值、成本、跨介质污染问题，以及 IPPC 许可的装置，如新装置、现有装置、大型或小型装置可采用的技术。显然，技术过时的生产装置不在其中。

第 5 章介绍不同技术、排放水平、消耗水平等数据资料，总体上与 BAT 技术相协调。目的是通过排放量和消耗水平的相关资料，为设定基于 BAT 技术的许可条件，或为根据指令第 9（8）条款制定具有普遍约束力的法规提供适用的参考。然而需强调的是，本书无意提出任何排放限值。设定合适的许可条件，需考虑当地、现场的因素，如装置的技术特征、所处的地理位置，以及当地的环境条件。对于现有装置，需考虑装置升级改造的技术经济可行性。即使为了达到整体环境高质量保护的单一目标，往往也涉及不同类型的环境影响的权衡问题，这些判断会受到当地因素的影响。

本书虽然试图解决其中一些问题，但考虑不可能完全充分。第 5 章介绍的技术和排放/消耗水平并非适用于所有装置。另一方面，确保高水平保护环境的责任，必须使远距离或跨界污染最小化。这意味着许可条件的设定不能仅考虑当地因素。总之，最重要的是，许可授权部门应充分考虑本书包含的技术资料。

案例工厂

除参考文献外，本书编写过程中考察并引用了大量案例工厂提供的资料。基于技术保密原因，所有参考工厂均以数字代码表示（如 * 199D，O，X * ），这些数字代码表示本书的参考工厂，产品种类如下字母所列：

A   APIs

B   杀菌剂/植物保健品

D   染料/颜料

E   炸药

F   香料/香精

I   中间体

L   大型多产品综合生产基地

O   荧光增白剂

V   维生素

X   其他 OFC

所有案例工厂如本书附录Ⅲ中表 F1 所列。

0.2.6 本书的资料更新和修订

BAT 技术具有时效性，本书将适时修订更新。恳请将相关的意见和建议转至欧洲综合污染预防与控制局（设在未来技术研究所），联系地址如下：

Edificio Expo，c/ Inca Garcilaso，s/n，E-41092 Sevilla，Spain

Telephone：+34 95 4488 284 Fax：+34 95 4488 426

e-mail：jrc-ipts-eippcb@ec.europa.eu Internet：http：//eippcb.jrc.es

0.3 本书的范围

有机精细化学品（OFC）的 BREF 涵盖多产品（multipurpose）工厂的有机化学品批式生产（batch manufacture），特别是 IPPC 指令附录 1 中列举的下列产品的生产：

4.1 染料和颜料；

4.4 杀菌剂和植物保健品；

4.5 （化学和生物工艺）药品；

4.6 炸药。

有些有机化学品未列入附录 1 中，但在多产品工厂批次生产，因此属于本书的范围，如有机中间体；专用表面活性剂；香料、香精、外激素（pheromones）；增塑剂；维生素（属于药品）；荧光增白剂（属于染料和颜料）；阻燃剂。

上述划分并非绝对，对于大规模生产也没有严格的产能界限。因此，OFC 生产工厂存在专用生产线，即适合批式、半批式或连续大宗产品的生产线。

OFC 涵盖的产品种类繁多。本书介绍与环境相关的单元过程、单元操作以及典型企业的常规设施，属于 OFC 工艺设计前期环节的总体技术指南，重点在于生产工艺技术改进，特别是不可避免的废物排放的管理。每种产品生产过程的具体内容则不在本书的范围内。本书也无法取代与"绿色化学"相关的化学教材。

化工废水、废气处理/管理 BREF 的界面

化工废气和废水处理/管理（CWW）BREF 介绍化学工业的共性技术［31，European Commission，2003］，涉及 OFC 生产专一性技术则不属于 CWW BREF 内容。

OFC BREF 以 CWW BREF 技术为基础，开展 OFC 生产技术适应性评估。重点在于单元操作模式（批式生产、生产周期、产品频次变化）对处理技术的选择及适应性的影响，以及多产品工厂管理所面临的问题。进一步地通过绩效评估得到 OFC 特有的技术资料和数据。

1

总论

1.1 行业分布

化学工业属于欧洲第三大支柱产业，销售额超过 5190 亿欧元，贸易盈余达 650 亿欧元，为欧洲第一大出口产业。化学工业及其相关领域，特别是 OFC 工业属于全球性市场竞争产业 [18, CEFIC, 2003]。

欧洲化学工业拥有直接雇员 170 万，此外还有达 300 万个就业岗位直接支撑化学工业。OFC 工业雇员超过 60 万，营业额达 1250 亿欧元。一般的化学工业制造商拥有 OFC 生产装置跨国公司，然而 90% 以上 OFC 制造商属于中等或小规模公司，欧洲化学工业销售结构分布（2003 年）如图 1.1 所示。

与基础化学品相比，专用精细化工产品生产规模较小。专用化学品包括工业助剂、染料和颜料、油脂化学品、农药、涂料和墨水。精细化学品则包括医药中间体、农药中间体和化学试剂中间体。药品包括基础药剂和药物制品。

OFC 生产商的产品种类繁多、附加值高、产量小。一家工厂往往能够生产多种不同产品，呈批式生产模式。OFC 产品和中间体主要供化学制造商自身利用，少量外销。根据纯度、特殊功效，OFC 产品主要销售到直接面向终端用户市场的化学公司。OFC 的主要终端用户市场是医药、农药、染料、调味料和香料、专性高分子材料、电子设备、食品添加剂和催化剂。全球 OFC 市场量涨幅约 4%（以年计），现产值接近 2650 亿欧元（相当于 3000 亿美元），以雇佣规模为基准的企业数目和销售额见图 1.2。影响欧洲主要 OFC 制造商的需求模式包括：

① 主要客户，如制药公司的持续全球化，不断减少新产品合同商的数量；

② 产品的生产持续向远东地区转移；

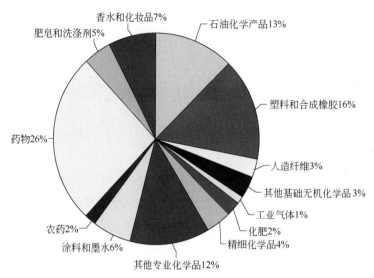

图 1.1　欧洲化学工业销售结构分布（2003 年）

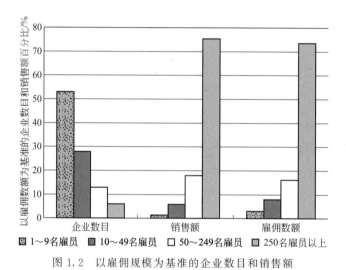

图 1.2　以雇佣规模为基准的企业数目和销售额

③ 大型跨国公司的持续联营合并，加大现有产品和小产量新产品的委托制造；

④ 管理成本不断上涨，小制造商的生产成本急剧增加。

OFC 制造商，包括从雇员不到 10 人的小规模公司到雇员超过 20000 人的大型跨国公司，大多数的制造商的雇员为 150～250 人。

OFC 工业除产品生产外，还能进行合成、合同加工、产品研发、对外研究，及实验室化学品供应等专门服务。OFC 制造商具有下列特点：

① 管理完善，工艺技术娴熟灵活；

② 技术应用能够力强，客户服务周到［99，D2 comments，2005］；

③ 实施 ISO 9001，ISO 14001，EMAS 和 "Responsible Care Programme" 等国际管理体系；

④ 具备从几千克到几吨复杂有机化合物的生产能力；

⑤ 具有独特技术平台，愿意采用成熟的新技术；

⑥ 资产可随时支持动态药品生产管理规则的运行；

⑦ 完善的监管分析设施；

⑧ 迅速追踪研制新产品；

⑨ 定制合成制造战略承诺；

⑩ 市场适应性强、反应敏捷；

⑪ 创新能力强，与大学、研究机构联系紧密；

⑫ 致力于有害物质的替代 [99，D2 comments，2005]。

1.2 环境问题

OFC 工业的主要环境问题如下：①挥发性有机化合物（VOCs）排放；②高浓度难降解有机废水排放；③废弃溶剂量大；④不可回用废弃物比例高。

各种已处理排放的物质包括有毒、疑似致癌性或致癌性的高危化合物。

下列数据可反映其危害。

• 某家新建公司（属于常见规模）正常生产时，溶剂年需求量为 10000t，其生产运行满足指令规定的 VOCs 排放限值，但是其 VOCs 年排放量仍超过 500t。

• 如果该公司的循环/焚烧设备不能正常运转，则每年需处置所产生的废溶剂达到 9500t。

• 该公司 COD 的年正常排放量为 50t，即废水处理厂出水中所含的难降解有机物排放量。

• 产品"复杂"、规模较大的工厂，其 COD 的年排放量可能高达 1000t。

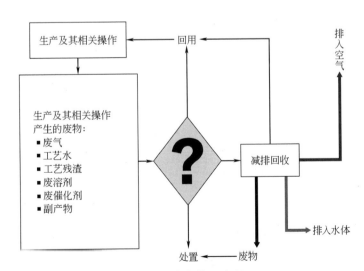

图 1.3 废物管理流程

废物排放防止、最小化、回收/减排

反应、产品的纯化或分离操作会排放不同废物（废气、母液、冲洗废水、废溶剂、废催化剂及副产品）。这些废物需解析，确定其组成。在多产品工厂，如果经过工艺改进某种特定废物的排放不能减排，则该废物通过回收还是减排装置处置将成为技术难题（见图 1.3）。

1.3 主要产品

1.3.1 有机染料和颜料

[1，Hunger，2003，2，Onken，1996，6，Ullmann，2001，19，Booth，1988，20，Bamfield，2001，46，Ministerio de Medio Ambiente，2003]

1.3.1.1 概述

染料和颜料的分类依据为化学结构和应用。最主要的商业性产品是偶氮、蒽醌、硫化、靛蓝、三芳基甲烷和酞菁染料。图 1.4 为重要商业化染料的主要发色基团。染料分类（依据染色方式和用途）如表 1.1 所列。

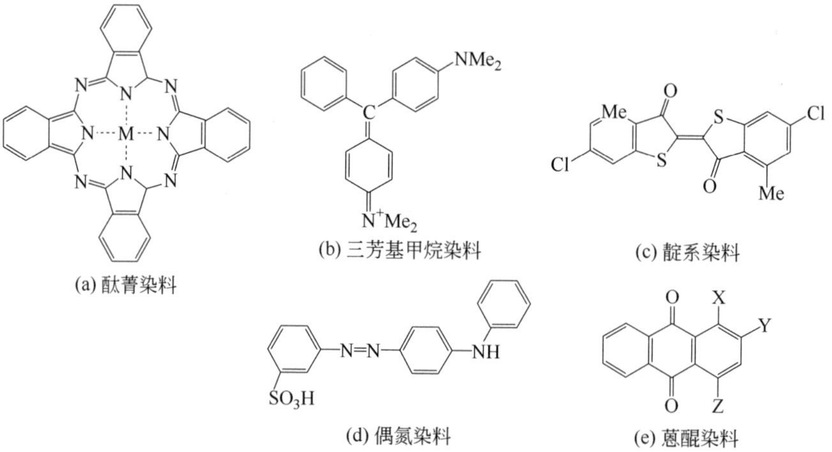

(a) 酞菁染料 (b) 三芳基甲烷染料 (c) 靛系染料 (d) 偶氮染料 (e) 蒽醌染料

图 1.4 重要商业化染料的主要发色基团

表 1.1 染料分类（依据染色方式和用途）

染色法	选择性底物/特殊应用	主要化学分类	水中溶解性
活性染料	棉	偶氮、金属偶氮、酞菁、蒽醌	溶解
分散性染料	聚酯、电子照相术	非离子	不溶
直接染料	棉、再生纤维素	阴离子、多偶氮	溶解
还原染料	纤维素纤维	蒽醌、靛蓝	不溶，溶于无色盐

续表

染色法	选择性底物/特殊应用	主要化学分类	水中溶解性
硫化染料	棉	硫化染料	溶解
阳离子或碱性染料	纸、聚丙烯腈、聚酯	三芳基甲烷	溶解
酸性染料	聚酰胺纤维、木材、丝绸、皮革、纸、墨水		溶解
溶剂染料	塑料、汽油、油、蜡	偶氮、蒽醌	不溶

除少数品种外，目前应用广泛的染料都是在 19 世纪 80 年代发现的。1930～1950 年引进了聚酰胺纤维、聚酯和聚丙烯腈等合成纤维，由此产生了一次重大变革。1954 年，活性染料出现并商业化上市，导致棉制品的染色出现重大突破。迄今，人们一直在大规模地进行活性染料的研究。

现在研究的另一热点是：以较强发色基团染料，如（杂环）偶氮替代较弱发色基团，如蒽醌。这些研究成果已用于高科技，特别是电子线路和非击打式印刷业。

1.3.1.2 颜料

所谓的颜料是几乎不溶于应用介质的染色剂，而染料是溶于染色介质的染色剂。

在染色方面，晶形颜料在染色过程中呈固态。在工业应用中，颜料的理化性质（如颗粒大小、粒度分布、表面形状和比表面积、晶形变化和晶型）十分重要。

许多有机颜料和染料的基础化学结构相同。在生产过程中，往往通过减少溶解基团、形成非溶解性羧酸盐或硫酸盐（即生成色淀）、生成无溶解基团的金属络合物及特殊溶解度低的基团（如酰胺基）等措施，制备非溶性颜料。

图 1.5 为颜料的主要用途。

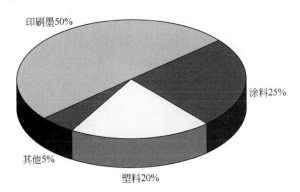

图 1.5 有机颜料的主要用途

其他有机颜料一般用于纺织品印刷和一些小的领域，包括非接触印刷及办公辅助用品（如彩色铅笔、蜡笔和粉笔）、木质品、化妆品和纸的印染。

1.3.1.3 经济性

染料工业的规模与纺织业直接关联。世界纺织业产量一直在稳定增长，1990 年的产量约 3500×10^4 t。棉花和聚酯是当今最重要的两种纺织纤维。因此，染料制造商集中生产纤维的染料。据统计，1990 年，全世界的染料和颜料产量达 100×10^4 t。染料在高科技领域，特别是在喷墨打印行业的用量呈高速增长。与染料的传统用户的用量相比，高科技领域的染料用量很少，但其价格昂贵，所形成的产值不容小觑，全球主要纺织品染料制造商及其市场份额如图 1.6 所示。

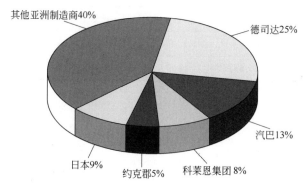

图 1.6　全球主要纺织品染料制造商及其市场份额 [20，Bamfield，2001]

全球 OFC 产量中，美国制造商已占大份额，西欧在其他国家开设了许多子公司其市场区域分布见图 1.7。西欧的产量在全球产量的份额由 20 世纪 90 年代早期的 95％锐减到现在的 40％。在成本较低的国家和地区，如印度、中国台湾和中国内地的染料产量在不断增加。据统计，目前全球的有机染料年产量已达 750000t [6，Ullmann，2001]。

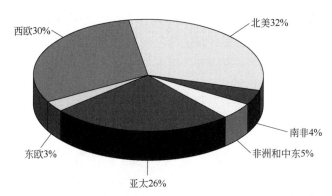

图 1.7　全球有机颜料的市场区域分布 [20，Bamfield，2001]

欧洲主要染料制造商正在实施大规模重组、合并和收购，集中于"核心"关键环节（见表 1.2）。

表 1.2　西欧主要染料制造商重组表 [20，Bamfield，2001]

国家	现有公司	原来公司
德国	德司达	拜耳,赫斯特,巴斯夫,纺织品染料商捷利康
瑞士	科莱恩	山德士,赫斯特特殊化学品
	汽巴专用化学品	汽巴-嘉基
英国	奥维斯	英国化学工业公司
	约克郡	康普顿,楼氏电子(美国)

1.3.2 药物活性组分（APIs）

[2，Onken，1996，6，Ullmann，2001，21，EFPIA，2003，35，CEFIC，2003]

1.3.2.1 概述

药物活性组分（Active Pharmaceutical Ingredients，APIs）的基材为合成改性有机物，是目前份额最大的市售药品。生物制药虽然已成为制药业的分支之一，有机化学合成药的研发依然是新药研发的最大领域，在每年新上市的药品中，有机合成药的份额最大。图1.8列举了少数 APIs 结构，目前全球实际使用的 APIs 远比这些复杂。

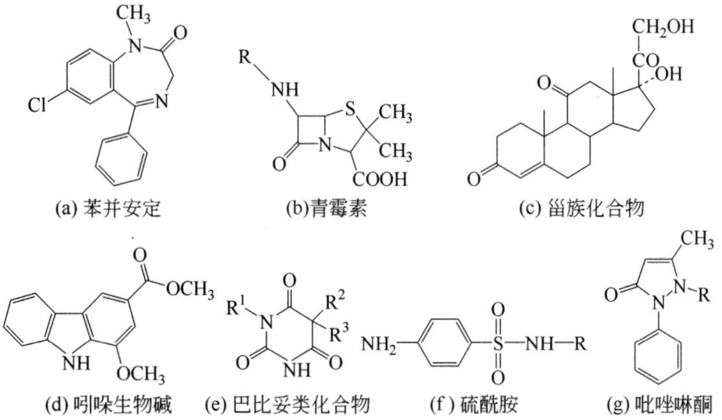

(a) 苯并安定　　　(b)青霉素　　　(c) 甾族化合物

(d) 吲哚生物碱　(e) 巴比妥类化合物　(f) 硫酰胺　(g) 吡唑啉酮

图 1.8　部分 APIs 结构

1.3.2.2 法律要求和工艺变更

APIs 生产必须遵循现行药品生产质量管理规范（cGMP），通过欧洲医药评估机构（EMEA）、美国食品药品监督管理局或其他药物许可机构的审批。生产工艺变更必须严格履行规定的变更程序才能实施。也就是说，严格限制现有工艺重新设计。APIs 提供给多个不同市场的股东，相应审批程序更加严格，因为这种途径生产的 APIs 占其市场总量的75%。

1.3.2.3 经济性

制药工业是欧洲经济的重要支柱性行业，研发实力强，属于绩效最佳的高科技领域之一。欧洲的药品产值超过全球的40%，领先美国（超过全球的30%）和日本（超过全球的20%），在全球处于主导地位，欧洲制药工业的经济统计数据见表1.3。

表 1.3　欧洲制药工业的经济统计数据 [21，EFPIA，2003]

年份	1985 年	1990 年	2000 年	2001 年
研发费/百万欧元	4300	7900	17000	18900
药物市场额（制造商价）/百万欧元	27600	42100	87000	98700
药物市场额（零售价）/百万欧元	43200	67900	131000	151600
雇员/人	437600	505000	540000	582300

欧洲主导全球的制药工业。但是，美国在研发投资和新药领域，如专利性的生物医药方面，处于全球领先地位。

与其他工业相同，制药工业也在日新月异地发展，研发阶段新技术日益涌现，市场逐日变化，管理环境不断严格。许多制药公司不断整合。

制药工业特点是高度分散。全球最大制药公司产品的市场份额不到全球的 5%。因此，制药公司合并重组日趋频繁。如英国的 Glaxo 公司和 Wellcome 公司合并；Hoechst、Marion Merril Dow、Rousell 和 Rorer 4 家生命科学公司经过多次合并，组建成立了 Aventis 公司；Sanofi 公司和 Synthelabo 公司合并；瑞士的 Ciba Geigy 公司和 Sandoz 公司合并成为 Novartis；Astra 公司和 Zeneca 公司合并形成了 Astra Zeneca 公司。

1.3.3　维生素

维生素是极其重要的有机化合物，无论人还是动物都不能自身合成，或者合成量很少不能满足生理代谢需求。维生素原（pro-vitamins）可以转变为人体所需维生素。β-胡萝卜素是典型维生素原，在生物体内可分解成两分子的维生素 A [2，Onken，1996，6，Ullmann，2001]。

维生素以活性而非化学性质分类。传统的脂溶性维生素和水溶维生素划分现在还在沿用。因为维生素溶解性属于重要物理指标，也是反映其在生物体内作用（重吸收、迁移、排泄途径和储存）的重要指标。

表 1.4 为划归为维生素的 14 种化合物。

表 1.4　划归为维生素的 14 种化合物

化合物	化合物族 (chemical family)	单一物质 (single substance)	年产量/t
维生素 A	视黄醇	维生素 A_1	2700
		β-胡萝卜素	100
		其他胡萝卜素	400
维生素 D	麦角骨化醇	维生素 D_3	25
维生素 E	生育酚,生育三烯酚	α-生育酚	7000
维生素 K	叶绿醌		
维生素 B_1	硫胺素		
维生素 B_2	核黄素		2000
维生素 B_3	烟酰胺		12000
维生素 B_6	吡哆醛基		
维生素 B_{12}	钴胺素		12
维生素 C	L-抗坏血酸		40000

续表

化合物	化合物族 (chemical family)	单一物质 (single substance)	年产量/t
遍多酸			
维生素 H			
叶酸			
烟酸			

据统计，目前全球维生素的市场年总值达 256 亿欧元 [6，Ullmann，2001]，其行业用量状况见图 1.9。

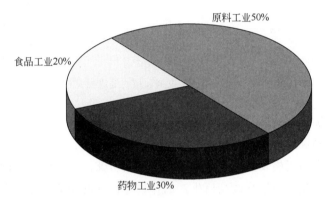

原料工业50%

食品工业20%

药物工业30%

图 1.9 维生素消耗状况 [6，Ullmann，2001]

1.3.4 杀虫剂和植物健康品

1.3.4.1 概述

杀虫剂和植物健康品俗称"农药"，是预防、消灭、驱赶或减缓害虫的单一物质或混合物，其中包括除草剂和其他化合物。

害虫是危害作物、人类或动物的有害生物。表 1.5 列举了杀虫剂和植物健康品。图 1.10 列举了部分杀虫剂和植物健康品的结构 [2，onken，1996，23，US EPA，2003]。

表 1.5 杀虫剂和植物健康品

杀虫剂	害虫	参考文献
杀虫剂	昆虫类害虫	
除草剂	杂草	
杀菌剂	真菌	
杀螨剂	螨虫	
杀线虫剂	植物寄生性线虫	[23,US EPA,2003]
灭螺剂	腹足动物(蜗牛)	
鼠药	啮齿动物(如老鼠)	
杀菌剂	细菌、病毒	

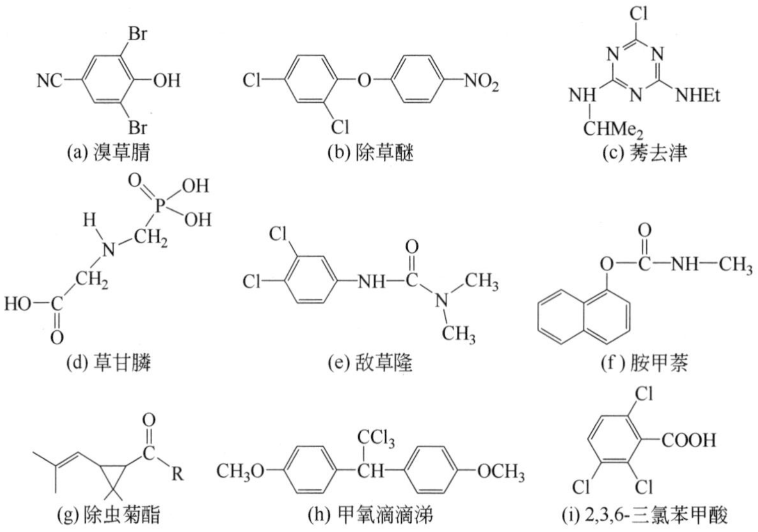

(a) 溴草腈
(b) 除草醚
(c) 莠去津
(d) 草甘膦
(e) 敌草隆
(f) 胺甲萘
(g) 除虫菊酯
(h) 甲氧滴滴涕
(i) 2,3,6-三氯苯甲酸

图 1.10　部分杀虫剂和植物健康品结构

1.3.4.2　作物保护剂生产工艺变更

国家要求明确规定，阐明作物保护剂名称、生产工艺、原材料、产品规格。如果生产工艺变更导致产品规格发生变化，则需补充相关研究。如活性成分的纯度变化导致其毒性或生态毒性变化，或最终改变所生产的作物保护剂的性能。作物保护剂生产制定了严格的规定。任何已批准生产工艺的变更，必须提交“5 次分批分析”检验结果，严格审批。这意味着任何已批准生产工艺的变更不能改变产品活性成分纯度的最低限值，产品的任何杂质不能超过规定的最高限值，并且产品中不能出现任何新的杂质［56，Jungbult，2004］。

1.3.4.3　作物保护的经济性

并非所有的杀虫剂和植物健康品都能用于作物保护，且需提供下列技术资料［22，ECPA，2002，32，CEFIC，2003］，［56，Jungbult，2004］。

EU 80%
EFTA 2%
俄罗斯3%
5 CEECs 11%
其他CEECs 4%

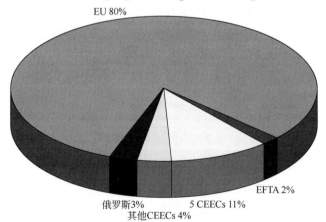

图 1.11　欧洲作物保护品市场状况（2001 年）
（CEECs 指中东欧国家，EFTA 指欧洲自由贸易协会）

过去 10 年，欧洲作物保护品市场受经济波动和政治环境严重影响。农业一直面临很大的压力，但欧洲作物保护品市场一直占据全球第二位，仅次于北美。图 1.11 和图 1.12 为欧洲市场结构和发展状况。

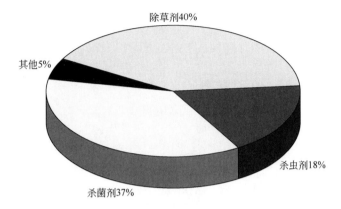

图 1.12　西欧（EU 和 EFTA）作物保护品市场结构（2001 年）

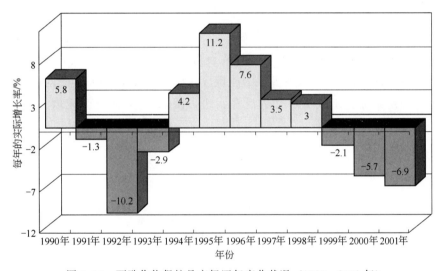

图 1.13　西欧作物保护品市场逐年变化状况（1990～2001 年）

1990～2001 年，全球市场不佳（见图 1.13），部分公司合并，许多公司不再从事此类生产经营。在此期间，欧洲市场中表现显著的当属 Zeneca 公司、Novartis 公司合并组建的 Syngenta 公司，BASF 公司收购的 Cyanamid 公司，Bayer 公司购买的 Aventis 公司。由此引发了 Rhone-Poulence、Hoechst、Schering、Boots 和 Fisons 等公司试图合并成一家公司的企图。目前，全球市场由 6 家公司掌控，即由 3 家欧洲公司（Syngenta，BASF 和 Bayer 公司）、3 家美国公司（Monsanto，Dow 和 Dupont 公司）掌控，后者在欧洲均有重要的分部。

1.3.5　香料和调味品

香料、调味品是具有很强令人愉悦的味道的有机化合物，常用于香水、香料生产，也用于食品饮料调味品。天然产品取材于植物或动物，以物理方法生产。仿天然产品则属人工合成，有效的化学成分与天然品的一样。人工调味品是与天然品完全不同的消费品。目前，市场上很少有天然品，绝大多数为人工合成的仿天然品。图 1.14 为部分香料、调味品结构［6，Ullmann，2001］。

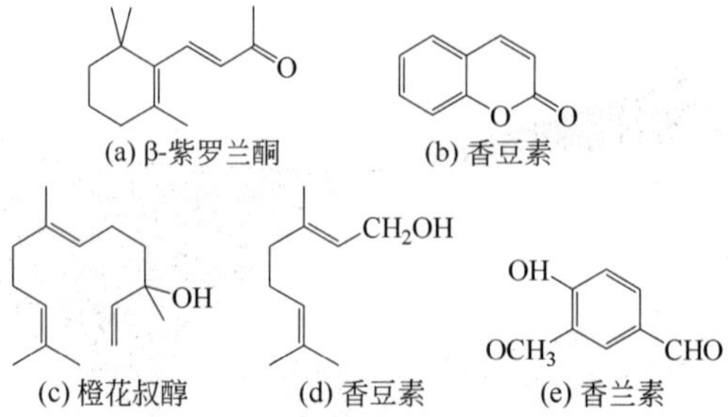
O
(a) β-紫罗兰酮
O
O
(b) 香豆素
OH
(c) 橙花叔醇
CH₂OH
(d) 香豆素
OH
OCH₃
CHO
(e) 香兰素

图 1.14　部分香料、调味品结构

1.3.6　荧光增白剂

荧光增亮剂准确地应称为荧光增白剂，是无色或浅色的有机物。这些有机物在溶液中或添加到某种物质中能吸收紫外光（如波长为 300～430nm 的日光），散发出波长为 400～500nm 的蓝色荧光，释放所吸收的能量。在白天，荧光增白剂可以用于消除白色工业制品，如纺织品、纸或塑料等的泛黄污斑。图 1.15 为部分荧光增白剂结构［2，Onken，1996，6，Ullmann，2001］。

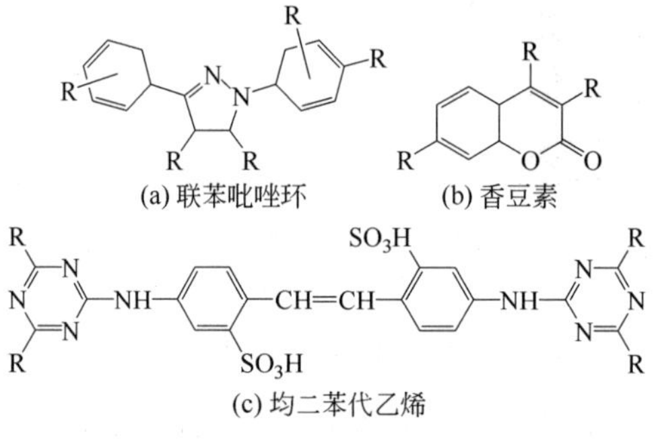
R
N
N
R
R
R
(a) 联苯吡唑环
R
R
R
O
O
(b) 香豆素
SO₃H
NH
CH=CH
NH
SO₃H
(c) 均二苯代乙烯

图 1.15　部分荧光增白剂结构

1.3.7　阻燃剂

阻燃材料经过改性处理，提高其非易引燃性，使其在火灾中的燃烧速率很小。阻燃剂并非不能燃烧［6，Ullmann，2001，24，EFRA，2003］。

常见有机阻燃剂属于溴化物，其裂解生成 HBr，迅速钝化气相自由基，随着热量的减少，燃烧减缓，新自由基生成的速率也随之减缓。

氯化物作用与溴化物的作用相同。实际阻燃剂中溴化物的含量为氯化物的 2 倍，与两者的相对原子质量差别相当，即 79.90∶35.54＝2.25。图 1.16 为部分阻燃剂的

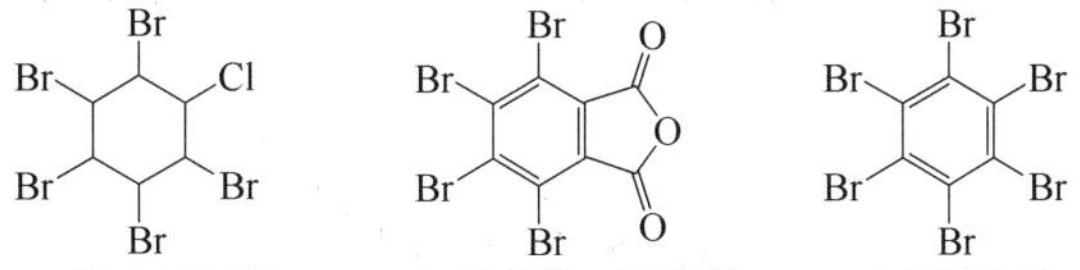

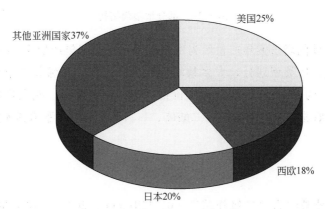

(a) 五溴氯己烷   (b) 四溴邻苯二甲酸酐   (c) 六溴代苯

图 1.16 部分阻燃剂的结构

结构。

2001 年，溴化阻燃剂的市场份额达 8.64 亿欧元（7.74 亿美元），当年全球消耗量为 774000t。图 1.17 和图 1.18 分别为溴化阻燃剂的全球区域分布和产品市场结构。

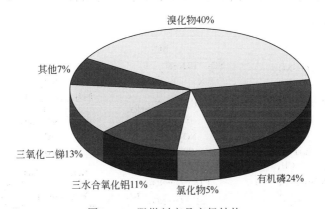

图 1.17 溴化阻燃剂的全球区域分布

图 1.18 阻燃剂产品市场结构

1.3.8 增塑剂

增塑剂是一种添加物。添加该类物质后，可以增加材料的韧性、可加工性和拉伸性。增塑剂可以降低金属黏性、二级相变温度以及产品弹性模量。增塑剂是蒸汽压低的惰性有机物，大多是酯类。与高聚物发生物理反应，生成均匀韧性的物理单元结构，可以通过膨胀、溶解或其他方式判断是否具有该结构。目前，已有约 300

种塑化剂，其中 100 多种具有重要的商业价值。图 1.19 为部分增塑剂结构 [6，Ullmann，2001]。

(a) 己二酸酯

(b) 邻苯二甲酯

(c) 苯三甲酯

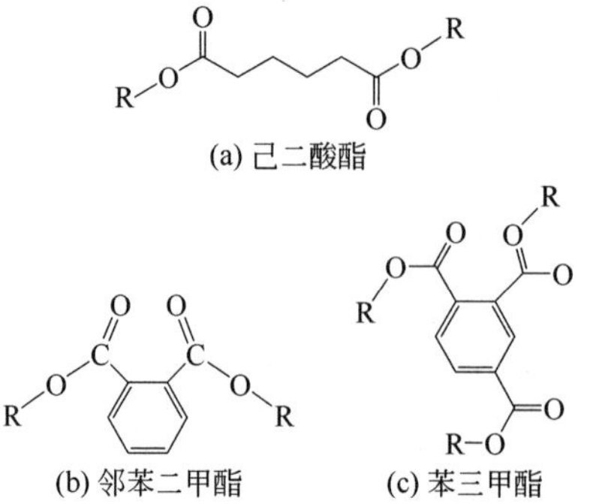

图 1.19　部分增塑剂结构

1996 年，西欧的增塑剂年产量约为 $1253 \times 10^3 t$，美国年产量为 $636 \times 10^3 t$ [99，D2 comments 2005]。按类型划分，大多数增塑剂（＞85%）是邻苯二甲酸盐（邻苯二甲酸酐酯和 C8-C10 的醇）。这类增塑剂的价格低廉，原料易得。剩余市场的产品为醇的邻苯二甲酸酯，如邻苯二甲酸酯、己二酸酯、1,2,4-苯三甲酸酯和其他酯。

1.3.9　炸药

有机化学炸药被归为"二级炸药"[6，Ullmann，2001]，被大量用于聚能炸药，如硝化甘油炸药和无烟火药。图 1.20 为部分有机炸药结构 [46，Ministerio de Medio Ambiente，2003]。

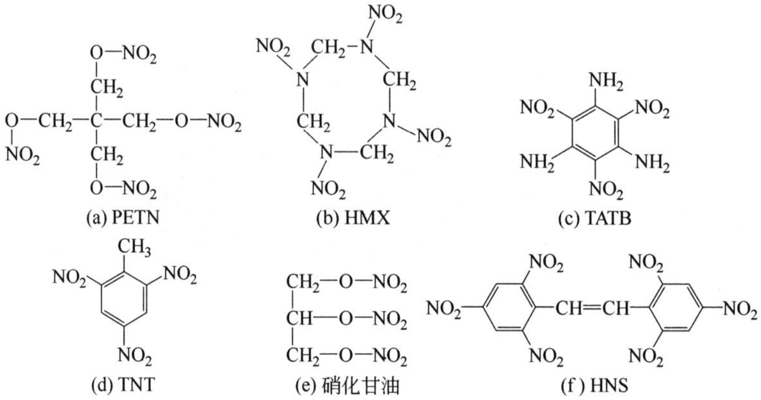

(a) PETN

(b) HMX

(c) TATB

(d) TNT

(e) 硝化甘油

(f) HNS

图 1.20　部分有机炸药结构

物理性炸药（俗称"爆炸剂"）由非爆炸性材料（或无爆炸潜力的材料）如柴油、硝酸铵和高氯酸钠混合生产。

炸药属于危险品（ADR 1 级）。基于安全，欧盟成员国针对炸药的运输、贮存和生产颁布了相应的专门条例，其中任何改变均需国家安全部门许可。

　　二级炸药应用于工业和军事。许多国家，如英国、德国、挪威、瑞典、瑞士和葡萄牙授权私有企业制造炸药。2004 年前，西班牙的国有和私有企业都可生产炸药。但现在，西班牙所有的炸药生产商均为私有公司。法国，二级军事炸药生产均由国有公司承担。

　　炸药的产量、价格通常保密不予公开。但是，西班牙和葡萄牙民用炸药（包括有机和无机炸药、混合型炸药或爆炸剂）年产量约 95000t。其中仅约 9000t 炸药属于化学法生产的有机炸药。

2

应用性工艺技术

本章多以案例形式介绍 OFC 生产的应用性工艺技术。案例基于所获的技术资料，而且只是涉及环境内容的技术资料。

2.1　概念：单元过程与单元操作

OFC 中间体和产品种类繁多，在涉及环境问题的 OFC 设施之间没有相似性。事实上，OFC 生产的单元过程与单元操作相对较少，相应的环境问题并非很多 [16，Winnacker and Keuchler，1982]，[55，CEFIC，2003]。

染料、药物或杀菌剂等初级化学品，均称为 OFC 中间体。其生产原料为基础性有机原料（通常为芳香族化合物），采用不同的化学工艺（单元过程）以工业规模进行生产。生产操作过程（单元过程）简单相似。表 2.1 概要总结了 OFC 生产的主要单元过程与单元操作。从该表可以看出，OFC 从基础有机原材料到目标产品的生产技术路线，需经历几个单元过程和单元操作。

表 2.1　OFC 生产的主要单元过程与单元操作

单元过程	单元操作
酰化	进料反应物和溶剂
加成	惰化
烷基化	反应
羧基化	排出
羧甲基化	结晶

续表

单元过程	单元操作
冷凝	过滤
重氮化和重氮基团的修饰	产品清洗
酯化	干燥
卤化	萃取
硝化	电渗析
氧化	吸收
重排	相分离
还原	吸附
取代	精馏
亚硫酸化	碾磨
磺化	仪器清洗

2.1.1　中间体

既有或潜在的中间体种类十分繁多，其生产技术是工业有机化学的重要组成部分。

中间体的生产原料是芳香族化合物，如苯、甲苯、萘、蒽、芘、苯酚、吡啶和咔唑，此外还有多种脂肪族化合物，如醇、碳酸和杂环化合物。

芳香族化合物的亲电取代反应有 4 种，即傅瑞德尔-克拉夫茨反应、卤化反应、硝化反应和磺化反应，此外还有氧化反应、还原反应。反应过程中烃基被取代，生成初级中间体。

中间体的产量大，大多数初级中间体通过专用设备连续生产。但是后续的修饰反应过程通常采用序批式操作过程。表 2.2 为部分案例。其中，"一罐"式合成是指多个反应连续进行，不形成中间体 [6，Ullmann，2001，16，Winnacker and Kuechler，1982，19，Booth，1988]。

表 2.2　部分初级中间体和中间体

分类	化合物	单元过程	操作模式	用途
初级中间体	硝基苯	硝化	连续	
	氯苯	氯化	连续	
	对磺酸甲苯	磺化	连续	
	邻硝基苯胺	交换	连续	
中间体	4-氯-3-硝基苯磺酸	磺化	间歇	染料
	2,3,4-三氯-6-硝基酚	交换	间歇、半间歇	杀虫剂
	溴胺酸	磺化 氨基化 磺化 溴化	间歇、"一罐"	染料
	吡唑啉酮	重氮化 缩合作用	间歇、"一罐"	药物 染料

2.1.2 异构体与副产物

在必需的剧烈条件，如卤素高反应活性、浓硫酸或浓硝酸高氧化作用、惰性芳香化合物需要高反应温度等反应条件下，先经取代反应依次引入取代物，然后进行取代物的重组修饰（modification）（见图2.1），会产生更多的副反应或副产物，如：位置异构物（position isomers）、高级和低级取代化合物（higher and lower substituted compounds）、取代基的修饰、氧化产物、消除修饰（"一罐式合成"）产生副产物的衍生副产物。

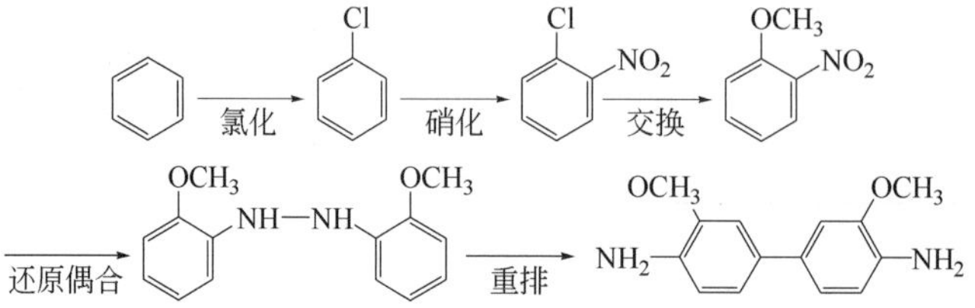

图 2.1 多个单元过程连续的合成过程

目前，在技术上可以实现异构体或副产物的回收，作为其他车间或生产部门的原料。但是，在许多实际生产中，受经济、生态或法律的限制，异构体或副产物的回收利用却难以实现。一旦没有回收，"无用"异构体或副产物需与产品分离，以废物或废水（液）形式排放。

以甲苯的硝化过程为例，异构体需精馏分离和纯化，具体如表2.3所列。

表 2.3 甲苯硝化过程中异构体和副产物产生、分离与纯化

原料	单元过程	异构体	副产物
甲苯	HNO_3 硝化	邻-硝基甲苯(59.5%) 间-硝基甲苯(4%) 对-硝基甲苯(36%)	硝基苯酚 硝基甲苯酚 硝基羟基苯甲酸 苯基硝基甲烷 四硝基甲烷

2.2 多产品生产车间

生产运营商往往根据市场需求变化，通过多产品生产车间灵活地生产不同产品。图2.2为典型多产品生产车间总体布局。其中物料通过重力流有效传输。多功能生产车间，主要设施/装置包括：

a. 原料贮存设施（仓库、油库）；

b. 反应釜和容器；

c. 产物和中间体的贮存设施；

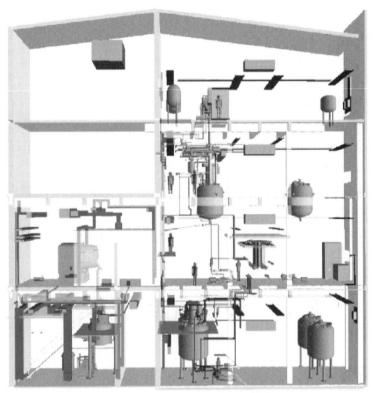

图 2.2 典型多产品生产车间总体布局

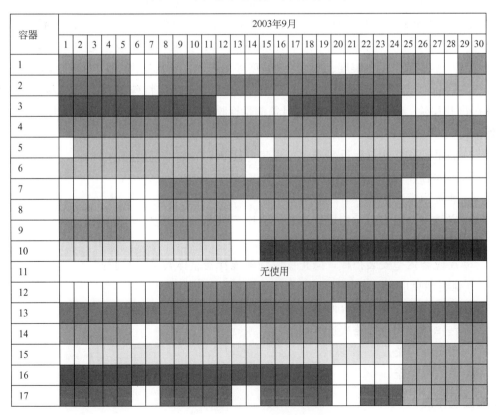

图 2.3 多功能装置的设备运行图

  d. 公用（冷却、真空、蒸汽、清洁）设施；

  e. 过程控制系统；

  f. 进料槽（一般置于顶层）；

  g. 纯化和分离设备；

  h. 回收和减排设备；

  i. 排污系统和收集池。

  多产品生产车间一般通过设备（设施）的关停、清洗或启动等操作，实现反应釜或设备（设施）呈现批式、半批式或连续式的运行。

  图 2.3 为某多产品生产车间的运行。其中包括 17 套容器、22 种产物及中间体（不同颜色表示）。随着市场年变化状况，该运行图会显著调整。生产装置的能力利用率为 60%～90%。较低值从经济角度而言是至关重要的。较高值对于运行面临着实际的挑战。

2.3 设备和单元操作

2.3.1 反应釜

  多产品生产车间的主要设备是搅拌反应釜（stirred tank reactor）［见图 2-4(a)］。该反应釜可以针对物料的物理性质（如干粉末、潮湿固体、糊剂、液体、乳剂、气体）变化运行状态，满足生产要求 [6, Ullmann, 2001]。循环式反应釜见图 2-4(b)。

  反应釜需耐受不同的温度、压力、腐蚀度等工况，一般采用不锈钢、橡胶衬钢或搪玻璃衬（glass-lined）钢、瓷漆涂层（enamel coated）材料或其他特殊材料。搅拌器的搅拌叶（agitator baffles）和冷却系统的机械设计需满足橡胶衬和搪玻璃衬的安装维修要求。

  其他技术要求：

  ① 满足批式、连续运行要求，可以串联运行；

  ② 最大容积为 $60m^3$（发酵罐则为 $1000m^3$ 左右）；

  ③ 通常为蝶形封头（有压反应）；

  ④ 安装一台或多台搅拌器，满足混合度、换热性能等要求；

  ⑤ 反应釜保温采用外盘管或夹套；

  ⑥ 反应釜内壁安装挡板，防止反应物随搅拌器整体转动（"旋拧"）。

  其他类型反应釜：

  ① 循环式反应釜（闭合回路或连续回路）；

  ② 泡罩塔（闭合回路或连续回路）；

  ③ 管道反应釜；

  ④ 管式反应釜。

反应釜液体注入

  反应釜液体注入基于下列原因 [18, CEFIC, 2003]：

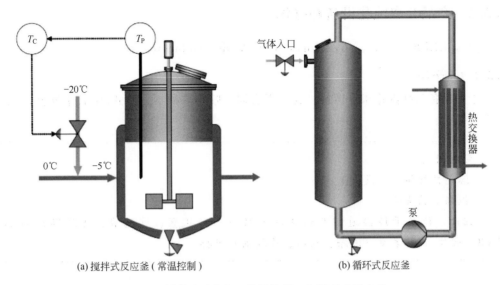

(a) 搅拌式反应釜(常温控制)　　　　　(b) 循环式反应釜

图 2.4　搅拌式反应釜（常温控制）和循环式反应釜

① 批式反应原料存在液体物质；

② 半批式反应原料（如原料注入与反应同时进行）；

③ 调节反应物浓度；

④ 回流以控制反应温度；

⑤ 淬灭以终止反应；

⑥ 反应釜清洗。

反应釜在设计审查和运行检查中涉及的因素包括材料性质、运行模式、反应釜温度和压力、反应釜容量，以及相关的管理规程和岗前培训。

反应釜原料加注方式包括：

① 由泵从贮罐、工艺容器、巡回车、IBCs（中等容积集装箱）和料罐中抽入；

② 重力流；

③ 加压气体（压缩空气、氮气等）传输；

④ 真空传输；

⑤ 人工加料［99，D2 comments，2005］。

原料传输的清管系统技术，见 4.2.8 部分相关内容。

反应釜的安全防护环节包括超/低压结构设计、安全泄放系统，以及适宜的控制系统。

环境问题

在原料加注时，若气体不能平衡，则反应釜的排气系统会排放气体或蒸汽。若需要处理或直接排入大气，则必须将排气系统排放的气体或蒸汽送入回收/减排系统装置进行处理。

2.3.2　产品分离纯化设备和操作

［18，CEFIC，2003，46，Minsterio de Medio Ambiente，20］

2.3.2.1　干燥

干燥设备包括流化床干燥器、真空干燥器、喷雾干燥器、链式/带式干燥器，均可以直接采购。

> 环境问题
>
> -溶剂性气体和蒸汽去除；
>
> -微颗粒物去除。
>
> 因此，产品干燥器通常与粉尘收集装置（旋风器、过滤器、洗涤器）和/或VOCs回收/减排装置（洗涤、吸附、冷凝器）连接。

2.3.2.2　液-固分离

液-固分离用于沉淀性产品、催化剂、固体杂质的分离。目前可选用的商用液-固分离包括滗析器、沉降式离心机、筛子、砂滤器、转筒式过滤机、带式过滤机、圆盘式过滤机、真空吸滤过滤机、膜系统、离心机等。

> 环境问题
>
> 与液体性质相关，主要包括：
>
> -排气孔排放的VOCs；
>
> -有机物废水、母液或冲洗废水。
>
> 这些废气、废水及母液均需经回收减排装置处理。

2.3.2.3　精馏

精馏用于分离挥发性物质与难挥发性物质，以及挥发性物质的纯化。精馏装置由原料加热、精馏塔或蒸汽管线（充填特殊用途填料）、凝结蒸汽的换热器组成。

> 环境问题
>
> -能效（有效设计、绝热层、加热、冷却）；
>
> -常压精馏时，冷凝排气孔的大气排放；
>
> -废液（回用、回收或减排）；
>
> -冲洗废物。

2.3.2.4　液-液萃取

所谓的液-液萃取或溶剂萃取是利用欲分离物质在两种液相中溶解度差异明显这一原理进行的分离过程。

精馏、结晶等直接分离法不能应用或费用昂贵时，优先选用液-液萃取。此外，当被分离物质属于热敏物质（如抗生素）或难挥发性物质时也往往选用液-液萃取。

萃取装置分为逆流萃取塔、离心萃取器和混合沉淀池。搅拌罐是一种简易、实用的萃取装置。所有工业规模的萃取装置设计原理是，将两种液体相互分散，最大限度地扩大传质面积。

> 环境问题
> 与液体性质有关，包括：
> -排气孔排放的 VOCs；
> -有机废水或废母液。
> 这些废气、废水及母液均需经回收减排装置处理。

2.3.3　冷却

冷却包括直接冷却和间接冷却两种形式（见表 2.4）。间接冷却技术详见 4.2.9。在紧急事故处置中，直接冷却也用于反应釜的关停 [57，UBA，2004]。

表 2.4　直接冷却和间接冷却

冷却形式	操作	说明	环境问题
直接	注水	注入水直接冷却,用于蒸汽冷却	含蒸汽污染物的废水
	加冰或水	加冰或水调节过程温度(温度急剧变化)	废水量大
间接	表面换热	表面换热器间接冷却,其中冷却剂(如水、盐水)经泵送入独立回路	冷却水和废盐水

2.3.4　清洗

由于产品频繁更换，生产需要建立规范的清洗操作，避免交叉污染。如中间体和 APIs 的生产 [46，Ministerio de Medio Ambiente，2003]。

反应釜、离心机、筛分等设备的清洗，依据欲清洗的设备和物质，选择水、氢氧化钠、盐酸、丙酮或特殊的溶剂和蒸汽作为清洗剂。清洗过程的最后一道工序为水冲洗或有机溶剂（无水冲洗）冲洗，其中设备干燥很重要。

清洗过程分下列方式。

① 胶管冲洗。通过胶管输送加压水冲洗，水耗量小。

② 现场清洗装置（CIP）。清洗效率高，废水排放小。CIP 装置通过喷射高压水直接清洗设备内部，实现清洁液回收（交叉污染不影响运行操作时）。CIP 清洗时不需拆分设备，清洗人员也不需进入清洗容器。

> 环境问题:
>
> -废水含有工艺及清洗残余物;
>
> -溶剂中的 VOCs 排入大气;
>
> -溶剂中含有工艺及或清洗残余物。

2.3.5 供能

通常消耗下列两种能源:蒸汽、电 [43, Chimia, 2000]。

一般地,蒸汽现场制备,电由外部供应。大型工厂具有厂内发电和厂内制备蒸汽的优势。

能量一般由以天然气和燃油为燃料的锅炉供应,其中天然气为主要燃料(95%左右)。废溶剂通常与天然气混合作燃料。

如图 2.5 所示,两个锅炉公用一套废弃回流换热器装置。其中,小型锅炉,即锅炉 1(80t 蒸汽/h),主要在夏天运行;大型锅炉,即锅炉 2(160t 蒸汽/h),主要在冬季

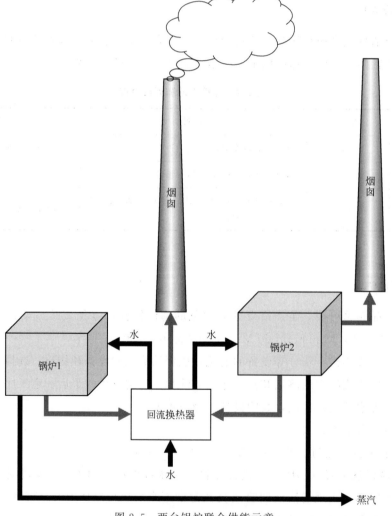

图 2.5 两台锅炉联合供能示意

需要大量蒸汽时运行。回流换热器将废气温度从 130℃ 冷却至 45℃，使水的温度从 20℃ 加热升至 60℃。这样，可回收热量约 3.8MW。

蒸汽和电也可由工厂联合循环发电厂、热氧化塔或焚烧炉供应。

2.3.6 真空系统

有机化学的许多反应均在真空条件下进行。许多规范规定了真空泵的选择，如压力差、体积流量和温度等参数。此外，真空泵的选择与其运行环境有关。表 2.5 列出了部分真空泵及其环境问题 [9，Christ，1999]。

表 2.5 真空泵及其环境问题

真空泵的类型	介质	主要环境问题
液环式真空泵	水	水环式真空泵的废水排放量大。如存在 VOCs，会进入废水。其中含卤代烃废水是主要的污染问题
	溶剂	泵输送物质的污染，一般回收处理
干式真空泵	无介质 无润滑剂	没有任何介质的污染
	无介质 有润滑剂	润滑剂油须收集处置

真空制备详见 4.2.5 和 4.2.6 部分相关内容。

2.3.7 废气回收/减排

图 2.6 概括了常用 OFC 废气回收/减排技术。氧化塔包括热氧化和催化氧化。专用

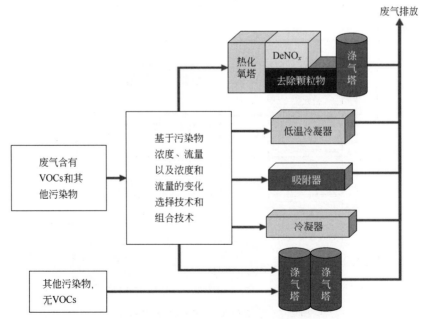

图 2.6 常用 OFC 废气回收/减排技术

单元技术或专用集成技术的选择取决于预处理的污染物，特别是 VOCs 浓度、废水量、浓度和流量等参数。此外，不同类型过滤器均可用于颗粒物回收处置 [15，Köppke，2000]；[31，European Commission，2003]，*019A，I*。

规划或紧急停工事件要求备有备用设备，或者变更运行程序和操作时间。

初级或二级冷凝器（非低温）直接与反应釜连接。富含 VOCs 的废气通过热氧化处理，其他液体，如 VOCs 贫液或异味性液体可作为氧源。

> 热氧化塔和焚烧炉
> 本书中的"热氧化"用于废气处理。当废气、废水和/或固体废弃物先进行了预处理时，随后可进行"焚烧"处置。

气体收集系统由材料壳体、排气孔和管道组成。通过封堵源头降低气体流速。爆炸风险的控制是通过收集系统内安装可燃性检测器来确保混合气体处于安全状态，低于爆炸下限（"LEL"）（通常低于 25％ LEL），高于爆炸上限，或者将混合气体惰性化，以控制爆炸风险。

2.3.8　废水回收减排

图 2.7 为废水回收减排技术。一般，OFC 总废水由生物 WWTP 处理、厂内处理或外运与其他污水混合处理（大多场合输送至市政污水厂处理）。

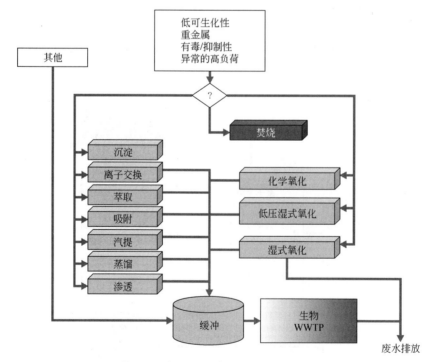

图 2.7　常见 OFC 废水回收/减排技术

不能生物处理的特种废水分质排放、单独预处理或以废物处置（如焚烧）。

为了生物 WWTP 的运行免遭冲击负荷影响，废水处理厂往往设置废水调节池。有效降低废水毒性，不影响生物 WWTP 的正常运行。

2.3.9　地下水保护和消防水

旨在避免生产运行失常和有害物质排入水体。地下水保护措施基于下列三方面 [46，Ministerio de Medio Ambiente，2003]，＊019A，I＊：

① 设备稳定防漏；

② 为泄漏水和消防水留有充足的滞留容量；

③ 设置监控预警设备，技术人员合格。

常规的防泄漏，清洗污水、污染雨水的收集措施如下：

① 敷设密封层或防渗涂料的混凝土或沥青基础；

② 生产区内设置堤岸保护区或地下室；

③ 雨水经过监测有机物浓度、pH 值、电导率后才能排放；

④ 为消防水和污染雨水设置截留池。

2.3.10　溶剂回收

溶剂回收分为原位和异位两种回收方式。图 2.8 为 OFC 生产中溶剂回收工艺流程 ［＊019A，I＊］。

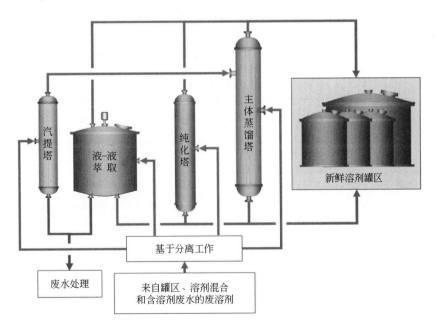

图 2.8　OFC 生产中溶剂回收工艺流程

影响溶剂回收的因素：

① 工艺内回用的纯度要求（如 cGMP 要求）；

② 商业化再利用的纯度要求；

③ 达到纯度要求所需的纯化工艺的复杂性，如混合物形成共沸物；

④ 溶剂混合物中不同溶剂的沸点差异；

⑤ 购买新溶剂的费用与废溶剂回收费用差异；

⑥ 废水产生量；

⑦ 安全要求；

⑧ 其他，如在 cGMP 要求的工艺参数。

所有的废水都可回用。但是在实际生产中，许多情况下废水仍采用处理方案。

2.4 厂区管理监测

2.4.1 排放清单和监测

[31, European Commission, 2003], *018A, I*, *006A, I*

(1) 排放清单

生产过程特性，如生产批次、生产计划存在差异，弄清排放量，了解 OFC 运行过程，提高运行效果，对于环境保护至关重要。

OFC 生产工厂都已构建了废水生产的识别和排放的管理系统，其中包括生产产生量、回收、减排和排放全过程的管理。利用所构建的数据库改进生产策略，与政府部门沟通（如工艺应用），完成报告的要求。表 2.6 列举了该管理系统的主要内容。

表 2.6 常规排放清单构成

	内容	说明
厂区状况	规划、布局(图)、总体说明	设备流程布局(图)、废水源、废水收集系统、取样位点
	生产程序	配料/运行记录数据
废水清单	废水解析	相关工艺、每种废水的水质
	其他废水源	其他废水源，如回收系统废水的识别解析
	排放源及排放数据	排放源对应的排放数据，与许可排放限值的比较
物料平衡	溶剂/VOCs	
	高危物质	
	重金属	
	COD	
环境影响评价	设备/环境界面的物质性质解析	物质、物质流、浓度、性质、(连续/非连续)环境影响
	设备/环境界面的总排放废水解析	毒性水平

(2) 监测

排放清单主要基于监测数据，部分数据源于计算和估算（如生物 WWTP 扩散排放值）。通常，参数和监测频率属于行政许可，内容固定。

2.4.2　排放源、排放参数/污染物

2.4.2.1　废气排放

废气排放包括管道排放和非管道排放（散逸性排放）。表 2.7 为废气主要排放源与污染物概况 [31，European Commission，2003]。

表 2.7　废气主要排放源与污染物概况

排放源	工艺设备的废气	
	反应釜与冷凝器的废气	
	催化剂再生的废气	
	溶剂再生的废气	
	贮存备料的废气	
	清洗通风口或设备预热的废气	
	安全泄放装置的废气	
	通用通风系统的废气	
	密封设备或建筑的散逸性源的废气	
其他	扩散排放废气	
	散逸排放废气	
污染物	硫化物	SO_2、SO_3、H_2S、CS_2、COS
	氮化物	NO_x、N_2O、NH_3、HCN
	卤素及卤化物	Cl_2、Br_2、HF、HCl、HBr
	未完全燃烧产物	CO、C_xH_y
	VOCs	VOCs 和卤化 VOCs
	颗粒物	尘、灰、碱化物、重金属
	其他	CO_2

2.4.2.2　溶剂与 VOCs

根据 VOCs 指令，VOCs 是指在温度为 293.15K 时，蒸汽压≥0.01kPa 的有机物，或在特定条件下具有相应挥发性的有机物 [38，Moretti，2001，46，Ministerio de Medio Ambiente，2003]。

VOCs 排放主要源自溶剂使用。此外来自于原料、中间体、产物或副产物的挥发。OFC 工业的 VOCs 化合物及其相对比例，详见图 3.1 [46，Ministerio de Medio Ambiente，2003]。其他 VOCs 排放包括 CFCs（氟氯烃类）、醚、游离酸、胺、萜、硫醇、硫醚、腈、过氧硝酸盐（PAN）、硝基烷、硝化芳烃，以及含氮、氧或硫的杂环化合物。表 2.8 为 OFC 工业的部分常用有机溶剂 [60，SICOS，2003]。

表 2.8　OFC 工业部分常用有机溶剂

溶剂	分子式	备注
甲醇	CH_4O	
甲苯	C_7H_8	
丙酮	C_3H_6O	
乙醇	C_2H_6O	
邻氯甲苯	C_7H_7Cl	卤化 R40
苯	C_6H_6	R45
三氯甲烷	$CHCl_3$	卤化 R40
1,2-二氯乙烷	$C_2H_4Cl_2$	R45
二氯甲烷	CH_2Cl_2	卤化 R40
二甲基甲酰胺	C_3H_7NO	R61

VOCs 公约

The Council Directive 1991/13/EC on the limitation of emmissions of volatile organic substances due to the use of organic solvents in certain activities and installtions 对溶剂年耗量 50t 以上的制药公司制定了明确的排放规定（见表 2.9）。

表 2.9　VOCs 公约中药品制造的限制值

生产	废气的 ELV 值	散逸性排放值（溶剂输入）[2]		总 ELV(溶剂输入)	
		新建厂	现有厂	新建厂	现有厂
药品生产	$20^{[1]}$ mg C/m³	5%	15%	5%	15%

化合物		ELV	阈值
列入 67/548/EEC 中属于致癌物、致突变物或再生产有毒的 VOCs	需风险标识 R45,R46,R49,R60,R61	2mg/m³	10g/h
卤化 VOCs	需风险标识 R40	20mg/m³	100g/h

① 采用溶剂回收利用技术，ELV 值为 150mgC/m³。
② 散逸性排放 ELV 值不包括封闭容器包装销售的溶剂。

2.4.2.3　废水排放

表 2.10 列举了废水源、污染物及相关参数［31，European Commission，2003］。

母液和初始冲洗水的污染负荷贡献率达 90%，废水水量仅占总废水量的 10%～30%。毒性/抑制性和生物去除性是评价废水生物处理厂运行效果的重要参数。

表 2.10　废水源、污染物及相关参数

	产品处理的母液
	产品提纯的废水
	蒸汽冷凝液
主要源	淬火水
	废气或烟道气处理的废水(洗涤器)
	冲洗和清洁的废水
	制真空的污染水

续表

其他源	公用水调配、锅炉给水系统的泄水、冷却循环的排放水、过滤器反冲洗水、试验室废水、生活污水、污染地面的初期雨水、填埋场渗滤液	
污染物	未利用原料	
	生产残渣	
	助剂	
	中间体	
	无用副产物	
相关参数	常规参数	毒性
	有机污染物	COD/TOC，BOD，生物降解性（bioeliminability），AOX（EOX），毒性，滞留量，生物累积量，总废水评价（WEA）详见4.3.8.19部分
	无机污染物	重金属、氨氮、无机氮
	单一物质	溶剂，优先污染物，POPs（持久性有机污染物）
	其他	总磷，总氮，pH值，水力负荷，温度
高负荷原因		
COD/TOC，BOD，AOX	溶于水或易混溶于水的有机物	
低生物降解性	详见2.4.2.4部分	
AOX	卤化原料、卤化溶剂、卤化产品	
重金属	反应物、催化剂或有机物吸收的重金属	

2.4.2.4 有机物的生物降解和去除

[27，OECD，2003，28，Loonen，1999，29，Kaltenmeier，1990]

(1) 经验判断

特殊化合物在生物 WWTP 中的生物降解性或去除率很难估算。即使利用理论/数学方法，也很难得出准确值。然而有些方面可以经验判断：

① 脂肪族化合物，一般易生物降解；

② 支链或杂环（如环醚）或卤代脂肪族化合物生物降解性差；

③ 简单芳烃化合物通常易生物降解；

④ 含有—SO_3H、—NO_2、—X 等官能团的芳烃化合物生物降解性差；

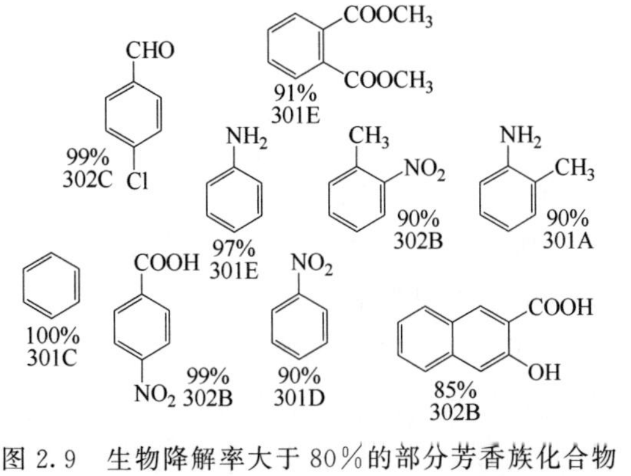

图 2.9 生物降解率大于 80% 的部分芳香族化合物

注：百分数是指生物降解率，数字和字母表示的实验方法详见表 2.11。

⑤ 含有—NO$_2$、—NH$_2$、—COOH 官能团，特别是—SO$_3$H 基团，生物去除率下降（这类物质水溶性好）。

芳香族化合物的生物降解性和去除性的经验判断如图 2.9 和图 2.10 所示 [30，ES-IS，2003]。

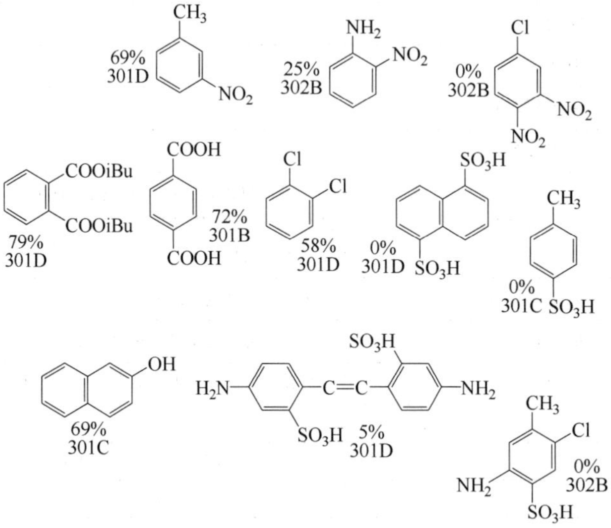

图 2.10 生物降解率小于 80% 的部分芳香族化合物

注：百分数是指生物降解率，数字和字母表示的实验方法详见表 2.11。

（2）生物降解性实验及其结果

表 2.11 为有机化合物一般降解试验方法。

表 2.11 有机化合物生物降解试验方法

类型	方法	备注
易生物降解性	OECD 301 A "衰减" OECD 301 B CO$_2$ 挥发 OECD 301 C 改良的 MITI（Ⅰ） OECD 301 D 密闭瓶 OECD 301 E 改良的 OECD 筛选 OECD 301 F 呼吸运动计量法测压	易生物降解
固有生物降解性	OECD 302 A 改良的 SCAS OECD 302 B Zahn-Wellens/EMPA OECD 302 C 改良的 MITI（Ⅱ） OECD 302 D Draft Concawe	专门污水处理条件下可去除

易生物降解试验是在有氧条件下的筛选试验。试验采用高浓度（2～100mg/L）的目标物，通过 COD、BOD 和 CO$_2$ 等指标，评价目标物的生物降解率。该试验结果显示，目标物在大多数环境中均可快速降解。

固有的生物降解性试验用于评价某种化学物质在有氧条件下是否具有生物降解性。测试过程中，目标物与微生物接触时间长，目标物/生物量的比值小。有的试验还通过微生物驯化提高目标物的降解效果。分析此类试验的结果，可以初步判断目标物的环境持久性或生物抑制性。

试验结果（ESIS 数据库以及工艺水如表 4.27、表 4.29、表 4.34 的案例所列，如图 2.9、图 2.10 所示），通常以去除率（％）表示。但是其具体内涵需对应于相应的试验条件（需考虑吸附和汽提的影响）和试验时间。如采用该试验结果作为废水处理厂管理决策依据，尤其需弄清试验结果的内涵。

2.5 单元操作和连续运行

2.5.1 N-酰化

N-酰化中的环境问题和废水处理详见 4.3.2.1 [6，Ullmann，2001，9，Christ，1999，16，Winnacker and Kuecher，1982] *010A，B，D，I，X*。

氯化、硝化、硫化前，N-酰化广泛用于苯胺基保护反应。酰化物（乙酰乙酸酰胺）是重要中间体（如有机颜料的生产原料）。

(1) 化学反应

最重要的 N-酰化剂是：

① 乙酸；

② 乙酸酐、其他羧酸酐；

③ 双乙烯酮；

④ 乙酰乙酸乙酯；

⑤ 氯乙酸、其他酰卤；

⑥ N-羧基酸酐。

取代反应包括：

$$R'—NH_2 + X—CO—R \longrightarrow R'—NH—CO—R + HX$$

其中，HX 可能是 H_2O、CH_3COOH、C_2H_5OH 或 HCl（与双乙烯酮发生加成反应）。

(2) 操作

N-酰化的生产工艺流程及废水排放如图 2.11 所示。生产过程是胺和等物质的量的

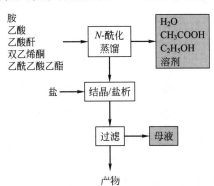

图 2.11　N-酰化的生产工艺流程及废水排放

酰化试剂（制备乙酰乙酸乙酯时常用二甲苯）溶于水或稀乙酸，加热反应。然后通过精馏，将反应生成的水、乙酸、乙醇和溶剂分离，直接得到产品。或采用结晶（也有采用盐析分离）和过滤，得到产品。

2.5.2 卤代烷的烷基化

卤代烷的烷基化的环境问题和废水处理，详见 4.3.2.2 部分 [6，Ullmann，2001，15，Köppke，2000]。

在工业有机化学中，卤代烷的烷基化是重要的制药反应过程，在合成药品和农业化学品生产中十分重要。常见的卤代烷包括一氯甲烷、碘甲烷、氯碘乙烷、异丙基氯、叔丁基氯和苄基氯。

(1) 化学反应

一氯甲烷的甲基化过程包括下列反应：

$$R-NH_2+2CH_3Cl+2NaOH \longrightarrow R-N(CH_3)_2+2NaCl+2H_2O$$

$$R-N(CH_3)_2+CH_3Cl \longrightarrow R-N(CH_3)_3+Cl^-$$

副反应：副反应的影响需要单独重视。总体而言，较低相对分子质量卤代烷（lower alkyl halides）生成各种小分子化合物。例如：

$$CH_3Cl+NaOH \longrightarrow CH_3OH+NaCl$$

$$2CH_3OH \longrightarrow CH_3-O-CH_3+H_2O$$

(2) 单元操作

烷基化反应性质各异，没有通用的制备方法。每种化合物生产过程需要分别考虑其化学、工程和经济因素。

2.5.3 缩合反应

缩合反应的环境问题及废水处理，详见 4.3.2.3 部分 [6，Ullmann，2001，16，Winnacker and Kuechler，1982，62，DI comment，2004]。

缩合是现代工业有机化学中广泛应用的反应之一。典型的案例为偶氮芳烃和聚偶氮化合物（染料和颜料中间体）的制备，利用闭环作用生产杂环化合物（吡唑啉酮、吲哚、三唑、吡啶和噻唑等）。

(1) 化学反应

缩合反应的共同特征是反应物耦合并产生某种简单物质（H_2O 或 NH_3）。

$$R-COOH+R'-NH \longrightarrow R-CO-NH-R'+H_2O$$

H_2O 的有效脱除直接改变反应平衡，促进反应朝有利于目标产物生成方向进行。

(2) 单元操作

缩合反应性质各异，没有通用的制备方法。每种物质的生产都需单独考虑化学、工程和经济因素。

2.5.4 重氮化和偶氮耦合

重氮化和偶氮耦合的环境问题及废水处理，详见 4.2.3.4 部分 [6，Ullmann，2001，19，Booth，1988，46，Ministrio de Ambiente Medio 2003，51，UBA，2004]。

偶氮化和耦合过程对 APIs 生产很重要，也是偶氮染料生产的关键过程。在染料中，偶氮染料占主导，占商业化有机染料市场量的 50%。偶氮化反应的后续工艺是肼的生成反应、桑德迈尔反应和偶氮双键还原反应。

重氮和耦合组分卤化过程增加废水 AOX 负荷。通常，偶氮耦合包括金属直接嫁接反应，生成金属络合染料。

(1) 化学反应

重氮化反应是在 0℃ 左右的条件下，在无机酸溶液中，一级芳胺和亚硝酸盐（优先选用亚硝酸钠）反应，胺转化为相应的重氮化合物（见图 2.12）。

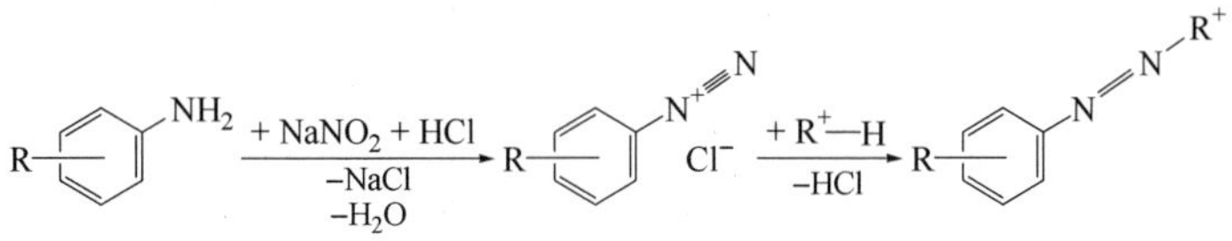

图 2.12 重氮化和偶氮耦合反应

以弱碱性芳胺为原料，需要在高酸度（NO_2^- 过量）的无机酸溶液中反应，否则重氮氨基化合物（Ar—NH＝N—HN—Ar）会发生重组反应。此外，采用浓酸（如浓硫酸）的另一重要原因是，如采用稀酸、弱碱性芳胺的偶氮化合物易发生水解反应。

偶氮耦合反应是重氮化合物和耦合成分 R′H 的亲电取代反应。为了最佳反应过程，需投加强碱或缓冲物，固定 pH 值。

耦合物：苯酚、萘酚和胺。

副反应：形成重氮氨基化合物，重氮盐分解为酚醛化合物，形成异构体，起始材料的异构化。

(2) 单元操作

图 2.13 为染料生产中，重氮化和偶氮耦合工艺流程。

在重氮化反应釜中，通过投加冰或利用盐水使反应冷却并使温度保持在 0℃ 条件下，投加过量亚硝酸钠与芳胺（重氮物）溶液或悬浮液反应。在另一反应釜中，耦合物溶入水或强碱。两个反应釜中的溶剂均经过滤纯化后，加入耦合反应釜。这两种溶剂的加入顺序取决于产品，而精准的反应条件（pH 值和温度）则通过加入强碱或冰予以控制。

反应完成后，产物（混合物）必须先通过 SiO_2、Al_2O_3 或活性炭等过滤纯化，去除未反应的胺、盐、树脂类及油类副产物。然后通过盐析或调节 pH 值，使产品沉淀析出。再将沉淀分离的产品经过过滤、洗涤、溶解和喷雾干燥等环节处理，得到合格的染料产品。此外，产物（混合物）的分离纯化方法也可选择，先将产物（混合物）迅速加

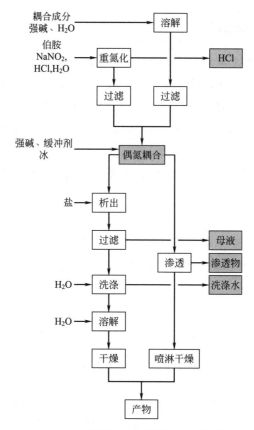

图 2.13　重氮化和偶氮耦合工艺流程

注：左侧为可能的原料投加，右侧为生产过程的废水节点。

压渗透分离（详见 4.2.26 部分），然后再经带式过滤、自旋闪蒸、喷雾干燥或烘箱干燥等分离纯化。

2.5.5　酯化反应

有机酯具有巨大的市场价值。有机酯具有高亲油性、疏水性和弱极性，被大量用于溶剂、萃取剂和稀释剂。乙酸乙酯则是最常见的专业溶剂。大量的酯，特别是邻苯二甲酸盐、己二酸和脂肪酸酯都广泛用于增塑剂。酯具有宜人的气味，从而被用于香料、调味剂、化妆品和肥皂。另外，酯可转化为多种衍生物，后者广泛用于维生素和药品合成生产 [6，Ullmann，2001]。

（1）化学反应

羧酸酯的生产方法繁多。但是最简单最常规的酯化反应是，1mol 乙醇和 1mol 的羧酸反应，生成 1mol 酯和 1mol 水（见图 2.14）：

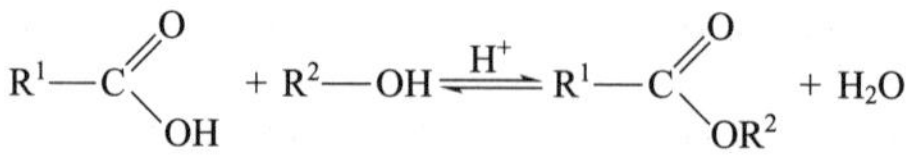

$$R^1\!-\!\overset{\displaystyle O}{\underset{\displaystyle OH}{C}} + R^2\!-\!OH \overset{H^+}{\rightleftharpoons} R^1\!-\!\overset{\displaystyle O}{\underset{\displaystyle OR^2}{C}} + H_2O$$

图 2.14　酯化反应

酯化与水解互为逆反应，容易达到反应平衡。因此，在生产中需连续移出反应产物——酯或水。但是，在酯交换反应中释放的是乙醇而不是水。

适合酯化反应的催化剂是硫酸、盐酸、芳基磺酸（对-甲基苯磺酸或氯磺酸）。磷酸、聚磷酸，混合酸也可作催化剂。如果酸吸附于固体载体，酯化反应则可连续。

生产中，一般通过投加共沸剂（通常采用甲苯、二甲苯、环己烷，很少采用苯或四氯化碳）脱水，形成低沸点的高含水共沸物。

（2）单元操作

酯化反应需进行反应混合物回流，以脱除水。然后通过精馏，反应釜排出的平衡产物水和酯分离。其中水一般以与乙醇或共沸剂形成共沸物的形式精馏分离，然后再冷凝，共沸物分离成水相和有机相（共沸剂）。共沸剂或乙醇循环再次投加到反应混合物。在特定情况下，共溶剂（苯或甲苯）加进冷凝系统中，以分离有机相，酯化工艺流程见图 2.15。

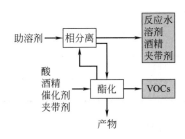

图 2.15　酯化工艺流程

（左侧：可能的输入材料；右侧：废水排放节点）

很多酯都可以在管道、精馏塔或板式塔中连续生产。在连续生产过程中，离子交换树脂特别适合作催化剂。反应物穿过固相催化剂或者经过固相催化剂表面，不需要进行催化剂的分离和中和处理。

（3）环境问题

表 2.12 列举了酯化废水排放数据。

表 2.12　酯化废水排放数据

废水	水质	
	BOD_5/(mg/L)	7d(静态试验)后,DOC 去除率/%
乙酸甲酯	500	＞95
乙酸乙酯	770	＞90
乙酸乙烯酯	810	＞90
丁酸乙酯	1000	＞95
2-甲氧基乙酯	450	100
2-丁氧基乙酯	260	100
2-(2-丁氧基乙氧基)乙酸乙酯	380	100
乙酰乙酸甲酯	940	100

续表

废水	水质	
	BOD$_5$/(mg/L)	7d(静态试验)后,DOC 去除率/%
乙酰乙酸乙酯	780	＞90
正-丁基羟乙酸酯	570	93
巴豆酸甲酯	1050	＞95
二甲基乙酰基琥珀酸	1100	＞95
二乙基乙酰基琥珀酸	1070	＞95
二甲基马来酸酯	20	100
甲基马来酸酯	150	＞95
二乙基马来酸酯	200	＞90
二丁基马来酸酯	630	99
二(2-乙基己基)马来酸酯	1450	100
甲基-3-氨基苯甲酸酯	10	95
甲基-4-羟基苯甲酸酯	1080	100
甲基-4-羟基苯乙酸酯	320	98

酯化废水减排工艺如图 2.16 所示。

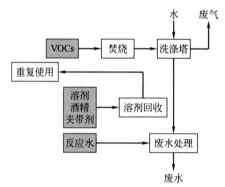

图 2.16 酯化废水减排工艺

2.5.6 卤化反应

卤化反应过程的环境问题及废水处理,详见 4.3.2.5 部分 [6,Ullmann,2001,15,Köppke,2000,16,Winnacker and Kuechler,1982,18,CEFIC,2003]。

卤化反应是化学中最重要的多用途过程之一。在工业应用中,卤化反应占主导地位,因为溴、碘、氟反应性各异,价格高。

芳烷烃支链卤化反应,特别是基于甲苯、二甲苯和芳环的卤化反应,在有机精细化工中均占有主导地位。以其为中间体,可以生产几乎所有的化学产品,包括染料、塑料、药剂、调味料和香料、杀虫剂、催化剂和抑制剂等。

溴化反应是蒽醌化学和有机阻燃剂的关键过程。

> **芳香烃的重卤化反应**
>
> 尤其对持久性环境污染物的多氯代苯、氯代甲苯和氯代联二苯,近年来实施了严格的措施,如禁止、限制生产和使用,对废物处理专门立法。氯化反应过程中可能的副反应生成多氯联苯或六氯代苯。含氯芳烃燃烧可能会生成多氯联苯二噁英/呋喃(PC-DD/PCDF)。

(1) 化学反应

在工业规模上,芳烃和脂肪的取代与这些化学物质均紧密相关。如下两种反应中,氢被卤素取代,生成相应的卤化氢:

$$R{-}H + X_2 \longrightarrow R{-}X + HX$$
$$Ar{-}H + X_2 \longrightarrow Ar{-}H + HX$$

上述两种反应均为放热反应。但是,脂肪取代反应在被紫外光(用汞灯辐射)照射后,遵循自由基链反应机理,而芳烃的卤化反应则遵循傅瑞德尔-克拉夫茨催化剂(即 $FeCl_3$、$AlCl_3$ 等路易斯酸)的亲电加成机理。

通常,反应生成不同卤化程度的异构体和/或化合物的混合物,符合取代反应机理的副反应不能完全抑制。产物的混合程度则取决于芳化/卤化比例、反应条件和催化剂的选择等因素。

通常,多种有机溶剂和水合溶剂,尤其是四氯化碳、四氯乙烷、二氯代苯和三氯代苯都在卤化过程中被推荐使用[6,Ullmann,2001]。

溴化氢和氯气反应原位生成溴,可在芳烃取代反应中更有效地使用:

$$ArH + HBr + Cl_2 \longrightarrow ArBr + 2HCl$$

另一方法是以乙醇为溶剂,副产物溴化氢与乙醇反应,同时生成烷基溴,后者具有较高的经济性。也可以甲醇为溶剂,生成市场畅销的甲基溴熏蒸剂。

(2) 甲苯的支链氯化反应

支链氯化专用于甲苯,生成三种氯甲苯同系物,一氯甲苯、二氯甲苯和三氯甲苯(见图2.17)。此反应遵循自由基链反应机理。在氯化过程中,每步都会生成氯化氢。该反应产物是三种氯甲苯的混合物,混合度主要取决于甲苯/卤化物比。

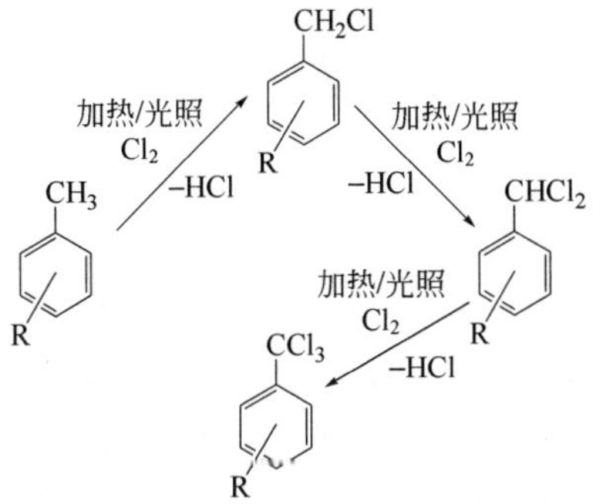

图 2.17 甲苯衍生物支链氯化反应

生成多氯联苯或六氯代苯的可能的副反应如下：

$$2Cl_nC_6H_{5-n}\!-\!CCl_3+Cl_2\longrightarrow Cl_nC_6H_{5-n}\!-\!C_6H_{5-n}Cl_n+2CCl_4$$

$$Cl_2C_6H_3\!-\!CCl_3+4Cl_2\longrightarrow C_6Cl_6+CCl_4+3HCl$$

后续反应普遍为在碱或酸条件下，部分水解，生产苯甲醛或苯甲酰氯同系物。

（3）单元操作

卤化到精馏产物的工艺流程如图 2.18 所示。

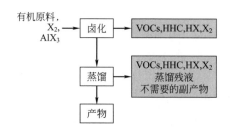

图 2.18　卤化到精馏产物的工艺流程

[左侧：可能的输入材料；右侧：废水节点（灰色图框）]

卤化产物析出的工艺流程如图 2.19 所示。

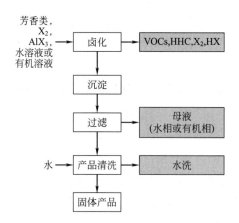

图 2.19　产物卤化析出的工艺流程

[左侧：可能的输入材料；右侧：废水节点（灰色图框）]

在典型的间歇反应过程中，卤素加入搅拌中的芳烃或芳烃溶液。反应釜的材料取决于反应物和选择的反应机理。通过卤素加成的速率控制卤化反应（放热反应），具体取决于反应釜冷却系统的制冷能力。温度曲线的选择基于芳烃的活性。在反应完成后，以氮脱气。产物精馏或析出（通过冷却或加入水）获得的结晶浆液，需要过滤、洗涤和干燥。

大多数的支链氯化反应都在由搪瓷或玻璃制成的（环形的）泡罩塔中连续或间歇进行。反应釜中充满初始氯化材料，加热到至少 80℃，在达到氯化温度后，通入氯气。最后通入氮气终止反应。不同程度的氯化产物经精馏纯化后，直接投放市场或通过水解生成苯甲醛或苯甲酸/苯甲酰氯或进一步氯化。

2.5.7 硝化反应

硝化反应的环境问题及废水处理，详见 4.3.2.6 部分 [6，Ullmann，2001，15，Köppke，2000，16，Winnacker and Kuechler，1982，18，CEFIC，2003，46，Ministerio de Medio Ambiente，2003]。

液相硝化反应是普通烈性炸药生产的关键过程，也是生产染料、农药、药物或其他精细化学品所需的各种芳烃中间体的关键过程。硝化反应是高放热反应。为了安全运行，必须进行剂量控制的预防安全措施，使反应物不积聚。硝基芳烃生产工艺产率高，原料支出占总费用 80%。对所有有效硝化过程的反应的基本要求是硫酸再生、异构体可控制和分离。重要的单硫酸萘或双硫酸萘的硝化，以再生硫酸为原料。典型的原料包括卤化芳烃，其排放增加 AOX 的负荷。

(1) 化学反应

由氢原子的亲电取代反应向芳烃中引入一个或多个硝基的硝化反应是不可逆的反应（见图 2.20）。O-硝化反应生成硝酸盐，N-硝化反应生成的硝胺对芳烃类无关紧要，但与炸药生产直接相关。

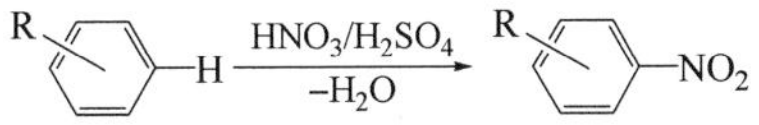

图 2.20 芳烃化合物的硝化反应

硝化反应通常是与硝酸或硫酸的混合物（混合酸）在液相中发生的反应，偶尔也会与硝酸反应。典型的混合酸，如单硝化反应的混合酸由 20% 硝酸、60% 硫酸和 20% 水（俗称 20/60/20 混合酸）组成。混合酸的浓度和温度可使目标异构体生成量最大化。若混合酸浓度较高、温度较高，则会产生氧化副反应。重要的副反应是生成酚类副产物。

(2) 单元操作

图 2.21 为芳烃化合物硝化工艺流程。反应釜材质为铸铁、不锈钢或内衬搪瓷的低碳钢。反应温度通常为 25~100℃。原料先溶解在硫酸中，然后加入混合酸。反应完成后，即从反应釜批量倒入水中，形成混合稀酸相和有机产物相。

相分离后，液体产物通过精馏纯化。以原料萃取残余酸，回收有机物。通过结晶（必要时，可加入冷却水）处理，生产固相产品。粗级硝化芳烃通过水洗或稀氢氧化钠洗涤去除酸和酚类副产物。根据产品的质量规定，甚至需要重结晶纯化，去除水及有机溶剂。异构体纯化可通过结晶、洗涤或精馏分离。

2.5.8 硝化乙醇生产

图 2.22 为硝化乙醇（如乙二醇二硝酸酯或硝酸纤维素）的生产工艺流程 [46，Ministerio de Medio Ambiente，2003]，"026E"。

废炸药来自倾析器和设备清洗。生产设备运行发生故障，也会产生废炸药。其他废

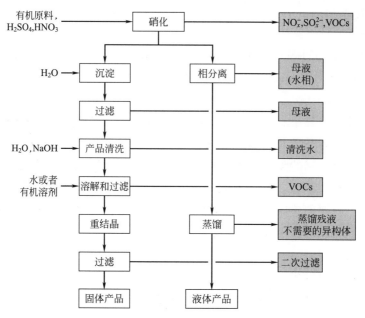

图 2.21　芳烃化合物硝化工艺流程

[左侧：可能的输入材料；右侧：废水节点（灰色框中）]

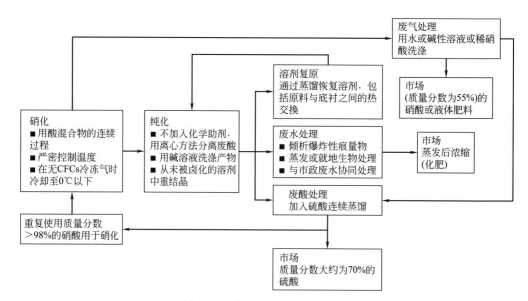

图 2.22　硝化乙醇生产工艺流程

炸药来自客户无用的废弃产物。所有废炸药都必须用合格容器包装，然后谨慎地在空气中燃烧摧毁或在行政许可的设施中开放引爆。废炸药的燃烧在有二级安全密闭容器中实施，燃烧废灰由废物处理商处置。

2.5.9　无机物氧化

工业上无机物的化学氧化十分重要，因为与氧原子的反应选择性差，投资高，年产量过万吨才能盈利。盈利产量值取决于具体产品［6，Ullmann，2001，16，Winnacker and Kuechler，1982，43，Chimia，2000，44，Hörsch，2003］。

（1）概述

表 2.13 概述了氧化剂选择、相关副产物和其他性质。CrO_3 和 MnO_2 等副产物一般再生处理［99，D2 comment，2005］。

表 2.13　无机溶剂氧化

无机氧化物	目标物质	副产物	溶剂/其他
CrO_3"铬酸"	苯甲酸,苯甲醛	Cr_2O_3	乙酸,乙酸酐
$KMnO_4$	苯甲酸,苯甲醛	MnO_2	
MnO_2	苯甲醛	Mn^{2+}	水合硫酸
HNO_3	苯甲酸	NO_x	硝酸和氧在原地再生成一氧化氮
NaOCl	芪(1,2-二苯乙烯)	NaCl	
Cl_2	砜,氯化硫,氯醌	HCl	

（2）环境问题

表 2.14 为无机物氧化的废物排放数据。主要环境问题是：

① 废气，可能含有 VOCs、NO_x 或 HCl；

② 固体副产物，含重金属；

③ 母液，可能含高负荷有机副产物和重金属；使用 Cl_2 或 NaOCl 时，高负荷 AOX。

表 2.14　无机物氧化的废物排放数据

废物	性质
铬酸氧化 3-甲基吡啶[43,Chimia,2000]	
无机固体残渣	$1.7\sim2.0\mathrm{t}\ Cr_2O_3/\mathrm{t}$ 产品
$KMnO_4$ 氧化 3-甲基吡啶[43,Chimia,2000]	
无机固体残渣	$4.0\mathrm{t}\ MnO_2/\mathrm{t}$ 产品
4,4′二硝基苯-2,2′二硫酸的制造[44,Hörsch,2003]	
母液	COD=28400mg/L；AOX=230mg/L；BOD_{28}/COD=0.04

2.5.10　光气化反应

在农药化学品、药剂、染料和聚合引发剂的生产过程中，碳酰氯的年耗量达 $3\times10^5\mathrm{t}$。碳酰氯常用作引入羰基的基材或试剂，如用于氯化或脱氢反应［45，Senet，1997］。

（1）化学反应

光化反应随反应条件遵循亲核反应机理或傅-克机理：

$$R\ II\ |\ COCl_2 \longrightarrow R—COCl + HCl$$

碳酰氯作为氯化或脱氢剂，还会生成 CO_2。

（2）单元操作

光气化反应复杂，没有通用的制备方法。每种产物都要分别评价其化学、工程和经济因素。

（3）安全问题

光气化反应的安全问题源于碳酰氯具有高毒性。光气同其他有毒气体的性质比较见表 2.15。

表 2.15　碳酰氯与其他有毒气体性质比较　　　　　　单位：$\times 10^{-6}$

气体	气味鉴定	L(CT)0～30min 照射量
碳酰氯	1.5	10
氯气	1	873
一氧化碳	无	4000
氨	5	30000

碳酰氯具有高毒性，工业规模的备料贮存均需以主要危险品严格处理。另外，根据 Council Directive 96/82/EC（最终修订版 Directive 2003/105/EC），关于危险物质的重大事故灾害的控制，碳酰氯储备规模不能超过光气反应的耗量。所以，在此行业，委托专业公司合成已成为通用的行规。

碳酰氯备料的风险管控措施，详见 4.2.30 部分相关内容。

2.5.11　硝化芳烃还原反应

硝化芳烃还原反应的环境问题及废水处理，详见 4.3.2.7 部分相关内容 ［6，Ullmann，2001，16，Winnacker and Kuechler，1982，19，Booth，1988］。

工业中最重要还原反应是硝化芳烃或二硝基芳烃还原生成芳胺或亚硝基二胺。芳胺广泛用于染料中间体，尤其是偶氮染料、颜料和荧光增白剂的原料、摄影化学品、药剂和农业化学品的中间体、异氰酸酯生产聚氨基甲酸酯的中间体，以及抗氧化剂。还原方法与有机精细化工有 3 个重大关联。

① 催化氢化，在工业中极其重要，具有通用性；很多过程都可由催化氢化完成。

② 与铁的 Béchamp 和 Brinmeyr 还原反应属于经典方法。

③ 碱性硫酸盐还原，在专门生产中，如双硝基化合物制取硝胺，硝基苯酚还原，硝基蒽醌还原，以及由相应亚硝基衍生物制取氨基偶氮化合物等选择的方法。

这 3 种方法都可用于卤代硝基化合物，增加废水的 AOX 负荷。

2.5.11.1　氢催化还原

（1）化学反应

芳香硝化物的催化还原是剧烈的放热反应（见图 2.23）。为减少其危害，需要控制反应的硝化物浓度、氢气分压和总压、温度和催化剂活性。

大多数芳香硝基物都可在液相中氢化还原。其中，反应压力和温度均为独立变量。

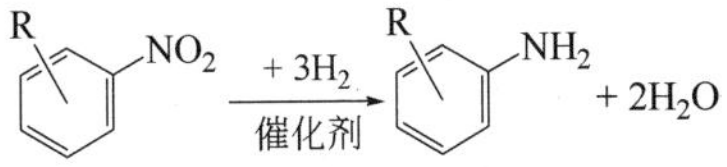

图 2.23　芳香硝基化合物的催化还原反应

反应温度由芳香环氢化反应温度决定，为 170～200℃。

通常，还原反应的温度为 100～170℃。敏感化合物的氢化反应为低温（20～70℃）、低压（1～50bar❶）反应。正常的氢化反应压力为 1～50bar。

环境问题

硝化物的催化还原是剧烈的放热反应。除非热量及时消耗，否则会产生裂解或爆炸。尤其是硝化物发生热分解反应或硝基氯化物引发缩合反应。在工业生产过程中，芳香族多硝基化合物在无溶剂的液相中进行氢化反应，需控制硝化物的浓度、氢气的分压和总压、温度和催化剂活性。只能连续少量地添加硝基化合物，确保硝基化合物浓度低于 2%。添加去离子水连续蒸发，去除反应热，降低催化剂活性。实施特别严格的安全措施，以降低事故危害。

优先推荐的溶剂是甲醇和 2-丙醇，二噁烷、四氢呋喃和 N-甲基吡咯烷酮也有使用。在氢化过程中，需要使用与水不互溶的溶剂（如甲苯），并要脱水。与无溶剂氢化反应相同，反应中需保持催化剂活性。如果胺具有良好的水溶性，则可以水为溶剂。硝基化合物与强碱反应生成水溶性盐时，也可以水为溶剂，例如碱与硝基碳酸或磺酸反应。实际生产中，仅以雷尼镍、雷尼镍铁、雷尼钴和雷尼铜为纯金属催化剂，相对成本较低。贵金属催化剂（如 Pt 和 Pd）则常以浓度 0.5%～5%（质量分数）负载于高比表面积的载体材料上，如活性炭、二氧化硅、氧化铝或碱土碳酸盐等。

（2）单元操作

绝大多数的芳胺年产量很少（<500t/a），在浆状催化剂作用下间歇氢化反应生产。氢化反应的反应釜为钢或不锈钢高压搅拌反应釜或环形反应釜。环形反应釜在氢化反应过程中，温度逐渐升高，传质不断加快，从而提高反应的选择性，缩短间歇反应时间，提高反应的产率。另外，催化剂用量较少。催化剂的添加顺序取决于具体反应物。反应结束后，先冷却再过滤反应产物，去除催化剂。

2.5.11.2　铁还原

（1）化学反应

硝化芳烃的还原反应通常在少量酸（盐酸、硫酸、甲酸和乙酸）存在的条件下进行：

$$4Ar-NO_2 + 9Fe + 4H_2O \longrightarrow 4Ar-NH_2 + 3Fe_3O_4$$

酸的作用是活化铁。反应过程中，2%～3% 的氢来自酸，97%～98% 的氢源于水。

---

❶　1bar=100000Pa。

（2）单元操作

通常的生产过程是，先将铁/水/酸（铁过量 15％～50％）的混合物投加到有机溶剂（甲苯、二甲苯、乙醇）中，再加入硝化芳烃，然后加热分馏。根据芳烃的反应活性，可能还需增加其他过程或者不需要酸（中性铁还原）。生产过程中，必须防止未还原的硝化物累积。反应完毕后，必须测试最终混合物，核对硝化物的总损耗。苏打粉（无水碳酸钠）溶液沉淀可溶性铁，再经过过滤，以去除铁化合物。

2.5.11.3 碱性硫化物还原

（1）化学反应

下列无严格化学计量反应式表明，碱性硫化还原反应条件温和、具有选择性：

$$Ar—NO_2 + Na_2S_2 + H_2O \longrightarrow Ar—NH_2 + Na_2S_2O_3$$

其他还原剂包括 Na_2S 和 $NaSH$，反应会生成 $Na_2S_2O_3$。投加硫可减少硫化物的用量。

（2）单元操作

将硫化物的稀水溶液加入硝化物溶液或乳液中。硝化芳烃的反应活性决定反应温度（80～100℃）和浓度。加入过量的硫化物，防止聚硝基物发生选择性还原反应。

2.5.11.4 产物分离净化

图 2.24 为硝基芳香族化合物还原工艺流程。胺的性质决定产物分离净化的方法。通用方法是：

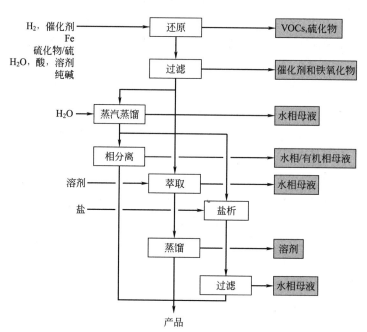

图 2.24　硝基芳香族化合物还原工艺流程
[左侧：可能的输入材料；右侧：废水节点（灰色框中）]

① 液相分离；

② 冷却和盐析；

③ 蒸汽精馏；

④ 有机溶剂萃取；

⑤ pH 值调节（必要时）。

2.5.12 磺化反应

磺化反应的环境问题和废物处理，详见 4.3.2.8 部分［6，Ullmann，2001，15，Köppke，2000，16，Winnacker and Kuechler，1982，46，Ministerio de Medio Ambiente，2003］。

芳化物中磺酸基团的直接引入是有机化学工业中非常重要的反应之一。在温和条件下，磺化反应的产率高，生成的衍生物非常少。芳香磺酸主要以中间体用于染料、杀虫剂、药物、塑化剂和荧光增白剂等的生产原料。卤化物也是常用的原料，但废水 AOX 负荷高。

(1) 化学反应

磺化反应的浓硫酸过量（50%～100%）或采用发烟硫酸。芳烃的亲电取代的基本特点是反应产物为目标物质及异构体组成混合物。磺化反应属于可逆反应，而反应条件（温度、共沸精馏或投加亚硫酰氯脱除反应生成的水）决定着目标物质的产率及异构体含量（见图 2.25）。

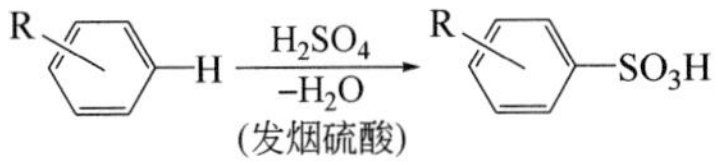

图 2.25　芳香化合物的磺化反应

提高反应温度与脱除反应生成的水，有利于产生副产物砜。改变反应物（芳烃、硫酸和发烟硫酸）和反应温度，引发硫酸或三氧化硫的氧化作用，发生无效氧化反应。

(2) 单元操作

磺化反应的工艺流程如图 2.26 所示。磺化反应的反应釜为铸钢或搪瓷衬钢反应釜，反应温度为 60～90℃。在生产过程中，先将磺化反应物加入反应釜，再投加芳香化合物。通过温度曲线或温控仪表控制反应。

反应结束后，反应釜内的反应产物全部泄入水中，析出未转化的芳香化合物，冷却稀释的磺化物，过滤分离游离酸。根据纯度的要求，产品可采用重结晶进一步纯化。

如果游离酸易溶解，其分离则需通过其他方法。如：

① 硫化钠或氯化钠盐析；

② 控温结晶；

③ 反应萃取。

在反应萃取过程中，利用长链脂肪胺，将芳基磺酸转化为铵盐，回收未转化的磺酸；液相硫酸与盐分离后，与氢氧化钠溶液反应，转化为磺酸钠溶液和胺；后者以液相分离回用。在实际生产中，磺酸盐与无机盐的分离方法与此相同。

其他分离方法均是通过投加碳酸钙或氢氧化钠，与过量硫酸发生中和反应。反应产

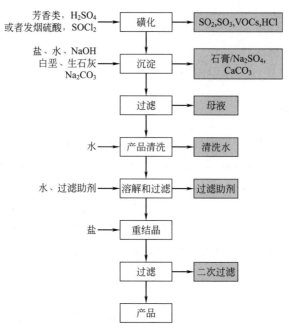

图 2.26 磺化反应的工艺流程

［左侧：可能的输入材料；右侧：废水节点（灰色框中）］

生大量石膏或硫化钠，后者在高温状态下去除。碳酸钙中和法需投加碳酸氢钠处理溶解的芳基磺酸钙，过滤去除碳酸钙沉淀物。滤液含有芳基磺酸钠。

2.5.13 三氧化硫（SO₃）磺化反应

三氧化硫磺化反应的环境问题及废物处理，详见 4.3.2.9 部分 [15，Köppke，2000]。

三氧化硫磺化反应应用于产量大、品种少的磺酸芳烃生产。

(1) 化学反应

三氧化硫磺化反应如图 2.27 所示。若反应温度低，则选择性高，不产生水。

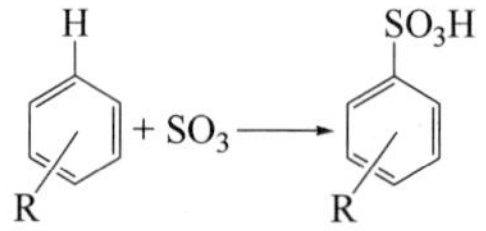

图 2.27 三氧化硫磺化反应

副反应：

① 形成砜；

② 形成异构体；

③ 形成氧化副产物。

如果是液相反应，则以卤化物（如亚甲基氯或二氯乙烷）为溶剂。

(2) 单元操作

液相和气-液三氧化硫磺化反应的工艺流程分别如图 2.28 和图 2.29 所示。

液相反应	气-液反应
有机原料和 SO_3 都溶于有机溶剂(如亚甲基氯或二氯甲烷)。连续加入反应釜,反应完成后,反应混合物转移到水中,再投加硫酸,冷却,有机相分离,产物沉淀析出。然后将析出的产物过滤分离	根据现场条件,从硫酸设备或硫燃烧获得三氧化硫。三氧化硫磺化反应采用降膜式反应釜。在许多情况下,反应产物不需进一步分离纯化

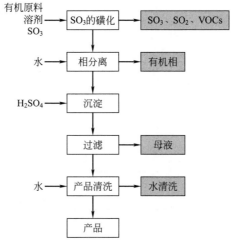

图 2.28 液相三氧化硫磺化反应工艺流程

图 2.29 气-液三氧化硫磺化反应工艺流程

2.5.14 氯磺酸磺氯化反应

磺氯化反应生成有机磺基氯化物。后者为多种精细化学品,如磺胺、偶氮磺酰肼、磺酸酯、亚磺酸、砜和苯硫酚的中间体 [15,Köppke,2000]。氯磺酸磺氯化反应如图2.30 所示。

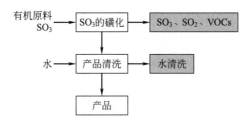

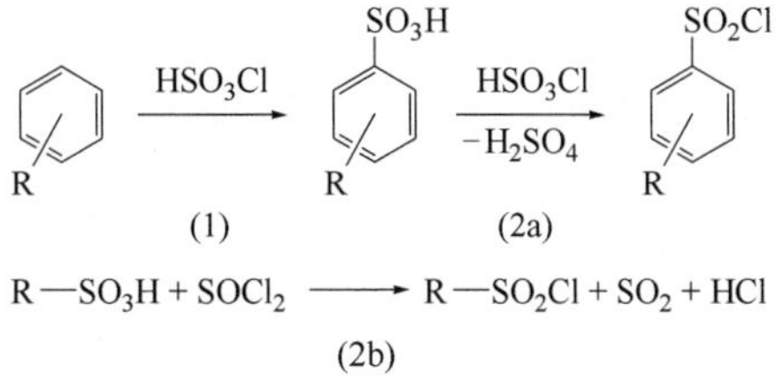

$$R—SO_3H + SOCl_2 \longrightarrow R—SO_2Cl + SO_2 + HCl$$
$$(2b)$$

图 2.30 氯磺酸磺氯化反应

(1) 化学反应
磺氯化过程,包括两步反应:

其中，步骤（1）与 2.5.13 部分的磺化反应相似。步骤（2a）为可逆氯化反应。一般地，反应中氯磺酸过量。或者，第二步反应采用亚硫酰氯，如步骤（2b）所示。

副反应：

① 形成砜（采用氯苯，砜含量大于 35%）；

② 形成异构体；

③ 形成其他卤化产物。

（2）单元操作

图 2.31 为磺氯化工艺流程。

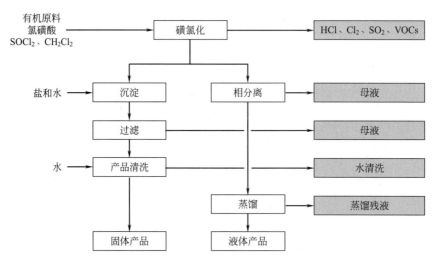

图 2.31 磺氯化工艺流程

[左侧：可能的投入材料；右侧：废水节点（灰色框中）]

氯磺酸投加至铸钢或搪瓷钢容器中，在温度为 25～30℃、搅拌条件下，加入 10%～25%（摩尔比）的芳香化合物反应，芳香化合物被磺化，生成盐酸。然后再升温，反应物加热至 50～80℃时，生成磺酰氯，该反应为放热反应。

芳香化合物分子很容易获取两个磺氯化基团，如茴香醚。在低温（0℃）、投加少量非计量的氯磺酸和稀释剂（如二氯甲烷）的条件下，则发生单氯磺化。

反应温度必须精确控制，确保 HCl（气态）均匀释放。如果供电中断，恢复供电便重启反应釜的搅拌器十分危险，会导致反应釜产生泡沫外溢。

反应后，反应物倒入水中，冷却，产物分离。磺酰氯沉淀或以有机液相分离。

2.5.15 维蒂希反应

维蒂希反应广泛用于维生素、类胡萝卜素、药剂和抗生素生产。* 003F* 以维蒂希反应生产香料，因废水难以处理而淘汰 [6，Ullmann，2001，9，Christ，1999]，* 003F*。

（1）化学反应

维蒂希反应分三步：

$$R'-CH_2-Cl+P(C_6H_5)_3 \longrightarrow R'-CH_2-P^+(C_6H_5)_3Cl^-$$

$$R'-CH_2-P+(C_6H_5)_3Cl \longrightarrow R'-CH=P(C_6H_5)_3$$

$$R'-CH=P(C_6H_5)_3+R''-CHO \longrightarrow R'-CH=CH-R''+O=P(C_6H_5)_3$$

第 2 步去质子化需要碱，如碱金属碳酸盐或胺。反应在有机溶剂，如醇、DMF

（二甲基甲酰胺）或水溶液中进行。

在温和的条件下，反应的产率高。然而，需使用等摩尔的三苯膦（TPP），形成惰性氧化三苯膦（TPPO）。

（2）单元操作

每个维蒂希反应的性质各异，没有通用操作方法。每种化合物生产需单独设计，且需评估化学、工程和经济因素。

2.5.16　涉及重金属的工艺

重金属存在于化学合成中：

① 原料或产物含有重金属；

② 重金属助剂（如催化剂、氧化还原物质）。

涉及重金属的典型工艺见表 2.16 [1, Hunger, 2003, 6, Ullmann, 2001, 16, Winnacker and Kuechler, 1982, 51, UBA, 2004], * 018A, I* , * 015D, I, O, B* 。

表 2.16　涉及重金属的典型工艺

反应	金属	溶剂	试剂
金属喷镀形成金属螯合物			
1 : 1或1 : 2混合 形成偶氮染料	铬 镍 钴 铜	水 稀 NaOH 甲酸 甲酰胺	Cr_2O_3 $CrCl_3 \cdot 6H_2O$ $K_2Cr_2O_7 \cdot 2H_2O$/葡萄糖 铬甲酸盐 NaKCr 水杨酸 $CoSO_4 \cdot 7H_2O$/$NaNO_2$ $CuSO_4 \cdot 5H_2O$ $CuCl_2$
单元过程			
氧化	锰 铬 钼		MnO_2 CrO_3
还原	锌 铜 汞 锡		金属, 金属氯化物
氢化	镍		雷尼镍
催化剂			
	镍 铜 钴 锰 钯 铂 钌 铋 钛 锆		金属, 金属氧化物, 氯化物或乙酸盐, 羰基化物

部分涉及含重金属工艺的废液排放实例数据见表 2.17。

表 2.17　涉及含重金属工艺的废液排放实例数据

雷尼镍催化还原[*018A,I*]			
过滤后的母液	镍	1.84kg/批次	0.92mg/L①

① 未经预处理，稀释到 2000m³ 的排放物总量的计算浓度。

重金属不可降解，可被沉淀物吸附或穿透 WWTP。含重金属的污泥处置难度较大，因此，需增加相应的处置或处理费用。

含贵重金属的催化剂，需优先送至回收公司回收。

防止稀释和污泥污染/排放的常规措施，是通过下列方法进行高浓度废水的预处理的：

① 离子交换；

② 沉淀/过滤；

③ 反应萃取。

2.6　发酵

"发酵"是指利用由生物或酶，特别是细菌或酵母中产生的微生物、霉菌或产生特殊产物的真菌引起的化学变化的工艺过程。大多数工业微生物过程是对微生物代谢反应的强化或改进。

典型发酵过程应用的是 β-内酰胺抗生素、青霉素或头孢菌素类抗生素、四环素，还有生物碱和氨基酸生产或改进 [2，Onken，1996，15，Köppke，2000，18，CEIFC，2003，25，kruse，2001]。

抗生素的工业生产始于产生抗生素生物的筛选。新型产生抗生素的生物经过基因修饰，提高了发酵产量，达到商业需量。依据 Directive 90/219/EEC 和 Directive 90/220/EEC，对这些"转基因修饰生物"（GMOs）有明确规定，不属于 IPPC Directive 中规定的物质。这些生物（除特殊说明外）处置之前必须灭活。实际生产中，发酵过程一旦完成，立即进行生产生物的灭活，所以不可能在环境中生存。如果这种生物灭活不彻底，则必须启动专门的杀菌工序，如高压蒸汽灭菌或化学灭菌。

发酵过程有时采用致病微生物。

2.6.1　单元操作

典型发酵工艺流程及产品发酵纯化如图 2.32 所示。

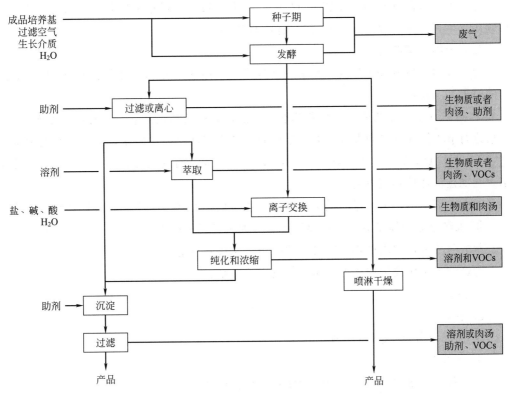

图 2.32　典型发酵工艺流程及产品发酵纯化

[左侧：可能的投入材料；右侧：废水节点（灰背景）]

（1）原料和种苗期

在抗生素的大规模发酵过程中有许多被称为"种苗期"的阶段，它们能到达最终的产物期。种苗期的目标仅仅是培养大量高活力微生物种群，此阶段不企图生产任何抗生素。每个种苗期都用于下阶段的接种，单独的种苗期的时间比最终的产物期短。

开始的种苗期在实验室完成，包括配制原始培养基。然后接种到大发酵罐（从几立方米到 $50m^3$，甚至更大），其中装填无菌培养基。

在发酵过程中，生长基的原料主要是大宗液体，如玉米浸渍液、菜籽油和淀粉水解液。这些原料属不挥发物质，运输或装填至发酵容器均不需特别措施。这些大宗原料储罐通常需要二级防护或安装高位警报，防止过量装填。其他的固体原料采用袋装运输，低位投加至发酵罐。备料区域须安装空气抽吸系统，保护操作人员的健康。空气抽吸系统与湿式除尘器连接，备料区排出的废气经处理合格后才能排入大气。备料装填也可设计成密闭系统，实现无尘操作，消除人员的危害。发酵设备和培养基必须在 120℃ 以上的条件下灭菌 20min。

（2）发酵期

发酵过程在大搅拌发酵罐（几立方米到 $200m^3$，甚至更大）中进行好氧发酵，批次运行。培养基专门批次配置，其容量只能维持有限的超设计培养时间，培养基的高压蒸汽灭菌消毒在发酵罐中完成。培养基消毒灭菌后，以种苗期的最终液体培养基接种。在发酵过程中，灭菌营养物连续加入（"填入"）发酵罐，通过精确控制微生物的生长，保持利于抗生素产物生成的运行工况。发酵期持续 8d。

（3）产物分离纯化

分离步骤具体取决于产物性质和生产地点。从液体培养基中分离的生物质中得到产物的过程如下所示。

① 过滤（常规过滤或超滤）和萃取。过滤，滤过液体培养基再通过有机溶剂萃取，然后进行 pH 值调节（如青霉素 G）或者通过有机溶剂（如甾族化合物）萃取生物质。

② 过滤（常规过滤或超滤）。调节 pH 值/或加入助剂（如四环素），产物沉淀析出，与滤过液体培养基分离。

③ pH 值调节，未经过滤的液体培养基通过离子交换（如生物碱和氨基酸）纯化。

④ 未经过滤液体培养基直接喷淋干燥（如制备工业原料）。

萃取分离前，胞内产物需额外的机械方法来破坏细胞。

为进一步优化提纯或浓缩，可选择的方法包括：

① 蒸发；

② 超滤；

③ 色谱分离与/或离子交换；

④ 反渗透。

纯化后，再通过常规结晶或干燥便获得目标产品。

2.6.2 环境问题

表 2.18 为发酵过程的废物排放。典型案例详见 4.3.2.11 部分相关内容。

表 2.18 发酵过程的废物排放

废物	性质
	[Köppke, 2000]
废气	$0.5 \sim 1 m^3 / (m^3$ 液体·min$)$

图 2.33 为发酵废水减排工艺。

发酵过程主要的废液包括：

① 生物质，可能含活性药物成分或过滤助剂；

② 滤过的液体培养基，可能含活性药物成分或沉淀助剂；

③ 种苗或发酵期的废气，含液体培养基气溶胶，可能有恶臭味；

④ 溶剂使用产生 VOCs；

⑤ 大量废水。

如果生物质有害，首先必须减活至低于 99.99％的水平。然后使之失活。具体方法包括热灭活、化学灭活或在 85～90℃温度下真空蒸发器灭活，或者有毒生物质进行焚烧处理。后者为达到合格灭活率，焚烧炉运行时，焚烧温度需高于 1100℃，焚烧时间不短于 2s。如果生物质无毒，那么除非国家规定要求，否则通常不需减活处理。

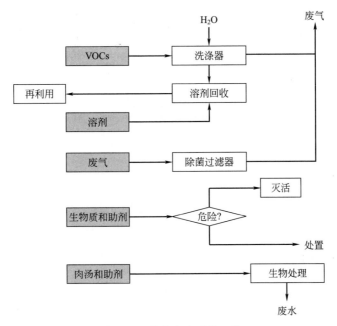

图 2.33　发酵废水减排工艺

滤过液体培养基通常由生物 WWTP 处理。

种苗和发酵期产生的废气包括 1.5%～2.5%（体积分数）的 CO_2，以及没使用过滤器时产生的液体培养基气溶胶。通常，若出现液体培养基飞溅或雾沫夹带外漏的危险情况，容器检测器会自动关闭排气阀或投加抑泡剂。每台发酵罐的废物均由安装在其下游的旋风分离器收集。必要时可热氧化处理。

发酵罐排放时，恶臭味的烟道气需用次氯酸盐洗涤或活性炭吸附或生物降解处理。其中，化学洗涤器处置发酵罐排放烟道气之前需吹脱处理其中的无用化学品。这些废气处置装置的运行维护费用很高。活性炭吸附仅适用于处置低污染负荷的废气，以确保活性炭的有效吸附时间。另外，发酵罐，尤其在杀菌循环时排放的废气含水量大、湿度高，干扰活性炭吸附过程。活性炭吸收塔构造简单，具有稳定、高效的异味去除性能。生物过滤器构造简单，投资成本相对较低。但发酵罐杀菌循环时排放的热发酵废气需冷却降温至 25～30℃ 才能进入生物过滤器。

结晶、过滤、干燥和混合设备排放的废气需要经过极冷水洗涤器吸收，才能排入大气。清洗液需精馏处理，脱除其中的溶剂。废溶剂需回收循环利用。

2.7　其他

2.7.1　制剂

许多化学合成产品，如染料/颜料、杀菌剂/植物健康品或爆炸物呈制剂、混合物或标准悬浮物形式，其生产设备从技术上可与合成单元连接，运行上可以相同生产规程/批量操作。污染物排放包括：①残余溶剂的 VOCs；②备料的颗粒物；③冲洗/清洁废水；④其他分离废液。

表 2.19 为制剂生产废物排放。

表 2.19　制剂生产废物排放

废物	指标	参考文献
推进剂生产废气	VOCs	*063E* *064E*
植物健康品生产废气	活性成分颗粒物	*058B*
漂洗废水及染料标准化的 CIP	0.1%产物损耗	*060D,I*

2.7.2　天然物萃取

[62，D1 comments，2004]，*065A，I*

"天然产物液态 CO_2 萃取"详见 4.1.5.1 部分相关内容；"逆流带萃取"详见 4.1.5.2 部分相关内容。

萃取是从自然资源中获取原料的重要过程。通常，以溶剂将目标物质（如单宁酸、生物碱、奎宁盐、食品添加剂、APIs 或 APIs 的中间体、化妆品添加剂）从天然原料（如树叶、树皮、动物器官）中萃取，然后精馏脱除溶剂，以进一步加工。

植物原料萃取量为 0.1%～10%，甚至更少，取决于萃取工艺、植物原料的质量以及目标物质种类。与最终产物的量相比较，萃取废液量大。减少废液量的措施是通过逆流带萃取等技术使萃取产率最大化。

通过堆肥处理和后续用作土壤调理剂，实现原材料的回用最大化，必须研究实施无氯且可生物降解萃取剂。原料加工行业，萃取发酵液体培养基或植物废原料，通常由于有害植物原料残渣或 APIs 残渣，不能回用。

通过间接蒸汽加热/蒸汽注射处理植物废原料，冷凝溶剂和后续精馏纯化溶剂的方式，重复使用萃取溶剂。可溶解高分子植物原料（如木质素和单宁），如液-液萃取和相转移的后续纯化过程产生的废水，会产生具有高浓度难降解深色有机废水。

表 2.20 给出了萃取中废物典型案例。

表 2.20　萃取中废物典型案例

废物	特性	参照厂
液-液萃取中的废水	高负荷的非降解 COD（木质素，单宁）	*065A,I*
萃取的发酵液体培养基		*065A,I*
废植物原料		*065A,I*

3

现有排放消耗

本章给出的数据是基于提供的资料，并且是从多方来源获得的。在这一阶段，有意地阻止任何假设是为了避免根据产物范围进行分类。

基于保密，参照厂都以代号表示（例如：＊199D，O，X＊），其中的数字用来代表本书的相应厂家，字母代表产物范围。表 9.1 给出了所有参照厂的清单。

3.1　大气排放

本节中的浓度值和质量流量都源于案例厂或其他没命名的个别案例厂。根据一种信息来源对比浓度和质量流量的关键是案例厂的数量（或者某些情况下是参考文献的数量）。

如果案例厂冠以的是信息来源的名字，那么数据来源通常是检测报告，其中包括了取样/平均时间的背景信息和具有代表性（生产情况）的取样信息。为了解释给定的值，请注意：

① 平均时间通常为 30～180min，并且某些情况下未给出取样时间；

② 在平均时间内或者不同样品中出现峰值或大的变化，其范围已在表中列出。

3.1.1　VOCs 排放概述

图 3.1 为西班牙 OFC 的 VOCs 主要组分及其大气排放 [46，Minsterio de Medio Ambiente，2003]。

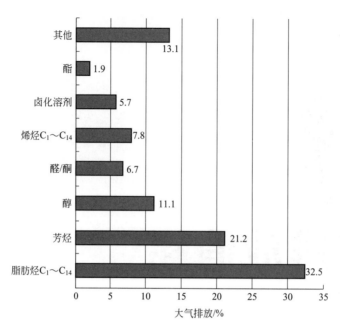

图 3.1 西班牙 OFC 的 VOCs 主要组分及其大气排放

3.1.2 大气排放各物质的浓度及 DeNO$_x$ 效率

表 3.1 为大气排放中物质的浓度及 DeNO$_x$ 效率。

表 3.1 大气排放中物质浓度及 DeNO$_x$ 效率

物质	HCl	HBr	Cl$_2$	Br$_2$	SO$_2$	NO$_x$	NH$_3$	微粒	VOCs	二噁英/呋喃	DeNO$_x$效率	点源
单位 案例工厂	mg/m³								mgC/m³	ng/m³	%	
[15,Köppke,2000]	2.9				0.6	12		5	6	0.09		氧化塔,两个涤气塔
[15,Köppke,2000]	0.8							3.3	39			涤气塔(被热氧化塔取代)
[15,Köppke,2000]					0.16				17.5			电除尘器,涤气塔
007I A1									32~58			两个涤气塔
007I A2								1.1	1.2~4.1			两个涤气塔
007I A3								6.1	74.1			两个涤气塔
001A,I(1)	2.4		0.2		82				100			涤气塔(已被热氧化塔取代)
001A,I(2)	2	0.1	0.1		0.5	164		13	1.6			三个涤气塔:HCl,HCl,NaOH/NaHSO$_3$,氧化塔,DeNO$_x$(尿素)

续表

物质	HCl	HBr	Cl₂	Br₂	SO₂	NOₓ	NH₃	微粒	VOCs	二噁英/呋喃	DeNOₓ效率	点源
单位 案例工厂				mg/m³					mgC/m³	ng/m³	%	
008A,I(1)									2.9	0.00		焚烧炉（1200℃），DeNOₓ(NH₃)，涤气塔
008A,I(2)									3.1	0.00		焚烧炉（860℃），DeNOₓ(NH₃)，涤气塔
008A,I(3)		0.4			3.8		5.9	1.7	0.3	0.00		焚烧炉，DeNOₓ(NH₃)，涤气塔
008A,I(4)									10			涤气塔（NaOH/NaHSO₃），乙酸
008A,I(5)									4			两个涤气塔，冷凝器（-14℃），低温冷凝器（-145~-130℃，200m³/h)甲苯，CH₂Cl₂，苯甲基氨
010A,B,D,I,X						38			1.1	0.00		热氧化塔
015D,I,O,B(1)	1	0.3			0.24			1.3	1			两个涤气塔
015D,I,O,B(2)	0.6				1.6	1.4						涤气塔，催化处理
015D,I,O,B(3)	0.3				1.6	7.4	5.1	2				涤气塔，三级
015D,I,O,B(4/1)									2.6			涤气塔
015D,I,O,B(4/2)									1.1			涤气塔
015D,I,O,B(5)									4.1			旋风除尘器，净化器
016A,I(1)									108~184			活性炭吸附
016A,I(2)									1.6~18.5			活性炭吸附
019A,I(1)	0.37				0.08	25	0.71	1.37	0.6		96	焚烧炉，DeNOₓ(NH₃)，涤气塔，含氮有机溶剂负荷
019A,I(2)	0.35				0.09	26	0.77	1.19	0.8	0.00		焚烧炉，DeNOₓ(NH₃)，涤气塔，二噁英测试
020A,I	0.66	0.11			5.04	124		3.1	0.7	0.03		氧化塔，DeNOₓ(尿素)涤气塔，高溶剂负荷
024A,I(1)	1						1	1				两台涤气塔
024A,I(2)	1						1	1				涤气塔
024A,I(3)	0.5						1	0.5				四台并联涤气塔
024A,I VOC1									1688			两台涤气塔（THF、甲苯、CH₂Cl₂、甲醇、丙醇和庚烷）
024A,I VOC2									602			
024A,I VOC3									159			
024A,I VOC4									195			

续表

物质	HCl	HBr	Cl$_2$	Br$_2$	SO$_2$	NO$_x$	NH$_3$	微粒	VOCs	二噁英/呋喃	DeNO$_x$效率	点源
单位 案例工厂	mg/m³								mgC/m³	ng/m³	%	
037A,I	1				5	126	1	2	2	0.01		氧化塔,DeNO$_x$(尿素)涤气塔
038F									35			焚烧炉
044E						615						硝化纤维,HNO$_3$回收
045E						307						涤气塔
048A,I(1)									279			涤气塔、乙醇、甲醇
048A,I(2)	4											涤气塔
048A,I(2a)								3				过滤(来自储存物)
048A,I(3)						960						三台涤气塔:HNO$_3$、H$_2$O、NaOH(来自于硝化作用)
049A,I(1)					2.5				10.8~44.6			三台涤气塔
049A,I(1a)								0.05				过滤(磨碎后)
053D,X(1)					1.4	25.6		0.2	1			氧化塔、电除尘器、布袋除尘
053D,X(2)								1				布袋除尘,来自制剂
053D,X(3)								1				布袋除尘
053D,X(4)								0.7				布袋除尘
055A,I(1)									13~20			催化氧化,仅甲苯和甲醇
055A,I(2)									5.6			无减少/回收
055A,I(4)									17.5			热氧化塔
055A,I(5)						3			0.04			催化氧化(仅天然气)
055A,I(6)									42~57			涤气塔:NaOH或H$_2$SO$_4$,低温冷凝器,平滑滤波器
056X	0.2						0.09		1~12			三台涤气塔:H$_2$O、H$_2$SO$_4$、NaOH、活性炭吸附2×2875kg
057F(1)	0.23	0.23						0.1	37~177			涤气塔:NaOH(被TO代替)
057F(2)									124~228			涤气塔:NaOH(被TO代替)
057F(3)									38~53			涤气塔:NaOH(被TO代替)
058B(1)								0.3				织物过滤(来自于制剂)

续表

物质	HCl	HBr	Cl₂	Br₂	SO₂	NOₓ	NH₃	微粒	VOCs	二噁英/呋喃	DeNOₓ效率	点源
单位 案例工厂	mg/m³								mgC/m³	ng/m³	%	
058B(2)								0.4				织物过滤(来自于制剂)
059B,I(1)						13			5.4			未经 DeNOₓ 的氧化塔
062E						480						无减少/回收
063E						425~836						硝化纤维,层叠塔中 HNO₃ 的回收
082A,I(1)	3~7.5								1.3			氧化塔,涤气塔
098E						113~220						层叠塔:H₂O 和 H₂O₂
101D,I,X(1)					12	13			9			四台中型涤气塔,分散式涤气塔
101D,I,X(2)								3				旋风除尘,管式过滤器(喷雾干燥后)
103A,I,X	1.5											两台涤气塔:NaOH 和 H₂SO₄
106A,I(2)	3.7		0.04			430		3	0.005			热氧化塔,980℃,4000m³/h,0.7s 滞留时间,无 DeNOₓ 系统,含 H₂O 涤气塔,NaOH 和 Na₂S₂O₃,热回收(蒸汽的生产)
107I,X						80~250						热氧化塔,1200m³/h,SCR(NH₃)
114A,I	10.4		<55			300			22.5			热氧化塔 900~1000℃,热回收,45000m³/h,含 H₂O 涤气塔

3.1.3 大气排放中物质的排放量

大气排放中物质的排放量如表 3.2 所列。

表 3.2 点源排放量

物质	HCl	HBr	Cl₂	Br₂	SO₂	NOₓ	NH₃	微粒	VOCs	二噁英/呋喃	点源
单位 案例工厂	kg/h								kgC/h	μg/h	
007I A1									0.021~0.2		两台涤气塔

续表

物质	HCl	HBr	Cl₂	Br₂	SO₂	NOₓ	NH₃	微粒	VOCs	二噁英/呋喃	点源
单位 案例工厂				kg/h					kgC/h	μg/h	
007I A2							0.006		0.003~0.008		两台涤气塔
007I A3							0.001		0.35		两台涤气塔
001A,I(1)	0.024		0.002		0.82				1		涤气塔(现在被热氧化剂所取代)
001A,I(2)	0.026				0.007	2.21		0.177	0.021		三台涤气塔:HCl、HCl、NaOH/NaHSO₃,氧化塔,DeNOₓ(尿素)
008A,I(1)									0.021	0.014	焚烧塔(1200℃),DeNOₓ(NH₃),涤气塔
008A,I(2)									0.022	0.006	焚烧塔(860℃),DeNOₓ(NH₃),涤气塔
008A,I(3)					0.019				0.001	0.004	焚烧塔,DeNOₓ(NH₃),涤气塔
008A,I(4)									0.005		涤气塔(NaOH/NaHSO₃),乙酸
008A,I(5)									0.0001		两台涤气塔,冷凝(-14℃),低温冷凝器(-145~-130℃,200m³/h)甲苯,CH₂Cl₂,苯甲基氨
010A,B,D,X						0.018			0.001	0.002	热氧化塔
015D,I,O,B(1)	0.000	0.006			0.005		0.002	0.025	0.019		两台涤气塔
015D,I,O,B(2)	0.013				0.034	0.03	0.064				涤气塔,催化处理
015D,I,O,B(3)	0.006				0.033	0.154	0.106	0.042	0.021		涤气塔,三级
015D,I,O,B(4/1)									0.036		涤气塔
015D,I,O,B(4/2)									0.01		涤气塔
015D,I,O,B(5)									0.146		旋风除尘,涤气塔
016A,I(1)									0.09~0.15		活性炭吸附
016A,I(2)									0.001~0.03		活性炭吸附
019A,I(1)	0.007				0.002	0.50	0.014	0.027	0.012		焚烧塔,DeNOₓ(NH₃)涤气塔,含氮有机溶剂负荷
019A,I(2)	0.007				0.002	0.52	0.015	0.024	0.016	0.023	焚烧塔,DeNOₓ(NH₃)涤气塔,二噁英负荷
020A,I	0.008	0.001			0.062	1.525		0.038	0.009		氧化,DeNOₓ(尿素)涤气塔,高溶剂负荷

续表

物质	HCl	HBr	Cl₂	Br₂	SO₂	NOₓ	NH₃	微粒	VOCs	二噁英/呋喃	点源
单位 案例工厂	kg/h								kgC/h	μg/h	
026E						0.002					涤气塔
037A,I	0.008				0.04	1.008	0.008	0.016	0.016	0.08	焚烧塔,DeNOₓ(尿素)涤气塔,涤气塔
038F									0.30		焚烧塔
044E						3.38					硝化纤维,HNO₃ 的回收
045E						0.018					涤气塔
048A,I(1)									0.016		涤气塔、乙醇、甲醇
048A,I(2)	0.009										涤气塔
048A,I(2a)								0.01			过滤(来自贮存物)
048A,I(3)						0.458					三台涤气塔:HNO₃、H₂O、NaOH(来自硝化作用)
049A,I(1)					0.032				0.25~0.56		三台涤气塔
049A,I(1a)								0.2			过滤(粉碎后)
053D,X(1)					0.001	0.01		0.000	0.000		氧化塔、电除尘器、布袋除尘
053D,X(2)								0.002			布袋除尘、来自制剂
053D,X(3)								0.001			布袋除尘、来自制剂
053D,X(4)								0.003			布袋除尘、来自制剂
055A,I(1)									0.04		催化氧化、仅甲苯和甲醇
055A,I(2)									0.84		无消除/回收
055A,I(4)									0.043		热氧化塔
055A,I(5)						0.008			0.000		催化氧化(仅天然气)
055A,I(6)									0.176		涤气塔:NaOH 或 H₂SO₄,低温冷凝器,平滑过滤器
056X	0.001						0.001		0.003~0.040		三台涤气塔:H₂O、H₂SO₄、NaOH,活性炭吸附2×2875kg
057F(1)	0.001	0.001						0.001	0.195~0.945		涤气塔:NaOH(被热氧化所取代)
057F(2)									0.668~1.229		涤气塔:NaOH(被热氧化所取代)
057F(3)									0.194~0.266		涤气塔:NaOH(被热氧化所取代)

物质	HCl	HBr	Cl_2	Br_2	SO_2	NO_x	NH_3	微粒	VOCs	二噁英/呋喃	点源
单位 案例工厂	kg/h								kgC/h	μg/h	
058B(1)								0.004			织物过滤(来自制剂)
058B(2)								0.002			织物过滤(来自制剂)
059B,I(1)						0.045			0.018		未经 $DeNO_x$ 的氧化剂
062E						0.069					无消除/回收
063E						0.7~1.4					硝化纤维,层叠塔中 HNO_3 的回收
082A,I(1)	0.03~0.08								0.014		热氧化塔,涤气塔
098E						0.87~1.69					层叠塔:H_2O 和 H_2O_2
101D,I,X(1)					0.36	0.50			0.34		四台中型涤气塔,分散式涤气塔
101D,I,X(2)								0.16			旋风除尘,管式过滤器(喷雾干燥后)
103A,I,X	0.013										两台涤气塔:NaOH 和 H_2SO_4
106A,I(2)	0.015		0.000			1.72			0.012		热氧化塔,980℃,4000m³/h,0.7s 滞留时间,未经 $DeNO_x$ 的系统,含 H_2O 涤气塔,NaOH 和 $Na_2S_2O_3$,热回收(蒸汽的生产)
107I,X						0.1~0.3					热氧化塔,1200m³/h,SCR(NH_3)
114A,I	0.46		<2.5			13.4			1		热氧化塔 900~1000℃,热回收,45000m³/h,含 H_2O 涤气塔

3.2　废水排放

　　本节的数据,主要依据每天的平均值和 1～12 个月的数据库,削减率由生物污水处理厂的投入和产出水平获得。表中空白处表示未提供数据。

3.2.1　COD、BOD₅ 排放及去除率

表 3.3 为 COD、BOD₅ 排放及去除率，主要反映总废水的生物 WWTP 的处理状况。某些案例，由于有预处理措施，总 COD 去除率较高。这种或相似的情况在"补充处理，备注"说明。

表 3.3　COD、BOD₅ 排放及去除率

案例工厂	COD/(mg/L)		COD 去除率/%	BOD₅/(mg/L)		BOD₅ 去除率/%	废水量/(m³/d)	补充处理,备注
	处理前	处理后		处理前	处理后			
002A	25000	1500	94				250	排入市政 WWTP 进一步处理
003F	3500	130	96				300	直接排入河流
004D,O	5000	250	95				150	荧光增白剂的纳米过滤,湿式氧化,规划中的市政 WWTP
007I	4740						350(峰值)	排入市政 WWTP 处理
008A,I(2000)	1600	100	94	1100	7	99.4	3800	
008A,I(2003)	2500	89	97	1900	5	99.8	3700	
009A,B,D(2000)	160	12	93		1		11000	含氯硝基芳香化合物废水通过活性炭装置,集中处理,活性炭则厂内热再生。总 COD 去除率达 96%,总 AOX 去除率为 99%
009A,B,D(2002)	292	12	96		1		4500	
010A,B,D,I,X(2000)	2580	190	93	1350	6	99.6	41000	C1-CHCs 生产废水汽提处理,蒸馏回收废水中的溶剂,脱 Hg,沉淀去除废水重金属。Ni 催化剂循环利用,2011 年后,建成 2 级生物 WWTP。废水量包括地下水处理
010A,B,D,I,X(2003)	2892	184	94	1521	12	99	47500	
011X(2000)	4750	220	95	2430	18	99.3	1300	光稳定剂生产废水蒸馏处理,去除有机锡
011X(2003)		360			8		1300	
012X(2000)	1750	68	96	820	9	98.9	4300	杀菌剂生产废水含 H₂O₂ 湿式氧化,含 NaS 废水氧化,含硫酸废水浓缩,Ni 沉淀去除
012X(2002)	600	41	93		3.4		8260	
013A,V,X(2000)	1740	98	94	890	5	99.4	5750	高浓度可去除性 AOX 和溶剂的吹脱去除,Ni 和 Hg 去除
013A,V,X(2003)	1084	51	95	612	8	98.7	5180	
014V,I(2000)	3300	167	95	1400	7	99.5	8000	低压湿式氧化长的维生素生产废水预处理,COD 去除率为 96%(AOX:95%)。蒸发浓缩,残留物焚烧。废水萃取,溶剂(特别是二氧六环)回收,水解预处理,尾气先申除尘去除 Zn,再涤气净化
014V,I(2003)	2660	133	95	1130	7	99.7	8000	

续表

案例工厂	COD/(mg/L)		COD 去除率 /%	BOD₅/(mg/L)		BOD₅ 去除率 /%	废水量 /(m³/d)	补充处理,备注
	处理前	处理后		处理前	处理后			
015D,I,O,B (2000)	1000	250	75	370	6	98.4	11000	市政废水50%,含89% TOC去除率的难溶TOC负荷(体积的10%,TOC负荷的50%)的废水流的中高压湿式氧化;抗微生物产品生产废水吸附/萃取;染料,荧光增
015D,I,O,B (2003)	930	220	77		8		11000	白剂和中间体生产废水采用集中式纳米过滤;苯磺酸酯废水集中萃取;NH₃吹脱去除,Cu沉淀去除
016A,I (1998/1999)	2025	105	95				1500	源于1998/99,装置扩建补充预处理之前的数据
016A,I(2001)			97				1500	2001年,难降解废水吸附处理,TOC去除率97.2%,处理工艺包括生物处理、化学沉淀及活性炭吸附等单元
016A,I(3)	1340	40	97				1500	2003年值
017A,I	9000	390	96			99.6	500	2003年1~9月平均值,特殊废水分质焚烧
018A,I	3039	141	95				350	2003年1~9月平均,特殊废水分质焚烧
023A,I	5115	260	95	3491	16	99.8	1000	生物降解性<80%的废水焚烧
024A,I			100			100		所有废水焚烧
026E	2600	182	93		2		20	所有废酸再循环,冲洗水重复利用,废水量非常小
043A,I	2290	189	92				2400	CHCs吹脱去除
044E	200						1100	所有废酸再循环,排入WWTP共处理
045E	100		100			100	60	所有废酸再循环,废水于蒸发塘自然蒸发处理(无能量消耗)
055A,I(2002)	729		94				2000	吹脱、活性炭吸附,分离和处置
086A,I	5734	192	96.5	3071	8.3	99.8	975	2004年1~6月平均值
089A,I		18	96					生物去除率<90%的母液的分离和处置,WWTP处理后进行活性炭吸附,去除AOX
090A,I,X		79	95					
103A,I,X	1310		83	765			60	排入市政下水道缓冲2d

3.2.2 无机物排放及其去除率

表3.4为无机物排放及其去除率。

表3.4 无机物排放及其去除率

案例工厂	NH$_4^+$-N /(mg/L) 处理前	NH$_4^+$-N /(mg/L) 处理后	NH$_4^+$-N 去除率 /%	TN /(mg/L) 处理前	TN /(mg/L) 处理后	TN 去除率 /%	无机氮 /(mg/L) 处理前	无机氮 /(mg/L) 处理后	无机氮 去除率 /%	TP /(mg/L) 处理前	TP /(mg/L) 处理后	TP 去除率 /%
006A,I												
008A,I(2000)	30	2	93.3	40	25	37.5		20		4.2	0.5	88
008A,I(2003)	47	0.1	99.8	80	22	75.3		16		4.5	0.3	96.4
009A,B,D(2000)	4.2	0.9	78.6				50	28	44		0.13	
009A,B,D(2002)		0.7						14			0.2	
010A,B,D,I,X (2000)							100	9	91	48	0.8	98.3
010A,B,D,I,X (2003)							51	34	33	44	0.9	98
011X(2000)							88	14.7	83.3	16	1.5	90.6
011X(2003)								17			0.55	
012X(2000)							35	3.7	89.4	5	0.7	86
012X(2002)		1.5					11.2	7	37.5	3.5	0.6	83
013A,V,X(2000)							45	2.7	94	7	0.9	87
013A,V,X(2003)	22	1.2	94.5				43	2.7	93	6.7	0.8	88
014V,I(2000)	100	5	95	155	23	85.2	100	7	93	5	0.9	82
014V,I(2003)	80	3	96	130	17	87	110	8	93	4	0.6	85
015D,I,O,B (2000)	152	13	91.5				153	18	88.2	7	1.1	84.3
015D,I,O,B (2003)		12						19		3.6	1.1	70
016A,I1				29	9.5	67				28	1.2	96
016A,I2						80						98
017A,I						85						
018A,I						75						
023A,I				148	48	68						
026E①		0.8		5458	465	91					0.23	
043A,I	42											
047B					20			12				
055A,I				6.4						6.8		
081A,I					25			22				
086A,I	135.8	7.8	93.3	254	11.3	95.5				16.9	10.8	35.2
089A,I		0.05			10						0.6	

案例工厂	NH$_4^+$-N /(mg/L)		NH$_4^+$-N 去除率 /%	TN /(mg/L)		TN 去除率 /%	无机氮 /(mg/L)		无机氮 去除率 /%	TP /(mg/L)		TP 去除率 /%
	处理前	处理后		处理前	处理后		处理前	处理后		处理前	处理后	
090A,I		0.08			28.7							0.7	
096A,I				1			2					0.3	
097X				35			23					0.8	
100A,I		33.8					50.4						
103A,I,X	3.9						10.7			14.2			

① 废水量为 20m³/d。

3.2.3　AOX 和毒性物质排放及其去除率

表 3.5 为 AOX 和有毒物质的排放及其去除率。

表 3.5　AOX 和有毒物质的排放及其去除率

案例工厂	AOX/(mg/L)		AOX 去除率 /%	毒性				
				处理后				
	处理前	处理后		LID$_F$	LID$_D$	LID$_A$	LID$_L$	LID$_{EU}$
008A,I(2000 年)	0.95	0.81		2	1	1~8	1~8	1.5
008A,I(2003 年)	0.57	0.18		2	2	2	2~12	1.5
009A,B,D(2000 年)	1.1	0.16	85.5	1	2	1	2	
009A,B,D(2002 年)	1.8	0.15	91.6	2				
010A,B,D,I,X(2000 年)	14	0.9	93.6	2	1	3	8	
010A,B,D,I,X(2003 年)	3.8	0.68	82	2	1	2		
011X(2000 年)	1.5	0.25	83.3	3	5	12	8	
011X(2003 年)		0.14		3	4	16	8	
012X(2000 年)		0.3		2				
012X(2003 年)		0.34		2	4	1	4	
013A,V,X		0.4						
014V,I(2000 年)	1.1	0.13	88	2	1~2	1	1	1.5
014V,I(2003 年)	0.9	0.11	87					
015D,I,O,B(2000 年)	8.5	1.7	80	2	1~4	1~32	4~32	1.5
015D,I,O,B(2003 年)	6.3	1.5	77					
023A,I		5						
040A,B,I(1996 年)①				1.0	2.0	1.0	2.9	
055A,I	1.53		76					
089A,I		0.06		1	1	2	2	1.5

续表

案例工厂	AOX/(mg/L)		AOX 去除率 /%	毒性				
	处理前	处理后		处理后				
				LID_F	LID_D	LID_A	LID_L	LID_{EU}
090A,I,X		0.08		1	2	2~3	2	1.5
				$EC_{50,F}$	$EC_{50,D}$	$EC_{50,A}$	$EC_{50,L}$	$EC_{50,EU}$
				体积/%				
037A,I				100	100	100	0.8~45	
038F				100	100	16~25	45	
115A,I						100	45	
016A,I(1)							38	

① 对于几年间在"040A,B,I"含量的变化,参见章节 4.3.8.18 部分相关内容。

3.3 废弃物

　　如表 3.6 所列,在 2001 年,西班牙加泰罗尼亚 20 家 OFC 公司的 120000t 废弃物处置状况 [46,Ministerio de Medio Ambiente,2003]:

　　① 综合利用(80.9%);

　　② 焚烧处置(9.4%);

　　③ 沉淀处置(6.0%);

　　④ 理化处置(3.5%)。

表 3.6　西班牙加泰罗尼亚 20 家 OFC 公司的废弃物处置状况

固体废弃物	比例/%
非卤代溶剂	42.5
非卤代有机液	39.4
来自废水处理的污泥	7.6
盐溶液	3.9
卤代溶剂	2.0
特殊废水	1.9
冲洗水	1.5
一般废水	1.3

BAT 备选技术

本章介绍本书范畴内的 OFC 行业的高效环保技术，其中包括管理控制技术、工艺集成技术及末端治理技术。在确定最佳结果时，三者内容部分重叠。

在确定最佳结果时，综合考虑预防、控制、减量化、循环利用以及材料和能量回用。

为了实现 IPPC 目的，技术呈现单独或组合方式。确定 BAT 技术时，需要研究指令的附录四中列出的各种常见注意事项，同时本章涉及的技术将会解决一个或多个这类注意事项。描述每项技术时，尽可能都采用标准结构，从而保证技术之间的对比，并且对《导则》中关于 BAT 技术的定义进行客观的评估。

本章内容并未详尽地列出所有的技术，以及在 BAT 技术框架内可能存在或已经开发的具有同等效力的其他技术。

通用标准结构用于描述每一项技术，如表 4.1 所列。

表 4.1 本章每项技术的信息细目

考虑信息的类型	包含信息的类型
类型	该项技术的技术说明
环境效益	该项技术(过程或消除技术)所带来的主要环境影响,包括达到的排放值及有效性能。该技术与其他技术的环境效益对比
运行资料	关于排放物/废物及(原材料、水和能量)消耗的功能数据。任何其他关于如何运行、维护及控制该技术的有用信息,其中包括安全方面、技术运行的限制因素、质量输出等
跨介质效应	在该项技术实施过程中所引发的一些副作用及不利因素,以及该项技术与其他技术在关于环境问题细节方面的对比
适用性	在应用及改良该项技术方面的考虑因素(如空间可利用性、过程的特殊性)。在没有限制信息时,该项工艺即被描述为"普遍适用"

考虑信息的类型	包含信息的类型
经济性	关于(投资和运行)成本的信息及任何可能的成本节省(如减少原材料消耗量和废物排放),这也与该技术的生产能力有关
技术执行的驱动力	执行该技术的原因(如其他法律和产品质量的提高)
参考文献和案例工厂	关于该技术较详细的信息文献,以及可供技术参考的相关车间

4.1　环境影响的预防

4.1.1　绿色化学

(1) 概述

就化学产品的生产而言,绿色化学的基本原则是促进使用替代的合成路线和反应条件以达到最大的环境友好。例如通过以下途径。

① 改进工艺设计应最大限度地使所有原材料转化为终产品。

② 使用对人体健康及环境有较小影响或者无毒的物质。选择生产原料时,应将可能造成的意外事故、泄漏、爆炸、火灾的潜在威胁降至最小。

③ 尽可能地避免在生产流程中使用辅助物质(如溶剂、分离剂等)。

④ 在环境及经济影响方面,能量需求应最小化。反应最好在常温、常压下进行。

⑤ 无论在工艺可行性或经济方面,相对于消耗型材料,最好应使用可再生材料。

⑥ 尽可能地避免产生不必要的衍生物(如阻隔或保护基团)。

⑦ 100%应用优于化学计量试剂的催化剂。

(2) 环境效益

在最初的设计阶段,使得生产流程的环境影响最小化。

(3) 跨介质效应

没有。

(4) 运行资料

无可提供信息。

(5) 适用性

绿色化学通常适用于新型生产流程,但是一般需找到一个折中办法或者找到某一方面,并且该方面比其他方面更被认同。例如:在有机化学中,光气(乙酰氯)可被作为一种非常高效的反应物使用,但是另一方面它具有极强的毒性。

现行的原料药(APIs)制造厂需要遵守 cGMP 条例,或经联邦药品管理局(FDA)批准。同时,生产工艺只能在为满足步骤变化的需要时进行变更。这就意味着现有生产工艺流程的重新设计存在着一系列的障碍。类似的限制因素同样存在,如炸药制造业。

预防环境影响的另一措施是使用纯度更高的原材料［99，D2 comments，2005］。

(6) 经济性

相对于随后的过程评价或管道技术，预防问题也许更节约成本。

(7) 实施驱动力

将生产流程设计最优化，以此来提高安全性及工作环境。

(8) 参考文献和案例工厂

［10，Anastas，1996，46，Ministerio de Medio Ambiente，2003］。也可参考 ACS Green Chemistry Institute（http://www.chemistry.org）以及 EPA Green Chemistry（http://www.epa.gov/greenchemistry/index.html）。

4.1.2 工艺研发的 EHS 理念

(1) 概述

在工艺研发过程中，始终贯彻环境、健康、安全（EHS）理念，可有效预防和最大限度地减少生产的环境影响。该理念基于预防、最小化及无毒害化，旨在解析环境问题，为解决环境问题提出科学合理的技术路线。表 4.2 为 EHS 理念整合于工艺研发。

表 4.2 EHS 理念整合于工艺研发

首次评估和确定优先次序	EHS 事项的文件评估
	列出材料
	问题材料
	问题技术
目标化合物名录	
预防	试图解决所有主要的 EHS 事项
	环境固有的 EHS 设计
合成冻结	
最小化	关注效率
过程冻结	
无害化	残留 EHS 事项管理,处理流程确定
	选址限制因素
	法律要求
	可行处置方法
技术原位转移	
研发信息转移	确保工艺相关的 EHS 知识转移至制造过程

（2）环境效益

环境问题的预防、最小化和无害化。

（3）跨介质效应

无。

（4）运行资料

无可提供资料。

（5）适用性

普遍适用。

（6）经济性

消耗时间和人力，可使残留环境问题的管理成本最小化。

（7）实施驱动力

在开始阶段，有效预防环境、健康及安全问题。

（8）参考文献和案例工厂

［91，Serr，2004］，＊016A，I＊。

4.1.3 溶剂选择导则的应用

（1）概述

溶剂选择是工艺研发的关键。在生产过程中，溶剂耗量大往往会产生最大的环境、健康及安全影响。目前，存在多种成熟的环境友好溶剂的制备方法。表 4.3 为溶剂选择指南的应用示例。其中，每种溶剂根据各自的类别，以 1～10 表示关注度。10 表示应被关注，而 1 则表示仅存在极少的问题。此外，还以颜色简单表示相应关注度，1～3 为绿色，4～7 为黄色，8～10 为红色。不同分类的涵义见表 4.4。

表 4.3 溶剂选择导则 ［＊016A，I］

| 类别 | 物质 名称 | CAS No | 安全性 | | 健康 | 环境 | | | | |
			易燃性	静电		空气影响	潜在挥发性有机污染物（VOCs）	水体影响	生物处理装置潜在负荷	循环利用	焚烧
酸	甲磺酸①	75-75-2	1	1	1	1	1	7	4	6	8
	丙酸	79-09-4	3	1	4	7	1	5	6	6
	（冰）醋酸	64-19-7	3	1	8	6	3	1	5	6	6
	甲酸	64-18-6	3	1	10	4	5	1	5	6	7

续表

	物质		安全性		健康	环境					
类别	名称	CAS No	易燃性	静电	健康	空气影响	潜在挥发性有机污染物（VOCs）	水体影响	生物处理装置潜在负荷	循环利用	焚烧
醇	异戊醇	123-51-3	3	1	2	1	1	2	4	5	3
	1-戊醇	71-41-0	7	1	1	2	1	1	4	5	3
	异丁醇	78-83-1	7	1	3	2	2	1	5	7	3
	正丁醇	71-36-3	7	1	4	3	2	1	5	6	3
	异丙醇	67-63-0	7	1	3	1	5	1	6	5	5
	IMS/乙醇	64-17-5	7	1	2	2	5	1	7	5	5
	甲醇	67-56-1	7	1	5	3	6	1	7	4	5
	叔丁醇	75-65-0	7	1	6	2	4	3	7	5	5
	2-甲氧基乙醇②	109-86-4	3	1	10	8	2	2	5	6	5
烷烃	异构烷烃溶剂	90622-57-4	3	10	1	1	1	10	3	10	1
	正庚烷	142-82-5	7	10	3	1	5	8	5	2	1
	异辛烷	540-84-1	7	10	3	1	5	10	5	2	1
	环己烷	110-82-7	7	10	6	1	6	9	5	2	1
	溶剂30（假设苯使用量不限）	64742-49-0	7	10	2	1	4	10	4	10	1
	异己烷	107-83-5	7	10	6	1	8	10	6	1	1
芳香族化合物	二甲苯	1330-20-7	7	10	2	4	2	7	3	4	1
	甲苯	108-88-3	7	10	5	2	4	7	4	4	1
碱	三乙胺	121-44-8	7	1	10	6	6	5	6	5	4
	嘧啶	110-86-1	7	1	9	10	3	4	7	6	6
氯化物	氯苯	108-90-7	7	1	6	4	2	9	2	4	5
	二氯甲烷③	75-09-2	1	1	9	9	10	6	5	2	8
酯	乙酸正丁酯	123-86-4	7	1	2	3	2	3	3	4	3
	乙酸异丙酯	108-21-4	7	1	4	2	5	2	5	4	3
	乙酸乙酯	141-78-6	7	1	5	2	6	2	5	5	4
醚	二苯醚	101-84-8	1	1	1	1	1	4	3	6	2
	苯甲醚	100-66-3	3	10	2	1	1	4	3	6	2
	四氢呋喃	109-99-9	7	1	8	1	7	3	7	5	4
	二甘醇二甲醚	111-96-6	3	1	10	7	1	5	5	10	5
	乙二醇二甲醚	110-71-4	3	1	10	3	6	5	7	6	5
	甲基叔丁基醚（MTBE）	1634-04-4	7	1	9	2	8	7	7	5	3
	1,4-二氧六环	123-91-1	7	10	9	3	4	4	6	4	5
	乙醚（无水）	60-29-7	10	10	7	3	10	4	7	6	3
氟化物	三氟甲苯	98-08-8	7	10	4	6	5	8	3	4	6

类别	物质		安全性		健康	环境					
	名称	CAS No	易燃性	静电	健康	空气影响	潜在挥发性有机污染物（VOCs）	水体影响	生物处理装置潜在负荷	循环利用	焚烧
酮类	甲基异丁酮（MIBK）	108-10-1	7	1	6	1	3	2	4	7	3
	2-丁酮	78-93-3	7	1	7	4	6	1	6	7	4
	丙酮	67-64-1	7	1	6	3	8	1	8	4	5
极性非质子溶剂	二甲基亚砜④（DMSO）	67-66-5	1	1	1	1	1	3	5	6	6
	N-甲基吡咯烷酮	872-50-4	1	1	1	1	1	1	6	6	6
	环丁砜	126-33-0	1	1	1	3	1	4	5	6	7
	N,N-二甲基乙酰胺	127-19-5	3	1	5	1	1	1	5	6	6
	N,N-二甲基甲酰胺（DMF）	68-12-2	3	1	9	7	1	1	5	6	6
	乙腈	75-05-8	7	1	8	2	4	6	8	5	6

① 甲磺酸"水体影响"关注度是基于限制性数据得出的。

② 2-甲氧基乙醇列于《瑞典限制使用化学品清单》中。备注"目标是逐步淘汰该物质"。因此，在瑞典使用时需谨慎。

③ 在瑞典，二氯甲烷在实际生产流程中已被禁止使用。

④ DMSO 可以分解形成二甲基硫化物。DMSO 属于有极其恶臭气味的物质，需要高级减排措施才能防止其异味。同时英国规定，有机磺化物释放基准为 $2mg/m^3$。因此，使用 DMSO 时，应当谨慎评估二甲基硫醚的排放值。

表 4.4　溶液选择导则的指标及等级 [*016A, I*]

安全性①	易燃性	评价依据英国国家防火协会（NFPA）的分级标准
	静电	等级为 1 或 10，取决于材料是否能够积累静电电荷（电阻系数取决于原材料、纯度、潜在污染物及一些溶解于溶剂的其他物质。谨慎使用这些数据。若有疑问，则应检测样品。）
健康		分级主要基于暴露可能性。通过计算蒸汽危害等级估算：20℃时，饱和浓度除以职业暴露限值（OEL）
环境②	空气影响	由 5 个独立因子组成，包括英国长期环境评价等级（EAL）、VOCs 指令影响、光解率、光化学臭氧形成潜力（POCP）及潜在异味
	潜在VOCs	基于溶剂在 20℃时的蒸汽压，评定可能排放的量级
	水体影响	根据毒性标准、生物可降解性及生物积累可能性（如根据辛醇/水的分配系数的估算）判断。正常的生产过程不外排废水，则此项不予考虑。但是，生产流程的事故排放仍属此项的范围
	生物处理装置潜在负荷	估计溶剂对生物处理设施的运行影响。评价排放负荷（同时包括碳和氮的排放负荷）、空气吹脱的影响，以及溶于水的溶剂对生物处理设施运行的影响。生产不排放适合生物处理的废水，此项可忽略
	循环利用	评价溶剂回收的潜在难易度。评价因子为指南中沸点低于 10℃ 的其他溶剂的数量、沸点、蒸馏过程中形成过氧化物的风险，以及水溶剂性（影响随水蒸气的潜在流失量）
	焚烧	溶剂焚烧的关键特性是燃烧热、水溶性，以及卤素、氮和硫的含量。焚烧炉运营者将欲焚烧的溶剂与其他废溶剂混合，可使部分问题最小化。但是未列入此等级划分系统

① 导则的安全因素局限于运行危险，如火灾及爆炸危险。

② 本节的许多子项目评定了涉水的生产流程的溶剂。评价等级应用于工艺溶剂时，判断是极重要的。

(2) 环境效益

工艺研发初期，可有效防止严重环境问题。

(3) 跨介质效应

无。

(4) 运行资料

无。

(5) 适用性

取决于具体情况。溶剂必须满足特定要求，从而限制溶剂选择。

关于溶剂分类及选择的详细资料，可查阅 [99，D2 comments，2005]：

① http://ecb.jrc.it/existing-chemicals/

② Curzons，A. D.，Constable，D. C.，Cunningham，V. L.（1999）. Solvent selection guide：a guide to the integration of environmental，health and safety criteria into the selection of solvents. Clean Products and Processes. 82-90.

③ Sherman，J.，Chin，B.，Huibers，P. D. T.，Garcia-Valls，R.，Hutton，T. A.（1998）. Solvent replacement for green processing. Environmental Health Perspectives，Vol 106，Supplement 1. February 1998.

④ Joback，K. G.（1994）Solvent Substitution for Pollution Prevention. AIChE Symposium.

Series. Vol 303，Pt 90，98-104.

(6) 经济性

工艺研发初期，预防环境问题可降低污染物回收及减排成本。

(7) 实施驱动力

防止环境问题。

(8) 参考文献和案例工厂

*016A，I*。

4.1.4　合成反应条件的案例

4.1.4.1　SO$_3$的气-液磺化反应

(1) 概述

脂肪醇和乙氧基化合物的磺化反应是 SO$_3$ 的气-液反应。详见 2.5.13 部分相关内容。

(2) 环境效益

① 无母液废水。

② 无产品清洗水。

③ 只有废气碱性洗涤废水。其中＞95％的洗涤液循环利用。

(3) 跨介质效应

无。

(4) 运行资料

无。

(5) 适用性

取决于具体案例。每种化合物均需专门评价其化学、工程及经济因素。

(6) 经济性

无数据提供，经济优势是实施驱动力。

(7) 实施驱动力

过程最优化及经济。

(8) 参考文献和案例工厂

［51，UBA，2004］，*061X*

4.1.4.2 萘磺酸的干乙酰化反应

(1) 概述

替代水介质中的乙酰化反应，硫酸铵盐析产物。2-萘胺-8-磺酸可在乙酸酐中乙酰化，不产生废水。生成的乙酸，可用于回收和循环利用于其他生产工艺。

(2) 环境效益

废水：100%。

盐析出：100%。

乙酸回收率：270kg 乙酸/1000kg 产物。

(3) 跨介质效应

废水转化为废气。

(4) 运行资料

需要配置搅拌器的平底反应釜及蒸汽加热。

(5) 适用性

乙酰反应一般无限制，适用性取决于具体案例。每种化合物均需专门评价其化学、工程及经济因素。

(6) 经济性

资料缺乏，传统生产工艺无法与新工艺比较。推测经济优势为实施驱动力。

(7) 实施驱动力

过程最优化及经济。

(8) 参考文献和工厂案例

［9，Christ，1999］，*010A，B，D，I，X*。

4.1.4.3 循环利用替代三苯基氧磷的处理/处置

(1) 概述

三苯基氧磷（TPPO）是维蒂希（Wittig）工艺的一种残余物（见表 4.5），其产生量符合化学计量式。TPPO 难生物降解，磷是 WWTP 关键运行参数。TPPO 处理过程中，会产生固体废弃物，生成的 P_2O_5 往往导致 $DeNO_x$ 催化剂中毒，造成过滤器堵塞。

表 4.5　维蒂希工艺 TPPO 产生案例

合成类维生素 A 的 C15 装置的加工过程[6,Ullmann,2001]		
300kg 原料		
固体残余物	TPPO	380kg

与 TPPO 处理处置工艺不同（见图 4.1），图 4.2 为 TPPO 转化为磷酸三苯酯（TPP）流程，后者可循环利用于后续生产过程。

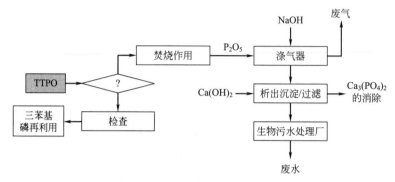

图 4.1　TPPO 处理处置工艺流程

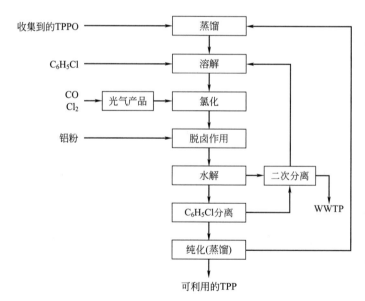

图 4.2　TPPO 转化生成 TPP 流程

（2）环境效益

图 4.3 为有无 TPPO 循环利用的维蒂希反应的物料总平衡（该图未包括其他维蒂希反应的原料或物质输出）。排放减少如下。

含磷化合物：100%。

废水中的氯含量：66%。

CO_2：95%。

由此获得的 $Al(OH)_3$，用于 WWTP 絮凝剂。

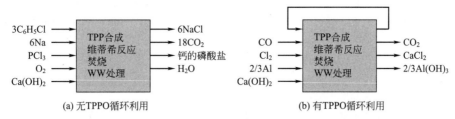

图 4.3 有无 TPPO 循环利用的维蒂希反应总平衡

（3）跨介质效应

TPPO 转化过程中，经二次萃取排放废水。

（4）运行资料

① 反应生成的光气应立即输送至反应釜，与氯气于气密反应釜中处理。

② 处理于配置搅拌器的反应釜完成。

（5）适用性

经投资论证，工艺产生的 TPPO 可就地循环利用。此外，TPPO 也可异位循环利用。

在商业化的合成生产过程中，TPPO 用量有限时，其就地循环利用在经济上往往不可行 [62，D1 comments，2004]。

（6）经济性

① 传统处理/处置费用与可实现的循环利用的无可比性。

② 就地构建光气工艺，费用更大。

（7）实施驱动力

过程优化，经济性。

（8）参考文献和案例工厂

036L，[9，Christ，1999]。

4.1.4.4 酶促工艺与化学工艺的比较

（1）概述

在环境保护上，酶促工艺替代化学工艺具有优势。主要体现在合成路径短（无额外保护基团）、溶剂用量少、能耗低、生产安全性高、废物处置量小，因此投资省、费用低。酶为液态或固定化态或多功能酶促反应系统的组成部分，具体形式包括活体细胞，游离于反应媒介或固定于底物。

（2）环境效益

表 4.6 为生产 1000t 青霉素 G 的酶促工艺与化学工艺消耗比较。

（3）跨介质效应

水耗量更大。

（4）运行资料

没有提供资料。

（5）适用性

应专门研究技术的可行性。

表 4.6　生产 1000t 青霉素 G 的酶促工艺与化学工艺消耗比较

化学工艺	酶促工艺
反应物的消耗	
1000t 青霉素 G,钾盐	1000t 青霉素 G,钾盐
800t N,N-二甲基苯胺	
600t 五氯化磷	
300t 二甲基二氯硅烷	
	45t 氨
	0.5~1t 生物催化剂
溶剂消耗(可回收,部分用于消除反应)	
	10000m³ 水
4200m³ 二氯甲烷	
4200m³ 丁醇	

其他环境有利因素的案例为 [46，Ministerio de Medio Ambiente，2003]：

① 阿斯巴甜；

② 7-氨基头孢烷酸；

③ 抗痉挛药物 LY300164。

其中，APIs 制造厂需遵守现行的《药品生产管理规范》（cGMP）条例或通过联邦药品管理局（FDA）批准，工艺变更必须履行规定的变更程序。这反映了现有生产工艺不能随意更改，必要更改必须严格履行规定程序。

(6) 经济性

成本效益。

(7) 实施驱动力

成本效益。

(8) 参考文献和案例工厂

[9，Christ，1999，46，Ministerio de Medio Ambiente，2003]。

4.1.4.5　催化还原

(1) 概述

大多数工厂规模的还原工艺可以催化氢化完成。从而避免利用其他还原物质——使用量遵循化学计量学，产生大量废气，如铁的还原。

(2) 环境效益

避免废气产生，如表 4.32 所列。

(3) 跨介质效应

氢化需要重金属化合物，如催化剂。这些催化剂必须回收循环使用。

(4) 运行资料

没有提供信息。

（5）适应性

适用于大多数工厂规模的还原工艺［6，Ullmann，2001］。在有机精细化学中的其他还原剂特定优势［62，D1 comments，2004］。选择性催化工艺总体优于化学计量反应［10，Anastas，1996，46，Ministerio de Medio Ambiente，2003］。

铁的催化还原，详见［9，Christ，1999］。

还原过程产生的氧化铁一般用作颜料［62，D1 comments，2004］。

（6）经济性

① 与传统反应釜比较，氢化反应设备投资费用较高。

② 节省了残渣处置费。

③ 增加了催化剂回收费。

④ 增加了安全要求［99，D2 comments，2005］。

（7）实施驱动力

① 反应选择性。

② 产品规模越大，效率越高。

③ 残渣处理费用。

（8）参考文献和案例工厂

［6，Ullmann，2001，10，Anastas，1996，16，Winnacker and Kuechler，1982，46，Ministerio deMedio Ambiente，2003］，*067D，I*。

4.1.4.6 微结构反应釜系统

（1）概述

近年来，微反应技术在化工领域发展日新月异，已得到工业规模的应用。

微反应釜具有亚毫米级的三维结构，具体特征包括：

① 多数为多室反应釜；

② 直径从十微米到几百微米；

③ 比表面积为 $10000\sim50000 \mathrm{m^2/m^3}$；

④ 高热传递性；

⑤ 扩散时间短，质量传递对反应速率影响小；

⑥ 可以实现等温工况。

图 4.4 为维生素前体合成所采用的五层微型不锈钢反应釜。该反应釜可同步混合、反应和传热［6，Ullmann，2001］。为了制造所需量的产品，需要多台微型反应釜并联运行。

（2）环境效益

① 效率高（工艺强化），废物少。

② 反应釜自身安全。

③ 产率高，副产物少。

（3）跨介质效应

无。

图 4.4　维生素前体合成所采用的五层微型不锈钢反应釜

（4）运行资料

① 典型单台反应釜，容积为 2mL。

② 持续流速，1～10mL/min。

③ 产率高达 140g/h。

（5）适用性

[6，Ullmann，2001] 已经证实，微型反应釜能进行多种反应。其中包括高温反应、催化反应以及光化学反应。

1）案例 [69，Wuthe，2004]：

① 专用化学品，产量达 80t/a；

② 有机颜料，产量达 20t/a。

2）其他案例：

① *094I*，已替代批式工艺，后者在经典化学上为放热反应及难度大工艺；

② *095A，I*，中间体及原料药（APIs）研制与生产相结合。

（6）经济性

表 4.7 为中试规模反应釜的批式生产和微型反应釜生产的成本比较。数量扩大已经替代比例扩大。所以最重要的因素是产品由实验室扩大至规模化生产的成本。

表 4.7　中试规模反应釜的批式生产和微型反应釜生产的成本比较

生产方式 成本	批式(50L)	多台微反应釜并联
投资	96632 欧元	430782 欧元
比例扩大	10 人/d	0 人/d
平均产率(mean yield)	90%	93%
专门溶剂的耗量	10.0L/kg	8.3L/kg

续表

生产方式 成本	批式(50L)	多台微反应釜并联
每台设备所需人员数	2 人	1 人
产率(production rate)	427kg/a	536kg/a
生产比(specific)成本	7227 欧元/kg	2917 欧元/kg
微反应釜并联的成本优势		2308529 欧元/a
投资回报期		0.14a

（7）实施驱动力

产率更高，工艺紧凑。

（8）参考文献和案例工厂

094I，*095A，I*，[6，Ullmann，2001，40，Schwalbe，2002，SW，2002 ♯ 70，69，Wuthe，2004]，[78，Boswell，2004]，[94，O'Driscoll，2004]，[70，SW，2002]及其参考文献和案例工厂。

4.1.4.7 离子液反应

（1）概述

反应可在离子液中进行，离子液和有机溶剂不互溶，没有蒸汽压。因此，VOCs 量显著减少。离子液的双相酸清除（BASIL）技术已规模化工业应用。其优势包括无气态 HCl 释放、热传递提高、液-液分离简易、选择性更高。在现有装置实施以及通过 NaOH 简单处理，离子液体的循环利用率达 98%。

> 什么是离子液（IL）?
>
> 离子液，通常是熔点低于 100℃，甚至低于室温的有机盐。近年来，越来越多地替代化学反应中的传统有机溶剂。应用最广的是咪唑和吡啶的衍生物。此外还有磷鎓或四碱基铵化合物。近期研发出了环境友好型的无卤离子液体。

（2）环境效益

① 反应速率提高、选择性增加、反应产率提高，废物减少。

② 替代 VOCs。

（3）跨介质效应

无。

（4）运行资料

取决于具体案例。

（5）适用性

036L 在烷氧基苯基膦生产过程中采用的离子液是有机化工生产中第一种商业性使用的多功能物质。在高温条件下以多吨级规模反应釜批式运行生产。生产过程中，离子液作为上清液与纯产品分离后循环利用[65，Freemantle，2003]。

可能适用于 [66，Riedel，2004]：

① 合成及催化溶剂，如 Diels-Alder 环加成反应，Friedel-Craft 酰化、烷化、氢化、氧化及 Heck 反应；

② 萃取及分离工艺中，与有机溶剂或水结合构建两相系统；

③ 作为催化剂固定化，减少均相催化剂循环利用所需的专门工艺；

④ 电化学电解质。

（6）经济性

无可提供资料。

（7）实施驱动力

无可提供资料。

（8）参考文献和案例工厂

[62，D1 comments，2004]，[65，Freemantle，2003]，*036L*。

4.1.4.8 低温反应

（1）概述

低温反应是指在极低温度（-100～-50℃）条件下，在低温间歇式反应釜中发生的各种反应。间歇式反应釜通过液体间接冷却实现低温运行，而冷却液体则采用液氮冷却。

（2）环境效益

在极低温度下，部分同分异构或立体异构反应的产率可以从 50% 明显提高至 90%。极大地节省了昂贵的中间体的生产费用，减少废物排放量。这不仅影响其前面发生的所有反应过程，而且可以防止废物排放，简化产品的纯化，否则产品的纯化需要进行 APIs 或中间体等杂质分离。

（3）跨介质效应

液氮的使用，增加能耗。

（4）运行资料

运行温度，-100～-50℃。

（5）适用性

取决于具体合成任务。

（6）经济性

没有提供资料。

（7）实施驱动力

选择性高，反应产率高。

（8）参考文献和案例工厂

[62，D1 comments，2004]，*065A，I*，083A，I*，*084A，I*。

4.1.4.9 超临界 CO_2 反应

（1）概述

通过超临界反应釜，在超临界 CO_2（超临界点为 73.8bar/31℃，1bar=10^5Pa，下同）中发生的反应。超临界氢化工艺流程如图 4.5 所示。超临界 CO_2 替代溶剂，其性

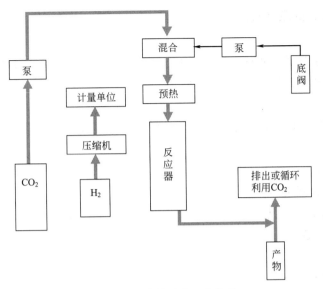

图 4.5 超临界反应工艺流程

质与正己烷类似。反应不受传递过程控制，同时氢气具有无限溶解性。工艺参数，如压力、温度、停留时间及氢气浓度等可分别控制。反应完成后，通过减压，蒸发 CO_2。

(2) 环境效益

① VOCs 少甚至没有。

② 废物较少。

③ 反应选择性更高。

④ 反应产率更高。

(3) 跨介质效应

无。

(4) 运行资料

高于 73.8bar/31℃。

(5) 适用性

氢化作用外，部分类型反应尚在研究：

① 烷化反应；

② 酸催化反应/醚化反应；

③ 加氢甲酰化反应。

(6) 经济性

CO_2 超临界反应属于高费用工艺。生产成本降低，可以通过提高反应选择性、降低能耗、降低产品纯化费用以及和溶剂处理费用等环节实现。

(7) 实施驱动力

通过自身"可调和"系统选择。

(8) 参考文献和案例工厂

* 021B，I*。

4.1.4.10　丁基锂的取代反应

(1) 概述

有机合成中丁基锂为强碱，用于烃类化合物去质子化反应，以及芳香化学中的金属取代反应。反应产生大量极易挥发性的丁烷（沸点为$-0.5℃$）。通常该反应只能通过热氧化作用控制。

丁基锂可被其他挥发性较低的烷基锂替代，如正己基锂，生成己烷，后者的沸点为 $68.7℃$。

(2) 环境效益

① VOCs 排放减少。

② 特殊案例中，避免先进末端治理工艺。

(3) 跨介质效应

无。

(4) 运行资料

可能生成低挥发性副产品，如十二烷（自由基二聚化工艺的产物），需要分离纯化，增加资源消耗。

(5) 适用性

己基锂的反应活性与丁基锂的相当，原理上相同的反应均可应用 [6, Ullmann, 2001]。

(6) 经济性

① 购买替代物烷基锂费用更高。

② 替代物烷基锂的市场供应受限。

③ 随着减排技术的需求减少，费用降低。

(7) 实施驱动力

减少 VOCs 排放，经济性。

(8) 参考文献和案例工厂

025A，I。

4.1.5　天然产物提取

4.1.5.1　液态 CO_2 萃取天然产物

可参考 4.1.4.9 部分相关内容。

(1) 概述

在萃取过程中，超临界 CO_2（超临界点为 $73.8bar/31℃$）可以替代溶剂，其性质与正己烷相似。CO_2 在压力适当的条件下容易循环利用，因此超临界 CO_2 萃取可获得高质量和高纯度的提取物，不存在提取剂脱除的常见问题。

(2) 环境效益

① 没有 VOCs 排放，不需要 VOCs 的回收/减排。

② 效率高。

③ 提取物纯化简易。

(3)跨介质效应

无。

(4)运行资料

压力需高于73.8bar。

(5)适用性

适用于超临界CO_2有效萃取已知提取物。热敏材料分离的优先工艺。

案例［46，Ministerio de Medio Ambiente，2003］：低挥发香精提取，原材料为香料或其他干燥原材料。

(6)经济性

属于投资高的工艺。没有提供详细资料，但经济优势为实施驱动力。

(7)实施驱动力

没有提供资料，但经济优势为实施的驱动力。

(8)参考文献和案例工厂

［46，Ministerio de Medio Ambiente，2003］。

4.1.5.2 逆流萃取

(1)概述

植物材料的萃取率一般为0.1%～10%，甚至更低。具体取决于工艺技术、植物原材料质量及目标物质。也就是说，与终产物的量相比，废物量相当大。提取收率最大化，如通过逆流萃取工艺是减少废物的极重要手段。

(2)环境效益

萃取率提高。

(3)跨介质效应

无。

(4)运行资料

无可提供资料。

(5)适用性

普遍适用。

(6)经济性

提高萃取率，增加收益，降低残余物质的处置费用。

(7)实施驱动力

提高效率。

(8)参考文献和案例工厂

［62，D1 comments，2004］，*065A，I*。

4.1.5.3 萃取残余植物材料的回用

(1)概述

"理想的"萃取剂应满足如下要求。

① 选择性、溶解性高。仅溶解目标提取物，不溶解原料的其他组分。

② 比热容、相对密度和蒸发热低。

③ 不燃，与空气混合不会形成爆炸物。

④ 无毒。

⑤ 不腐蚀萃取设备。

⑥ 原料的渗透能力强，易于萃取剂及萃取残渣分离，且不影响产品的气味和味道。

⑦ 化学性质明确、均相、稳定，沸点低且恒定。

任何溶剂都不可能满足上述所有要求。但是对于具体的萃取工艺，应该选择最佳溶剂。选择溶解度高的溶剂，萃取残渣处置简单且可回收利用。

(2) 环境效益

萃取残留植物材料可以回用。

(3) 跨介质效应

无。

(4) 运行资料

无可提供资料。

(5) 适用性

普遍适用。

(6) 经济性

残留材料的处置费用较低。

(7) 实施驱动力

提高效率。

(8) 参考文献和案例工厂

［62，D1 comments，2004］，* 065A，I* 。

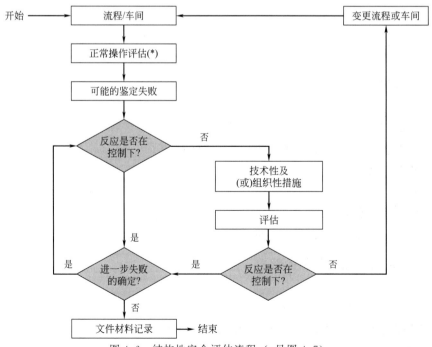

图 4.6　结构性安全评估流程（*见图 4.7）

4.1.6 安全评估

本书之所以介绍安全评估，是因为安全评估能够预防具有潜在重大环境影响的突发事件。但是，安全生产的内容宽泛，本书不能详细介绍。本节内容仅可视为其概论。详细内容参考 4.1.6.3 所列的相关文献。

4.1.6.1 化学反应的物理化学安全评估

(1) 概述

特定装置生产工艺的化学反应的结构性安全评估流程如图 4.6 所示。此评估针对正常操作（见图 4.7），同时应考虑化学工艺及车间操作偏差的影响（见表 4.8）。

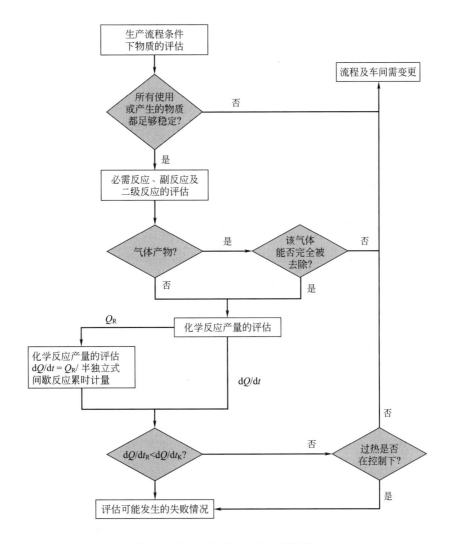

图 4.7 针对正常操作的反复评估策略

表 4.8 化学工艺或车间运行偏差的影响

失败原因	ΔH_R	dM/dt	(dQ_R/dt) (dQ_K/dt)	T_{exo}	Δn subst.
化学反应工艺偏差的影响					
原材料(规格、种类、性质),例如: • 催化作用产生的污染物; • 浓度的增大或减小; • 先前使用产生的残渣; • 活化剂/抑制剂的分解(如作扩大储量的结果)					
原材料/辅助材料的参与,例如: • 用过的溶剂; • 溶解促进剂; • 活化剂/抑制剂					
计量,例如: • 物质、数量或比例的错误; • 计量次序变更; • 计量率的错误					
反应条件,例如: • pH 值变更; • 温度升高/降低; • 反应/滞留时间,延迟反应起点; • 副产物/残渣的增多					
混合,例如: • 搅拌不充分; • 固体/催化剂分离过程					
车间运行偏差的影响					
辅助能量的可行性,例如: • 压缩空气、氮气; • 电流; • 传热介质、制冷介质; • 空气流通					
传热/制冷介质(温度),例如: • 温度超过/低于工艺安全运行的规定温度					
工艺设备,例如: • 故障					
物流,例如: • 泵、阀门故障; • 阀门操作不正确; • 管线、阀门、配件阻塞(特别是通风管道); • 装置其他部分回流					
填充度,例如: • 溢流; • 卸载阀泄漏; • 冷凝器(热交换器)溢流					

失败原因	ΔH_R	dM/dt	(dQ_R/dt) (dQ_K/dt)	T_{exo}	Δn subst.
搅拌,例如: • 不充分; • 黏度增加; • 机械、热					
组分完整性: • 腐蚀(特别是产物自传热系统中溢出或流入); • 机械损坏					

在涉及基本设备、技术和组织性安全预防措施等方面,所有物质和反应的相关物理化学安全数据均需评估。相关重要的物理化学参数如下:

① 所涉及的反应和潜在的二级反应(如分解反应)的反应熵(ΔH_R);

② 气体的可能排放量(M)、气体排放速率(dM/dt)及反应或可能的分解反应的相关参数;

③ 产热率(dQ_R/dt)为温度函数;

④ 系统的总热去除率为 dQ_K/dt;

⑤ 生产工艺条件下,相关物质及反应混合热稳定性的限制温度(T_{exo});

⑥ 不必要产物或副产物的生成导致反应熵的增长或限制温度(T_{exo})的下降。

确保生产工艺有效控制的措施(无等级区分)包括以下几点。

预防措施(优先)	设计措施
-组织措施; -控制工程学技术的理念; -反应终止物; -应急冷却	-承压结构; -压力释放系统包括充足的收集体积

(2)环境效益

主要突发事件及物质释放的预防。

(3)跨介质效应

无。

(4)运行资料

无可提供资料。

(5)适用性

与化学反应类似,适用于其他操作,如干燥或蒸馏。重要安全评估案例:有机粉尘或溶剂蒸气处置。

(6)经济性

① 安全措施的附加费用。

② 承压系统费用高。

(7)实施驱动力

生产工艺安全性。

（8）参考文献和案例工厂

［42，TAA，1994］，［100，TAA，2000］及其内部文献。

4.1.6.2 失控反应预防

（1）概述

失控反应后果非常严重。因此，设备必须加强工艺设计管理、仪器监控，排除反应失控的工况，并通过连锁装置防止发生类似事故。设备运行应遵循以下步骤，防止反应失控。

① 变更生产流程，提高固有安全性。关注固有更安全的工艺，减少对管理控制的依赖度。

② 最大限度地减少潜在的人为失误。

③ 弄清超压现象的诱因以及容器最终破裂原因。

④ 吸取经验教训。排除质量控制问题及操作失误，识别事故的根本原因。

⑤ 评估标准运行规程（SOPs）。

⑥ 评估职员的培训与监督。

⑦ 评估防止失控反应（如中和反应、淬灭）的防止措施。

⑧ 评估应急救援系统的有效性。

（2）环境效益

预防失控反应及其后果。

（3）跨介质效应

无。

（4）运行资料

无可提供资料。

（5）适用性

具有普遍适用性，尤其是放热反应。具有潜在自发反应的贮存物品（如丙烯腈的热贮存设备）。

（6）经济性

无可提供资料。

（7）实施驱动力

预防突发事件及随之产生的环境排放。

（8）参考文献和案例工厂

［72，EPA，1999］。

4.1.6.3 有用链接及更多资料

• Barton，J.，R. Rogers（Eds.）（1993）．"Chemical Reaction Hazards-a Guide"，ICgemE，Rugby，GB

• Bretherick，L.（1990）．"Handbook of Reactive Chemical Hazards"，4. ed.，Butterworths，London

• Grewer，T.（1994）．"Thermal Hazards of Chemical Reactions"，Elsevier，Amsterdam

- Process Safety Progress (journal)，accessible in http://www3. interscience. wiley. com/cgi-bin/jhome/107615864
- Steinbach，J. (1995). "Chemische Sicherheitstechnik"，VCH Weinheim
- Technische Regel für Anlagensicherheit-TRAS 410 Erkennen und Beherrschen exothermer chemischer Reaktionen，Reihe 400 Sicherheitstechnische Konzepte und Vorgehensweisen，Fassung April 2000，(Bundesanzeiger Nr. 166a vom 05.09.2001)；Technischer Ausschuss für Anlagensicherheit-Sicherheitstechnische Regel des TAA. Accessible in http://www. sfk-taa. de/Berichte _ reports/TRAS/tras _ neu. htm.

4.2　环境影响最小化

4.2.1　"最新型"多产品车间

(1) 概述

新生产工厂 * 037A，I* 除药物生产外，还运行诸如手性合成、生物催化、格氏反应、傅-克反应、溴化反应、氯化反应、芳香族取替代反应及金属氢化还原等反应。主要包括以下几项。

① VOCs 排放控制技术包括大规模冷凝、低温聚合、清洗、热氧化。厂区所有排放均能随即就地处理，所以选择热氧化。此外，热氧化塔可为车间提供能源。

② 残留物产生的特征量为 15t 残渣/t 产品；年产量为 100t 产品/a。在许多案例中，根据质量和纯度的要求，多数案例未建立再生循环。受被卤化物或盐污染的溶剂送至废物处置厂处置。

③ 正在采取措施，提高生产工艺的选择性，减少 WWTP 的污泥量，这些污泥必须厂外处置。

④ 防止产生残余物的其他措施包括生产流程中使用酶、降低反应温度、反应完成后外消旋。

⑤ 对于有失控危险的工艺，开机时应监测反应釜内温度，核实反应运行是否按照技术要求进行。若温度超过警戒温度，则应淬灭反应。

装置设计应该使逸散排放最小化、能量效率最优化。具体内容主要包括以下内容。

原材料在装置顶层（第五层）的封闭室称重后，投入反应器。反应生成的产品靠重力替代泵或真空悬浮于反应釜的第三层。这样，在有效防止散逸性排放的同时，降低能耗，因为泵是散逸性排放主要源。在第四层（位于磅秤与反应釜之间）悬挂着（两台）压缩器，后者以热油为冷却介质。溶剂返回反应釜或送至接收罐。所有设备完全密闭，防止散逸性排放。装置第四层以下的楼层设置反应产物的分离、纯化设备。反应产物在重力作用下从反应釜排入具有兼贮存功能的干燥罐。每一层的管道构成歧管系统。在实际生产中，通过歧管系统可以灵活改变生产设备的连接，在不增加土建的前提下构建所需的工艺流程，生产不同的目标产品。目标产品生产完成，仅置换设备的填料（也就是说，转换设备满足不同目标产品的生产要求），从而确保生产系统的运行安全，不产生散逸性排放。具体地，通过歧管改变设备的布局，构建新目标产物的生产流程，更换反应釜中的填料，设备在有压条件下试运行，检查是否存在泄漏。在生产过程中，反应釜内氮气稍超压，略微减少 VOCs 蒸发（或覆盖反应釜内的 VOCs）。反应釜密闭且机械通风，塔内压力高于外部压力 10%。反应釜划分为几个单独通风的防火隔间。隔间内释放出的气体全部循环利用，或者经过废热回收处置后排放至大气。所有压缩器及下水管的排气孔与热氧化器，确保所有的点源排放均在处理后安全排放。废水排泄管也连接至热氧化器。

（2）环境效益

① 高能效。

② 扩散/散逸性排放最小。

③ VOCs 回收减排处置。

（3）跨介质效应

无。

（4）运行资料

无可提供资料。

（5）适用性

普遍适用于新装置（包括建筑物）。技术限制会产生个性化解决方案，如重力流不适用于高黏度液体 [99，D2 comments，2005]。

密封泵替代重力流，防止逸散性排放 [99，D2 comments，2005]。

（6）经济性

效率更高，弥补运行费用。

（7）实施驱动力

成本、环境效益和效率。

（8）参考文献和案例工厂

* 037A，I* 。

4.2.2　先选定厂址再确定生产工艺

（1）概述

先选定厂址再确定生产工艺属于决策过程的重要内容。最迟在新产品生产所需的工艺和运行选定（"工艺冻结"）后必须确定该产品的生产厂址。基本上，新产品的生产厂址无非是（自己或别人的）现有厂址或新选择的厂址。具体选择需综合诸如投资/运行成本、科技人员、原料及产品物流资源等多种因素。

从环境角度而言，"工艺冻结"后需要关注的主要事项包括废物管理（回收、回用、减排及处置）及原料、产品或废物的运输。图 4.8 为基于运输的两个备选厂址的评估。

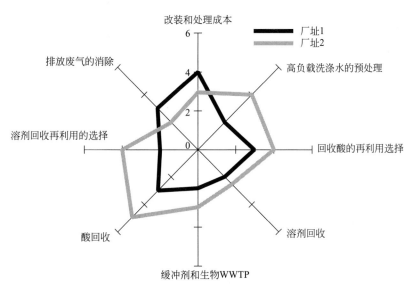

图 4.8　根据运输因素评估两个备选厂址

注：每项指标的赋值为 0 到 5，其中 0＝正，5＝负。

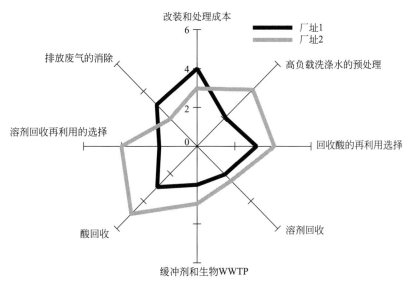

图 4.9　基于工艺运行产生的废物的两个备选厂址的评估

注：每项指标的赋值为 0 到 5，其中 0＝正，5＝负。

图 4.9 为基于工艺运行产生的废物的两个备选厂址的评估。

（2）环境效益

① 早期评估，为确定环境友好厂址奠定基础。

② 厂址，利于回收材料最大限度地循环/回用。

（3）跨介质效应

无。

（4）运行资料

无可提供资料。

（5）适用性

普遍适用。

（6）经济性

无可提供资料。

（7）实施驱动力

需建立决策机构。

（8）参考文献和案例工厂

［62，D1 comments，2004］，*066I*。

4.2.3 除草剂生产关注事项

（1）概述

*085B*案例工厂生产除草剂需处理有毒的原材料及产品。表 4.9 为该厂采取的预防措施。

表 4.9 除草剂生产案例厂的预防措施

原料供应	原料的输送采用密闭器罐，确保卸载安全、排放少
卸载	卸载于卸载场。即混凝土卸载场，设置安全围护，场内建地下贮存池，收集溢出或事故排放的有毒液体。采用气体平衡系统卸载，使逸散排放最小化
原材料、中间体及产物装运	全部装运过程均采用密闭无人工操作系统
自动化控制	整个车间运行通过工艺控制系统控制。该系统能够确保车间运行稳定，产品质量稳定合格
车间全封闭	车间完全封闭且充满氮气，使车间内部保持 25mbar（N_2 覆盖）微超压环境。因此，可立即识别运行过程中出现任何微小泄漏。车间的微超压环境通过专门阀门控制系统控制，防止发生吸入现象，必要时可立即注入 N_2
产品包装	固态产品制成丸状（不能出现碎片），最大限度防止产生粉尘
雨水、冲洗/清洁水	清洁废水先经专门活性炭移动吸附床处理后，进入生物处理 厂区的雨水通过（覆盖全部生产单元）环状排水系统收集，排入四个加盖的雨水收集池。收集的雨水必须进行除草剂及可吸附有机卤化物（AOX）的分析。若雨水中 AOX 浓度小于 1mg/L，除草剂浓度低于 5μg/L，则可排放，否则必须经活性炭吸收处理后排放

（2）环境效益

环境问题最小。

（3）跨介质效应

无。

（4）运行资料

无可提供资料。

（5）适用性

普遍适用。

（6）经济性

设备及维护费用增加，实施自动化提高效率。

(7) 实施驱动力

环境问题最小化,自动化提高效率。

(8) 参考文献和案例工厂

[68,Anonymous,2004],*085B*。

4.2.4 萘磺酸产率提高

(1) 概述

萘磺酸(俗称"信酸")广泛用于染料或颜料制造的中间体。物质的水溶性源于其分子含有的磺酸基。在合成过程中,应用最广泛的取代反应包括磺化、硝化、还原及碱熔等反应。环境问题是废物产生量大,其中产生大量副产物。表 4.10 为传统工艺生产 J 酸(1-羟基-6-氨基萘-3-磺酸)生产过程中,废物产生状况。

表 4.10 传统工艺生产 J 酸的废物产生状况

原料/t	废物及产品产生量/t		
13.3	7.0	无机盐	废水:68m³
	1.0	难降解有机副产物	
	4.0	固体残渣	
	0.3	SO_x 和 NO_x	废气
	1.0	产品	

为此改进了传统生产工艺,减少了废物排放。表 4.11 为 H 酸生产工艺改进及其结果。该改进工艺已在 *067D,I* 案例工厂实施。

表 4.11 H 酸生产工艺改进及其结果

目的	工艺改进内容	环境效益
提高产率	采用现代的工艺控制系统,减少工艺参数变化	原材料(萘、H_2SO_4、$CaCO_3$ 和 HNO_3)消耗减少 20%
	以连续系统取代若干中间步骤	
减排或回用还原反应的 Fe_3O_4 污泥	颜料生产中,铁氧化物回用	尚未实现
	H_2 催化还原,消除铁氧化物	Fe_3O_4 污泥完全消除
废水量最小化	消除中间产物的分离过程	废水量减少 70%
	连续系统替代中间过程	
	引入中间汽化段	
减少废水有机物的排放	采用高压湿法氧化工艺	COD 削减 98%
减少废水的盐含量	通过水量最小化,消除盐析工艺	不消耗 NaCl
	减少中间分离过程	
VOCs、NO_x 及 H_2 的安全减排	采用热氧化法	有效降低排放量

改进工艺减少了中间分离过程,排放的 H 酸分离母液性质如下:

① COD:45kg/m³。

② COD：1.17t/t H 酸。

③ 废水排放量：26m³/t H 酸。

④ 生物去除能力：不可被生物降解。

湿式氧化的运行工况为：120～150bar、240～300℃。

（2）环境效益

见表 4.11。

（3）跨介质效应

无。

（4）运行资料

见概述。

① 建设新车间。

② 补充回收/减排工艺的作用。

（5）适用性

案例工厂＊067D，I＊基本反映了新建车间状况。改造前，该厂最早建立的具有 100 年历史的生产工艺仍在基础设施陈旧的旧车间运行。

（6）经济性

无详细资料。新建车间包括新基础设施、热氧化设备及湿法氧化装置，投资成本可以大体估算。

（7）实施驱动力

其他因素：旧车间的运行历时及陈旧基础设施，及其排放水平。

（8）参考文献和案例工厂

［6，Ullmann，2001，9，Christ，1999，16，Winnacker and Kuechler，1982，68，Anonymous，2004，76，Rathi，1995］，［86，Oza，1998］，＊067D，I＊，＊091D，I＊。

4.2.5　无水真空制备系统

（1）概述

系统采用密闭环状的机械泵或干式运转泵系统，无水真空制备。

例如，采用旋片真空泵（有或无润滑油）可以防止泵输送物料的水污染（见图 4.10）。也就是说，工艺废气经过预冷凝器降压后，通过罗茨真空泵送入第二级冷凝器，然后通过 2 台并联运行的旋片真空泵，经过第三级冷凝器输送至废气处置——热氧化设备。其中泵采用水冷却。

（2）环境效益

真空制备过程中，无水污染。

（3）跨介质效应

无。

（4）运行资料

无可提供资料。

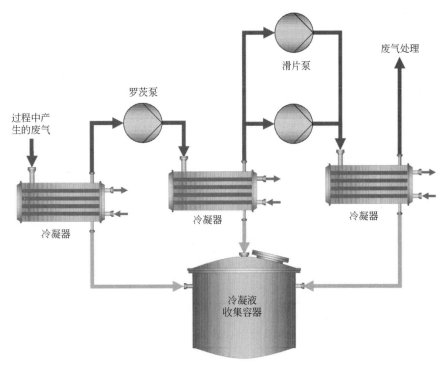

图 4.10　无水污染的真空制备系统工艺

（5）适用性

普遍适用。

采用无水真空制备系统的前提是，防止泵内出现气体冷凝。主要措施是提高废气出口温度。但是，工艺废气中含有大量的易冷凝物（如水蒸气）、灰尘、表面附着物、聚合物，不能采用干式运转泵系统［62，D1 comments，2004］。

当工艺废气中含有腐蚀性物质时，不能采用干式运转泵系统［99，D2 comments，2005］。

采用润滑油时，输送的气体会降低旋片真空泵中润滑油的润滑性［62，D1 comments，2004］。

干式运转泵通常用于温度级别 Ex T3，不能应用于 Ex T4（＊010A，B，D，I，X＊）。

相对地，水喷射真空泵和蒸汽喷射真空泵具有运转稳定性高、易维护及费用低等特点，被广泛采用［62，D1 comments，2004］。

受杂质或交叉污染的限制，生产 APIs 的溶剂不能回用［62，D1 comments，2004］。同时，基于安全风险，制造爆炸物过程中的有机溶剂不能回用［99，D2 comments，2005］。

（6）经济性

干式真空泵的投资远高于水环真空泵。但是，按照长期运行，液态环水的处理需要费用。总体而言，两者的成本相差很小。

以＊113I，X＊厂为例，3 台水环真空泵由 2 台新干式运转真空泵替代。表 4.12 为新旧两套真空泵置换前后的运行费用比较。包括安全设备购置和安装费，新真空制备系统的总投资约为 89500 欧元（175000 DEM）（1999 年）。投资回收期为 1 年。

表 4.12　新旧两套真空泵置换前后的运行费用比较

项目	耗量/a		费用/(欧元/a)
配置水环泵的旧设备			
能耗	27kW×8000h	216000kW·h	13250
水耗(1.12 欧元/m³)	2.8m³/h×8000h	22400m³	25100
废水产生量 (3.07 欧元/m³)	2.8m³/h×8000h (COD:1200mg/L)	22400m³	68770
小计			107120 欧元
配置干式运转真空泵的新设备(无废排放)			
能耗	35kW×8000h	280000kW·h	17180
小计			17180 欧元
运行费用节省			89940 欧元

注：DEM 转换为欧元的货币率：1 欧元＝1.95583DEM。

(7) 实施驱动力

废水量减少，经济性高。

(8) 参考文选和案例工厂

[9，Christ，1999]，[106，Koppke，2000]，* 010A，B，D，I，X* 。

4.2.6　环介质溶剂的液环真空泵

(1) 概述

图 4.11 所示，为某单种挥发性不高的溶剂可以采用泵提升输送，那么，以该溶剂为介质的液环泵，不仅可以用于提升输送，还可以进行回收。因此，除了可以防止水污染，以溶剂为环介质的液环真空泵具有下列特点。

① 冷却维持真空状态时，如果以水冷却则温度只能在 0℃ 以上，反之，如果以熔点低于 0℃ 的溶剂冷却，则温度不受此限制。

② 所使用的溶剂蒸汽压比水低，则可获得更好的真空度。

(2) 环境效益

防止真空制备过程中产生水污染。

(3) 跨介质效应

无。

(4) 运行资料

案例工厂* 010A，B，D，I，X* ：

① 以甲苯为环流介质；

② 热氧化设备处理冷凝器的废气。

冷却和蒸汽制备需耗能。仅与干式运转真空泵比较，需增加废气处理。

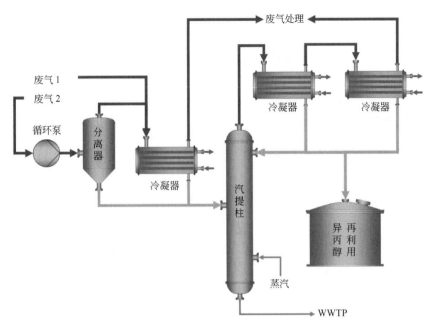

图 4.11　以异丙醇为环流介质的液环泵总体布局

(5) 适用性

普遍适用。

在 APIs［62，D1 comments，2004］和爆炸物［99，D2 comments，2005］的生产过程中，回收溶剂不能回用。

在案例工厂*010A，B，D，I，X*，汽提塔废水排至 WWTP 处理。其他案例中，这样的汽提塔废水的处理方式因厂而异。

根据经验，当溶剂耗量超过 1000kg/d 时，气体工艺才呈现经济可行性［62，D1 comments，2004］。

(6) 经济性

传统环流真空泵与溶剂环流真空泵的费用比较数据缺乏，后者的经济优势仍为应用的主要驱动力。

溶剂不能回用，溶剂环流真空泵的效益则受限［62，D1 comments，2004］。

(7) 实施驱动力

废水负荷减少，经济性高。

(8) 参考文献和案例工厂

［9，Christ，1999］，*010A，B，D，I，X*。

4.2.7　闭路循环液环真空泵

(1) 概述

密封液的整体再循环可以采用液环真空泵。该系统通常包括具有冷凝液回收池的泵吸式冷凝器和具有残留气体浓缩的后冷凝器。结构材料一般采用 CrNiMo 不锈钢，并且所有工艺相关密封部件均由 PTFE 制成。

（2）环境效益

① 密封液（如水）污染显著降低。

② 完全封闭系统，冷却与密封液无关。

③ 处理后的气体或蒸汽（如溶剂）回收。

（3）跨介质效应

无。

（4）运行资料

运行一定时间后，再循环密封液需处置。

（5）适用性

普遍适用。

在 APIs 生产中 ［62，D1 comments，2004］，回收溶剂不能回用。鉴于安全原因，在爆炸物生产中 ［99，D2 comments，2005］，回收溶剂也不能回用。

（6）经济性

无可提供资料。

（7）实施驱动力

废水负荷减少，经济性高。

（8）参考文选和案例工厂

042A，I，*010A，B，D，I，X*。

4.2.8 管道清理系统

（1）概述

管道清理技术属于材料输送及清洁工艺的分支。在管道清理过程中，管道内部被推入一个与内壁紧密接触且相称的塞子（清管器），将管道内的物质全部清除。清管器最常由气体推进器推动（如压缩空气）。工业管道清理系统的主要组成包括：

① 清管器；

② 配清管阀门的清管的管道；

③ 清管器装卸站；

④ 推进物供应；

⑤ 控制系统。

常见工业清管器如图 4.12 所示。工厂的不同位置需管道清理，如：

① 生产装置的容器之间；

② 制炼厂——油库；

③ 油库——灌装装备。

（2）环境效益

① 无清洗过程，清洗剂耗量显著减少。

② 冲洗水负荷降低。

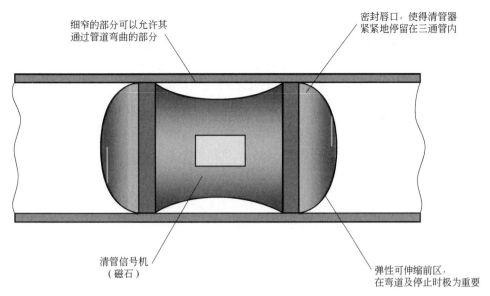

图 4.12 工业装置管道中的需要清管器的典型节点

③ 有用产品损耗下降。

(3) 跨介质效应

无。

(4) 运行资料

取决于特殊任务。

(5) 适用性

适用范围广。特别是长输送管道、多产品生产车间及批式运行。

同样适用于在 GMP 条件下的无菌车间区域 [41，Hiltscher，2003]。但是在 cGMP 条件下不能采用 [99，D2 comments，2005]。

基于管道清洗的需要，装置改型明显受限 [62，D1 comments，2004]

表 4.13 为管道清理系统应用案例。

表 4.13 管道清理系统应用案例

015D,I,O,B	染料
042A,I	分批管道排空后,黏性极不稳定的中间物,无 cGMP
070X	专有表面活性剂
036L	染料、乙二醇和其他
071I,X	活性剂、产品及溶液中的中间物
072X,I	添加剂
073F	香精、香料
074F	香精、香料
075X,I	溶剂
076X	专有表面活性剂
077X	专有表面活性剂、80 号原材料及产品
078X,I	胺

(6) 经济性

表 4.14 为传统管道系统及清理管道系统的费用比较。依据所提供的数据，投资回报期为 3.7 年。

表 4.14 传统管道系统及清理管道系统的费用比较

100m、3in❶ 的管道			
传统管道	欧元	清理管道	欧元
投资费用(使用寿命 10 年)			
管材 构造 阀门、凸缘连接元件		管材 构造 阀门、凸缘连接元件、压力释放器	
合计	65000	合计	105000
年运行费用			
清洁剂 一次性洗涤 产品损耗 损失产品及清洁剂的处置		维护费用,3 个清管器,250 欧元/次(不洗涤)	
合计	14000	合计	3250

(7) 实施驱动力

① 可以自动操作，比人工清空操作更节省时间。

② 费用降低。

(8) 参考文献和案例工厂

[41，Hiltscher，2003]，案例工厂可参考适应性中的资料。

4.2.9 间接冷却

(1) 概述

冷却分为直接冷却和间接冷却。注入（喷雾）水替代冷却气相介质，通过表面热交换器可实现高效冷却，其中冷却介质（水、卤水、油）由泵经过单独的环路输送。

(2) 环境效益

① 废水量减少。

② 无额外废水。

(3) 跨介质效应

无。

(4) 运行资料

取决于特殊案例。

(5) 适用性

普遍适用。

❶ 1in=0.0254m。

间接冷却不能用于需要添加水或冰以控制安全温度、温度跃升及温度骤变的生产工艺中。其中案例工厂*004D，O*采用胺重氮化的标准生产工艺，通过加冰冷却。直接冷却也应用于控制"反应失控"[62，D1 comments，2004]。

如果存在热交换器阻塞风险，也不能采用间接冷却 [62，D1 comments，2004]。

（6）经济性

无可提供资料。

（7）实施驱动力

无额外废水及法规要求。

（8）参考文献和案例工厂

[49，Anhang 22，2002]，*001A，I*，*014V，I*，*015D，I，O，B*。

4.2.10 夹点法

（1）概述

所有的工艺均存在冷、热两种物流。所谓热流，是指需要冷却的热流；冷流则指加热的热流。任何工艺可绘制成温度-焓变直线图，该图分别表示工艺过程中的所有热流或冷流。热流和冷流线则分别称为热复合曲线和冷复合曲线。复合热流曲线构成如图4.13所示。两条热流可绘于同一张温度-焓变图。

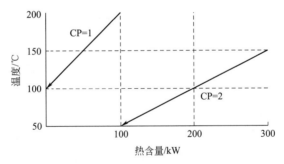

图4.13 两条热流热复合曲线

热流1为200℃冷却至100℃，其CP值（质量流量×比热容）为1，所以变化过程中的热损失为100kW。热流2由150℃冷却至50℃，其CP值为2，相应的热损失为200kW。

热复合曲线是沿着温度变化轴，热焓简单相加。

温度在150~200℃范围内，只有一种热流，CP值等于1，相应的热损失50kW。温度在100~150℃范围内，存在两种热流，总CP值等于3，总热损失150kW。温度在100~150℃范围内的总CP值比150~200℃范围的大。因此，温度在150~200℃范围内的热复合曲线较温度100~150℃范围的平缓。

温度在50~100℃之间，只存在CP值等于2的热流。因此，总热损失为100kW。

图4.14为上述温度范围的热复合曲线。

同样，可在一张温度-焓变图上绘制冷复合曲线。

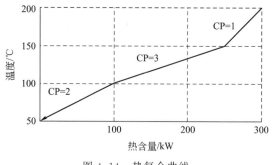

图 4.14　热复合曲线

实际应用中，热流的数量一般很多，而相应的热复合曲线绘制方法与上述介绍的完全相同。

图 4.15 为在相同的温度-焓变图中，绘制的热复合曲线和冷复合曲线。该图反映了工艺过程中的总加热量和总制冷量。

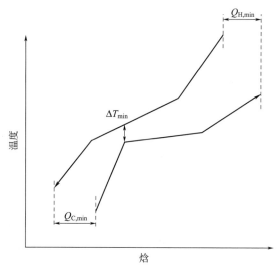

图 4.15　夹点和能量的热复合曲线

在焓轴方向，热复合曲线重叠。通过工艺过程的热交换作用，热复合曲线可以加热冷复合。复合曲线端部存在热差，因此冷复合曲线顶端需要额外热源（$Q_{H,min}$），热复合曲线底端需要外部冷却（$Q_{C,min}$）。提供额外热源和冷却被称为为制热和冷却公用设施的目的。

两条复合曲线之间的最近点被称为夹点。夹点处，复合曲线的温度差最小，即 ΔT_{min}。对于该 ΔT_{min} 值，重叠区域表示工艺过程可能的最大热交换值。进一步地，$Q_{H,min}$ 和 $Q_{C,min}$ 则表示公用设施的最小需求量。

过程夹点和公用设施目标识别后，可应用夹点法的三条"金率"。该过程可以视为两个独立系统（见图 4.16）：高于夹点的系统和低于夹点的系统。高于夹点的系统仅吸收残余热量，即热汇；低于夹点的系统需放热，即热源。

夹点法的 3 条"金率"如下：

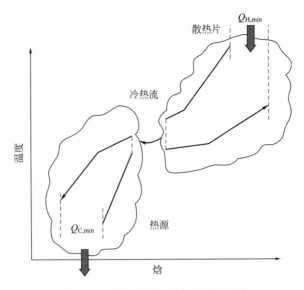

图 4.16　高出或低于夹点系统的示意

① 热量的传递不能穿过夹点；

② 夹点以上不能再存在外界冷源；

③ 夹点以下不能再存在外界热源。

假设穿过夹点的热量为 α，供热的公用设施则需供应等于 α 的热源，制冷的公用设施需同时供应等于 α 的冷源（见图 4.17）。相似地，热汇外界冷却及热源的外界加热均增加能量需求。

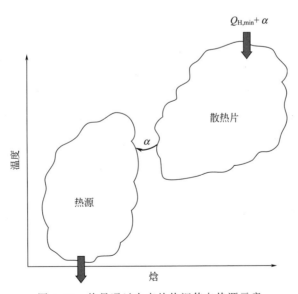

图 4.17　热量通过夹点从热汇传向热源示意

因此，$T = A - \alpha$

式中，T 为能耗目标值；A 为能耗实际值；α 为穿过夹点的热流量。

可以看出，要达到能耗目标值必须排出穿过夹点的热流量。

（2）环境效益

生产厂区的能量平衡最优。

（3）跨介质效应

无。

（4）运行资料

在非连续工艺过程中，夹点法的应用关键在于数据提取。数据提取无捷径。若需节省费用（即节能），则必须对所有的工艺过程进行详细的历时监测。

（5）适用性

普遍适用。[6，Ullmann，2001] 介绍，某 OFC 生产案例厂将夹点法应用于其生产工艺过程。该厂拥有 30 台反应釜，产品超过 300 种，采用批式工艺。

（6）经济性

降低费用。

[6，Ullmann，2001] 中的案例工厂，投资回报期为 3 个月到 3 年，费用节省 502500 欧元（约 450000 美元）。

（7）实施驱动力

降低费用。

（8）参考文献和案例工厂

[6，Ullmann，2001]，[79，Linnhoff，1987]。

4.2.11　能量联合蒸馏

（1）概述

两步（两台蒸馏塔）蒸馏工艺，蒸馏塔的蒸汽可以连通利用。以 DMF 纯化（见图 4.18）为例，第一台蒸馏塔顶部排出的蒸汽输入第二台蒸馏塔塔底的热交换器。这样，蒸汽耗量减少 50% 左右，运行费用下降。但是，由此造成的缺陷为：两台蒸馏塔的蒸汽连通运行，第一台蒸馏塔的运行发生变化，会影响第二台蒸馏塔的正常运行。这只能通过改进工艺的控制予以解决。

（2）环境效益

蒸汽耗量减少 50% 左右。

（3）跨介质效应

无。

（4）运行资料

取决于具体案例。

（5）适用性

普遍适用。

（6）经济性

成本收益。

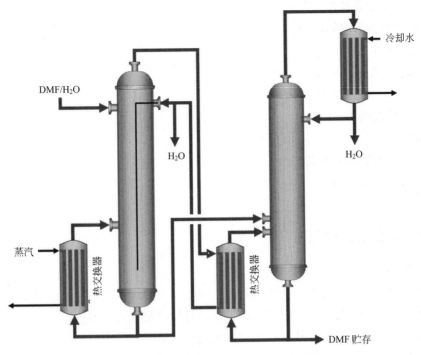

图 4.18 能量联合利用的 DMF 蒸馏工艺流程

(7) 实施驱动力

降低费用。

(8) 参考文献和案例工厂

［9，Christ，1999］。

4.2.12 设备清洁优化（一）

(1) 概述

优化生产车间的清洁过程，减少废水量，特别是引入附加清洁（预洗涤），可实现大部分溶剂与废水分离。高浓度的预洗涤废水采用吹脱或焚烧处理。

(2) 环境效益

防止稀释，可单独有效回收或处理（焚烧）。

(3) 跨介质效应

无。

(4) 运行资料

源于个别案例。

(5) 适用性

普遍适用。清洁优化的其他方法包括［99，D2 comments，2005］：

① 优化生产程序；

② 采用相同清洁剂或溶剂的强化回收；

③ 通过专用设备提高产量；

④ 溶剂及清洁液体回用。

(6) 经济性

① 回收或处置效率高。

② 废水处理费用降低。

(7) 实施驱动力

费用最少。

(8) 参考文献和案例工厂

［43，Chimia，2000］。

4.2.13　设备清洁优化（二）

(1) 概述

通常，设备（如反应釜）清洁的最后一道工序为溶剂清洗，即将溶剂加入设备（详见4.2.18部分"容器的液体添加"），然后通过搅拌及（或）加热，进行清洗。清洗完毕，再通过真空或微升温加热，排出设备内的残留溶剂。

(2) 环境效益

防止VOCs的缝隙直接排放。

(3) 跨介质效应

无。

(4) 运行资料

无可提供资料。

(5) 适用性

普遍适用。

(6) 经济性

无可提供资料。

(7) 实施驱动力

无可提供资料。

(8) 参考文献和案例工厂

［54，Verfahrens u. Umwelttechnik Kirchner，2004］*059B，I*。

4.2.14　VOCs最小排放（一）

(1) 概述

① 密封排放源；

② 排除缝隙；

③ 蒸汽利用平衡；

④ 减少使用挥发性化合物；

⑤ 利用低挥发性物料；

⑥ 降低运行温度；

⑦ 设备包括溶剂回收冷凝器，采用氮气封闭环路干燥；

⑧ 设备封闭清洗；

⑨ 落实监测保养规程。

（2）环境效益

① 扩散或散逸性排放减少；

② 与回收或减排比较，源头削减更高效。

（3）跨介质效应

无。

（4）运行资料

可能降低产量和能效。

（5）适应性

基于产率及能效，普遍适用。

制药中的挥发性化合物（概述中述及）用量减少取决于工艺过程的要求规程。美国《清洁空气法案》第五章中的检漏和修复（如焊接凸缘优于螺钉凸缘）［62，D1 comments，2004］适用。泄漏分析结果通常不能复制［99，D2 comments，2005］。

（6）经济性

① 投资和维护成本主要取决于当地情况。

② 新的溶剂和减排设备购置费用增加。

③ 有利于提高车间运行可靠性。

（7）实施驱动力

散逸性排放减少，费用降低。

（8）参考文献和案例工厂

［37，ESIG，2003］。

4.2.15　VOCs 最小排放（二）

（1）概述

① 采用密封泵，如外壳密封的电动机泵、磁力泵、内部密封或固定媒介且双重机械密封泵、内部密封干燥气体且双重机械密封泵、隔膜泵或波纹管泵。

② 若压缩 VOCs 气体或蒸汽，则需使用多重密封系统。若使用湿式密封系统，则压缩器密封液不需脱气处理。若使用干式密封系统，加入的惰性气体或传输材料消耗泄漏、废气泄漏应集中收集送至气体收集系统。

③ 基于生产工艺、安全或维护因素，可采用法兰连接。而且应使用工艺防漏的法兰连接［最大比泄漏率为 5～10kPa·L/(s·m)］。

④ 闸、阀等密封控制设备的筒针导承的密封应使用金属波纹管，这种波纹管具有高级密封件和末端安全密封填料盖盒，或性能与该金属波纹管相当的密封系统［当温

度＜250℃时，最大比泄漏率达 4～10mbar·L/(s·m)；当温度≥250℃时，最大比泄漏率为 2～10mbar·L/(s·m)](比泄漏率监测方法详见 [102，VDI，2000])。

⑤ 设备底部装载液体则在液面下投加。

⑥ 贮槽检查或清洗时的废气应收集输送至后燃系统处置或类似措施处置，减少废气排放。

⑦ 地面上的贮存池投入运行前，外墙及顶部喷涂合格的油漆的最小总热反射率不低于70%。

⑧ 使用密闭搅拌系统，类似于双重机械密封和密封介质。

(2) 环境效益

① 散逸性排放减少。

② 源头减排效率高于回收或减排处理。

(3) 跨介质效应

无。

(4) 运行资料

无可提供资料。

(5) 适用性

普遍适用。

(6) 经济性

① 投资及维护费用主要取决于具体情况。

② 车间运行可靠性高。

(7) 实施驱动力

散逸性排放减少。

(8) 参考文献和案例工厂

[99，D2 comments，2005]，[48，TA Luft，2002]。

4.2.16 容器气密性

(1) 概述

容器气密性是防止散逸性排放以及减少回收或减排设备的废气处理的重要前提。为了确保容器气密性，应检查所有需密封的孔口，使容器内的外加压力或真空状态保持恒定（至少在 30min 内，外加压力维持在 100mbar）。定期进行压力测试。

(2) 环境效益

① 散逸性排放减少。

② 回收或减排设备的废气处理量减少。

③ 瞬间惰性保护。

(3) 跨介质效应

无。

（4）运行资料

无可提供资料。

（5）适用性

普遍适用。其他类型设备，如管道、真空蒸馏，一般也适用。

（6）经济性

费用低，瞬间惰性保护、回收或减排费用低。

（7）实施驱动力

散逸性排放少，废气排放量少。

（8）参考文献和案例工厂

[54，Verfahrens u. Umwelttechnik Kirchner，2004]* 042A，I* ，* 059B，I* 。

4.2.17　反应釜瞬时惰性保护

（1）概述

反应釜惰性保护是为了确保其中的氧含量低于安全阈值。氧气（空气）进入容器的途径包括：

① 液体、固体等投加带入；

② 真空时，氧气由孔口进入；

③ 氧气溶于液体；

④ 或者仅在容器开启，清理或维修时进入。

惰性保护过程产生废气，惰性气体（氮气）为有机污染物的载体。

瞬时惰性化包括两种途径，以达到所需的氧气含量：①真空；②充氮气。

设备气密性完好才能瞬时惰性保护。表 4.15 为瞬时惰性保护和持续惰性保护的废气排放量比较。

表 4.15　瞬时惰性保护和持续惰性保护的废气排放量比较

参数	瞬时惰性保护	持续惰性保护
反应釜体积	$5m^3$	
批时运行持续时间	30h	
持续惰性保护的交换率		$5m^3/h$
瞬时惰性保护的循环次数	3 次	
惰性保护的废气排放量	$15m^3$	$150m^3$

（2）环境效益

① 回收或减排处置的废气量减少。

② 惰性气体耗量减少。

（3）跨介质效应

无。

（4）运行资料

无可提供资料。

（5）适用性

在保证反应釜气密性的前提下才能使用溶剂瞬时惰性保护。安全要求可能会限制持续惰性保护的应用，如制氧工艺过程。

（6）经济性

回收或减排的费用减少。

（7）实施驱动力

废气量减少。

（8）参考文献和案例工厂

［54，Verfahrens u. Umwelttechnik Kirchner，2004］* 059B，I*。

4.2.18　反应釜液体投加

（1）概述

在反应釜中投加液体置换气体，导致废气排入回收或减排设备处置。液体投加包括顶部投加、底部投加或池壁投加等方式。有机液体顶部投加时，所置换的气体的有机物负荷比未添加有机溶剂的高 10～100 倍。

如果反应釜中同时投加固体和有机液体，液体由底部投加，固体则为动态覆盖物，有效减少被置换气体的有机物负荷。

（2）环境效益

液体投加时，被置换的气体的有机负荷降低。

（3）跨介质效应

无。

（4）运行资料

无可提供资料。

（5）适用性

普遍适用。基于安全或质量原因，应用受限制。尽管如此，可采用气体平衡［99，D2 comments，2005］。

（6）经济性

费用低，回收或减排费用降低。

（7）实施驱动力

回收和减排费用降低。

（8）参考文献和案例工厂

［54，Verfahrens u. Umwelttechnik Kirchner，2004］* 059B，I*。

4.2.19　封闭系统的固液分离

（1）概述

OFC 工厂最常见工艺过程是通过过滤使固体产品或中间产物与液体（通常为溶剂）

分离。如果过滤设备敞开运行，过滤产生的湿泥饼进一步处理或烘干，产生 VOCs 散逸性排放。实际上，通过下列方式能有效防止 VOCs 散逸性排放。

抽滤式压滤机	抽滤式干燥机
-尽可能采用水力输送，去除湿泥饼； -剩余产品再溶解或者仅留在过滤器中，下批次回收； -设备保持封闭	-(真空和加热设备)烘干滤饼； -采用水力系统去除烘干的产品； -氮气吹出剩余产品，通过旋风除尘器回收； -设备保持关闭

(2) 环境效益

散逸性排放最少。

(3) 跨介质效应

无。

(4) 运行资料

无可提供资料。

(5) 适用性

普遍适用。压力滤过器已成功应用于石化、无机化工、有机化工、精细化工，特别是执行 cGMP 的制药行业。合适的设备几乎能解决各种固-液分离问题，包括连续的、半连续的或非连续的运行，每种运行有多种合理设计。

离心机进行固-液分离，运行过程中系统处于封闭环境 [99，D2 comments，2005]。

(6) 经济性

费用减少。

(7) 实施驱动力

散逸性排放最少。

(8) 参考文献和案例工厂

[89，3V Green Eagle，2004]，[91，Serr，2004]，*088I，X*。

4.2.20 蒸馏过程废气排放最少化

(1) 概述

冷凝器的总体布局能有效去除热量，蒸馏过程的废气可以实现零排放。图 4.19 为乙醇/乙醚/水的混合溶液的分离。1 级蒸馏塔柱将乙醚与乙醇、水分离，2 级蒸馏塔釜顶馏出物为 94% 乙醇和 6% 水，釜底馏出物为水。冷凝则采用水制冷器（10~12℃）。

通过釜底进料和出料之间的热交换进行能耗优化。

(2) 环境效益

① 防止蒸馏排放 VOCs。

② 减排系统的处理量减少。

(3) 跨介质效应

无。

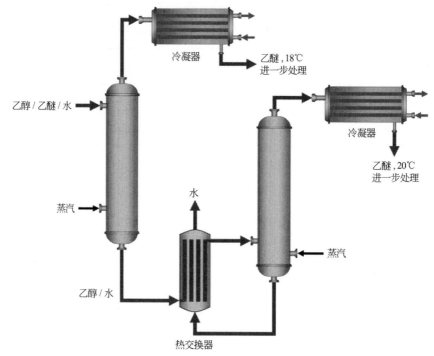

图 4.19　乙醇/乙醚/水的混合溶液的分离

（4）运行资料

源于案例工厂*062E*。

① 加热：蒸汽。

② 进料：460kg/h。

③ 紧急减压设备。

（5）适用性

普遍适用。

非冷凝气体（如惰性气体）溶解于蒸馏器进料，由此导致蒸馏塔启动期增加的废气排放需采取专门措施处理。

同样，适用于有机溶剂的重结晶过程（*064E*）。

（6）经济性

与排风系统比较，费用无明显增加。

（7）实施驱动力

费用减少。

（8）参考文献和案例工厂

［54，Verfahrens u. Umwelttechnik Kirchner，2004］，*062E*。

4.2.21　废水分离

（1）概述

在实际生产过程中，废水不能分质分离，多产品工厂的废水管理策略则形同虚设。

单种产品即使采取更多不同模式生产，排放的废水处理方式仍然频繁变化。例如下表所列：

产品 1	母液 冲洗水 1 冲洗水 2	湿式氧化 生物 WWTP 生物 WWTP
生产结束	清洗水	生物 WWTP
产品 2	母液 1 母液 2 冲洗水	萃取 湿式氧化 生物 WWTP

案例工厂 *015D，I，O，B* 的废水和废物的主要源是固液分离（压滤机或其他过滤机）。这类装置全部连接，形成 4 种主要的废水处理途径，包括生物 WWTP 和预处理设备（见图 4.20）。

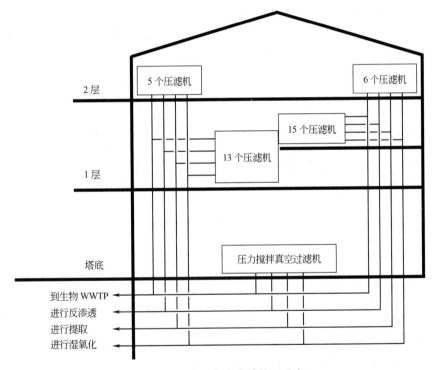

图 4.20 车间废水分质处理示意

（2）环境效益

运行者掌握废水管理。

（3）跨介质效应

无。

（4）运行资料

无可提供资料。

（5）适用性

普遍适用。

类似案例工厂：*068B，D，I*。

（6）经济性

管道、仪器仪表、控制装置、自动阀等费用。

（7）实施驱动力

管理策略重要性。

（8）参考文献和案例工厂

［31，European Commission，2003］，*015D，I，O，B*。

4.2.22 产品逆流洗涤

（1）概述

有机产品精制通常采用水清洗去除其中的杂质。逆流洗涤具有效率高、水耗小（废水量小）、可以组合其他纯化过程等特点。图 4.21 为三硝基甲苯（TNT）生产的产品逆流洗涤流程。附加的纯化（添加亚硫酸钠）去除非对称的 TNT 和所谓的"红水"。

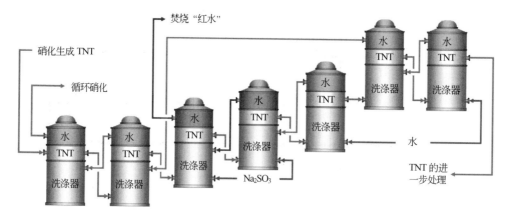

图 4.21 TNT 生产的产品逆流洗涤流程

（2）环境效益

① 耗水小。

② 废水少。

③ 特殊组分或浓度的废水可循环利用或单独处理。

（3）跨介质效应

无。

（4）运行资料

无可提供资料。

（5）适用性

普遍适用。

洗涤过程的优化程度取决于生产水平及其规律性。大规模装置逆洗涤的降解优势明显，属于生产的附属工艺。对于产量小、生产性试生产、生产周期短、生产频次很少的情况，不能采用逆流洗涤［62，D1 comments，2004］。

（6）经济性

费用低。

（7）实施驱动力

费用低，耗水量小。

（8）参考文献和案例工厂

［91，Serr，2004］，*062E*，*064E*。

4.2.23　反应控制案例：偶氮耦合反应

（1）概述

批式的偶氮耦合反应应在反应物混合后立刻完成或在反应几小时内完成。将反应液滴在含有易耦合物质（如弱碱性的 H 酸溶液）的滤纸上，检查是否仍然残留过量的重氮化合物。滤纸无颜色变化，则耦合反应完成。重氮盐滴定可以监测未消耗耦合物的含量。

（2）环境效益

① 母液的 COD 负荷减少。

② 原材料利用率提高。

（3）跨介质效应

无。

（4）运行资料

无可提供资料。

（5）适用性

适用于所有同类生产过程，特别是定量转化的生产过程（如耦合反应或加成反应）。

（6）经济性

① 反应产率提高。

② 废水处理费用下降。

（7）实施驱动力

① 反应产率提高。

② 废水处理费用下降。

（8）参考文献和案例工厂

004D，O。

4.2.24　高含盐量母液控制

（1）概述

母液（通常有机物含量高）处理常常受制于含盐量。所以在生产过程中，产品分离应尽量排除盐析和大量（加碱、"施用石灰"或"白垩处理"）中和方法。母液的含盐量不是特别高，硫酸厂将其回收，通过磺化或硝化制废酸。

可选择技术包括：

① 膜工艺（详见 4.2.26 部分）；

② 溶剂化工艺；

③ 反应萃取（详见 4.2.25 部分）；

④ 省略中间产物的分离（详见 4.2.4 部分）。

表 4.16 为溶剂化过程案例［9，Christ，1999］。

表 4.16　溶剂化过程案例

过程	旧工艺	新工艺
	硫酸反应	基于溶剂
沉淀原理	盐析	pH 值的调节和真空冷却
硫酸是否能回收	不能	能
母液能否进入生物 WWTP 处理	能 COD 3000t/a 难降解	不能

（2）环境效益

① 确保母液处理，特别是废硫酸回收。

② 废水有机负荷减小。

（3）跨介质效应

工艺变更为溶剂化工艺后，VOCs 排放、回收/减排处理需额外的能耗/化学品消耗。

（4）运行资料

取决于所选择的分离技术/工艺。

（5）适用性

取决于改变工艺的选择。

（6）经济性

取决于特定的工艺选择，包括：

① 整个工艺被替换或采用新的回收/减排工艺，费用提高；

② 选择的分离技术可提高产率，优化处置费用，具有好的经济效益。

（7）实施驱动力

① 废水的有机负荷高。

② 处置费用增加。

（8）参考文献和案例工厂

［15，Köppke，2000］，［9，Christ，1999］。

4.2.25　反应萃取

（1）概述

通过溶解合适的有机碱的烃类溶剂调节 pH 值，可以从水溶液中选择性地萃取有机酸。有机碱通常是叔胺（如®Hostarex A327）。在有机相中，酸、碱反应形成稳定络合物。相分离后，再加入 NaOH 水溶液，络合物分解，酸以钠盐析出。有机碱和烃类化合物则闭路循环回用。

（2）环境效益

① 回收有价值的原材料和产品。

② 减少有机废水和废物负荷。

（3）跨介质效应

无。

（4）运行资料

取决于分离目的。

（5）适用性

有机碱普遍适用。

其他案例［6，Ullmann，2001］包括：

① Shellsol AB 中，含有 5％三辛胺的酚类和双酚；

② Shellsol AB 中，含有 20％ 三辛胺的巯基苯并噻唑；

③ 典型络合剂/螯合剂的金属阳离子。

（6）经济性

① 回收的原材料或产品的纯度高，可以进一步加工，经济性明显。

② 减少废水处理费用。

（7）实施驱动力

① 原材料或产品的回收利用。

② 废水处理费用减少。

③ 废水排污费减少［62，D1 comments，2004］。

（8）参考文献和案例工厂

［6，Ullmann，2001，9，Christ，1999，33，DECHEMA，1995］以及参考文献中相关内容。

4.2.26 压力渗透在染料生产中的应用

（1）概述

水溶性染料生产中，产品的分离经常使用盐析、过滤、再溶解/再悬浮、再过滤和干燥等方法，从而排放高 COD、高含盐量母液。但是，以压力渗透分离（见图 4.22）替代上述方法产率更高，废水量减少。

压力渗透装置采用半渗透膜，水、无机盐和小分子有机物能够透过，大量的染料却截留于溶液中。含盐的合成溶液从反应釜排入贮存池，随后在压力作用下透过半透膜。这样，合成溶液经过分离形成无染料的高含盐量渗透液和染料浓缩液。染料浓缩液再循环至贮存池。

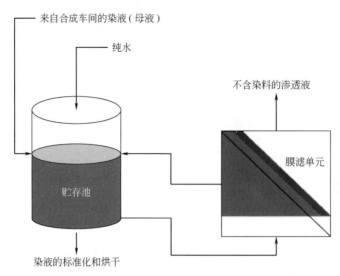

图 4.22　产品压力渗透分离工艺流程

（2）环境效益

表 4.17 为传统工艺与压力渗透工艺比较。

表 4.17　传统工艺与压力渗透工艺比较

参数		传统工艺	压力渗透工艺
染料的产量		1.0t	1.0t
废水	水量	7.0t	−90％
	含盐量	1.5t	−90％
	COD	50kg	−80％

（3）跨介质效应

无其他环境介质的报道。压力渗透工艺取代了复杂的传统处理工艺，能耗下降。

（4）运行资料

压力渗透包括微量过滤、超滤、纳米过滤或反渗透等工艺，具体可依据实际分离需要选择。膜组件则包括螺旋缠绕式膜、板式膜或管式膜等形式。操作压力和渗透率取决于膜的性质和分离目的。

（5）适用性

压力渗透除了在水溶性染料生产中应用外，可用于其他分离过程。在特定情况下，主要先决条件包括：

① 具有满足分离要求且性能良好的膜；

② 产品质量合格。

其他案例：

① 应用反渗透，从废水中分离叔胺（产品），实现产品回收，降低污水处理成本，投资回报期明显缩短（＊007 I＊）；

② 应用超滤分离发酵产品［46，Ministerio de Medio Ambiente，2003］。

（6）经济性

经济优势包括：

① 污水处理费用降低；

② 产品质量相同甚至提高；

③ 产率提高 5%；

④ 节省标准化辅助设备的费用。

（7）实施驱动力

废水量减少，产率提高，运行费用降低。

（8）参考文献和案例工厂

［9，Christ，1999］，［61，Martin，2002］，*060D，I*，*004D，O*，*007I* 以及参考文献中相关内容。

4.2.27　土壤保护

（1）概述

存在对土壤和地下水具有潜在污染风险物质（通常为液体）的生产设施需严格建设、运行和维护，确保其潜在渗滤最小。这类设施必须密封，运行稳定，可以耐受足够的机械、热及化学压力。物质泄漏必须快速、准确地识别和检测。根据可能产生的物质泄漏量建设稳固防渗截留区，或者采用具有泄漏检测功能的双层贮存设备，确保泄漏的物质能够安全截留/处置。

（2）环境效益

防止土壤、地表水和地下水的污染。

（3）跨介质效应

无。

（4）运行资料

土地保护措施取决于所生产的危险物质可能产生的土壤、地表水或地下水的污染。具体措施包括：

① 基于最大釜（罐、池）或釜（罐、池）底由管道连接的多个釜（罐、池）的容积之和，建设容积足够的截留池；

② 测试检验所有连接结构的完整性和密封性，以及水和其他物质的防渗性能；

③ 必须在专门设计建设的特定区域装卸材料，避免发生泄漏；

④ 必须在专门设计建设的特定区域收集和贮存待处理材料，避免发生泄漏；

⑤ 设计的设备可以目视检查；

⑥ 可能发生外溢的泵井或其他处理设施均需安装外溢报警装置，同时实行人工定期泵井；

⑦ 建立溢流控制池；

⑧ 制定实施水池和管道测试和检查规程；

⑨ 检查（目测或输水试验）输送非水类物质的管道的阀门和法兰的泄漏情况，检

查记录需存档；

⑩ 建立收集系统，收集输送非水类物质管道的阀门和法兰的泄漏液；

⑪ 供应围油护栏和高性能的吸附材料。

（5）适用性

普遍适用。

防护区内的管道系统和泄漏物质没有危害，不需日常检查［62，D1 comments，2004］。

贮存设备的土地保护详见［64，European Commission，2005］。

（6）经济性

无可提供资料。

（7）实施驱动力

防止土壤、地表水和地下水污染。

（8）参考文献和案例工厂

019A，I，*020A，I*，*001A，I*，*014V，I*，*015D，I，O，B*。

4.2.28 消防水和污染地表水截留收集

（1）概述

地表水系统收集的消防水或污染地表水贮存于专门的水池。该水池容积能够同时贮存最大消防水量和一定雨水量。根据所需的控制流量，通过泵将贮存污水输送至 WWTP 处理。

（2）环境效益

防止土壤、地表水和地下水的污染。

（3）跨介质效应

无。

（4）运行资料

贮存量基于贮存/处理物质的数量和性质，同时考虑其他因素，如 24h 内 50mm 的降水量。

通常采用在线监测，包括启动值 TOC＝20mg/L 的自动阀门。

（5）适用性

普遍适用。

对现有厂区的空间限制是实施的主要障碍［99，D2 comments，2005］。

废水管道系统也可计入截留体积［99，D2 comments，2005］。

（6）经济性

无可提供资料。

（7）实施驱动力

防止对土壤、地表水和地下水的污染。

(8) 参考文献和案例工厂

＊017A，I＊，＊018A，I＊，＊019A，I＊，＊020A，I＊。

4.2.29 案例：光气化操作人员培训

(1) 概述

在有毒物质的生产过程中，工厂的运行操作人员应掌握充足的安全运行知识。当生产运行出现偏差时，操作人员应快速反应，确保安全。因此，从事光气生产的运行操作人员需进行下列方面的培训。

① 理论知识：

a. 光气的毒理学、物理和化学性质方面的知识；

b. 光气化生产工艺的知识；

c. 贮存和输送的知识；

d. 检测和应急系统方面的操作知识；

e. 洗涤器清除知识；

f. 含光气的溶剂的转移和中和；

g. 取样；

h. 光气中毒；

i. 应急方案；

j. 个人防护设备。

② 实践培训：

a. 洗涤器的操作和控制；

b. 安全设备的检查、激活和关闭；

c. 冷凝器的检查、激活、关闭、填充和排空；

d. 光气气罐的安装和移除，加热激活；

e. 维持光气消耗的平衡；

f. 取样；

g. 光气化反应的控制；

h. 脱气和中和；

i. 冷却系统；

j. 光气的监测；

k. 安装光气处理器；

l. 管道连接；

m. 运行偏差时采取的行动和调控。

(2) 环境效益

减少光气贮存和处理的风险。

(3) 跨介质效应

无。

(4) 运行资料

无可提供资料。

(5) 适用性

通常适用于危险物质处理或其他危险操作 [62，D1 comments，2004]。个别物质的性质和条件要求培训内容进行相应调整。

(6) 经济性

培训相关的额外费用、时间和材料。

(7) 实施驱动力

降低了光气贮存和处理的风险。

(8) 参考文献和案例工厂

024A，I。

4.2.30 案例：光气贮存运输

(1) 概述

光气具有高毒性，需要采取预防措施降低光气贮存和运输的风险。为此，主要措施如表 4.18 所列 [99，D2 comments，2005]。

表 4.18 光气运输和贮存过程中危险的处置措施

措施	附注
在隔离区域进行光气贮存、光气化过程和消减处理	最佳效果取决于隔离区域的大小；单元越大，区域之间的距离就越长，就更适合联合和集中区域
贮存量的最小化	绝对正确；无论在哪种情况下，尤其是在处理过程中回收光气时，为了将整个系统中光气库存降到最小，则必须增加光气的贮存量
在贮存单元中使用分割区（如为 48kg 的光气准备 5 个气罐）	取决于气罐的大小（给出的例子没有必要描述标准的气罐），并且总的光气分隔区/分区数也可能具有消极影响（例如很难追踪泄漏的物质）
确保每个贮存单元对于平衡的调节有着重要的影响	如果光气是由汽缸提供的，则可以应用
将双壁管道应用于配有光气检测装置的反应釜	即使要增加更困难的维护工作，但仍选择双壁建筑来保护光气化单元中的关键区域
给贮存设备提供保护装备	发生泄漏时避免接触到光气的方法就是使用装有新鲜空气的面罩设备
将反应釜放置在一个分隔区里，仅在有全面保护性的包层和设备时将入口打开	不能打开含有光气的设备，隔离小室是建筑物附件的总体规划的一部分。布局决定于光气的量和安全系统与策略要求的总量
仅使用密闭设备	
使阀门冗余，包括自动调节光气检测的过程	其他的公司在处理冗余时经验不足，从而无法处理突发情况，他们想通过更多的试验和检查来确保正常的功能。在自动调节过程中也得考虑相似的问题
在开始处理前使用氮气压测定	
运用冗余和独立的监测网络	这取决于单元的尺寸和复杂程度；太多的冗余会在判断矛盾信息时产生问题（自动化或人工）。部分公司不喜欢不同监测系统中的冗余，他们喜欢只用一个最有名的且最可靠的监测系统。某些公司有使用监测网络的良好经验，较大工厂通常不喜欢增加保留时间和最优的（关键的）点检测

续表

措施	附注
例如通过冷凝器（＋5℃、－30℃ 和 －60℃）和 2 个洗涤器，向外排放	在所操作的系统中，温度的使用依赖于系统中的压力
通过气器排出室内气体	不适于拥有开放性建筑物的工厂。如果（如取决于个人安全设备的使用）整个安全系统容许将大量的光气释放到室内空气中（如反应釜的打开），应该考虑排出室内空气的可能性。其他情况对需求的评估依情况而定
为突发性情况提供氨气	氨是一种很有效的光气中和物质，然而使用时要仔细考虑情况（如附件的结构）
专门的培训操作人员	
加强严格的工作程序	

（2）环境效益

降低了光气贮存和运输过程的风险。

（3）跨介质效应

无。

（4）运行资料

无可提供资料。

（5）适用性

一般适用于有毒物质（氯气、氨气、环氧乙烷等）的贮存和运输。个别物质的性质和条件需要相应的处理措施。

（6）经济性

与传统设备/操作比较费用增加。

（7）实施驱动力

降低光气贮存和处理过程的风险。

（8）参考文献和案例工厂

［116，Phosgene Panel，2005］，* 024A，I* 。

4.3 废物管理和处理

CWW 的 BREF ［31，European Commission，2003］。

"通用废气、废水处理/管理系统" BREF 介绍的工艺技术适用于整个化学工业。因此，该书主要介绍一般性的结论，没有涉及 OFC 生产所特有的工艺过程。

本书在引用 CWW BREF 的相关内容的同时，重点介绍 OFC 生产的工艺技术。主要包括运行模式（批式生产、生产规程、产品频繁变化）对技术选择和应用的影响，以及这种多产品工厂面临的挑战，此外基于 OFC 特有的技术资料进行技术的绩效评估和总结。

回收和减排技术也不再赘述，详细内容参阅 CWW BREF ［31，European Commission，2003］。

4.3.1 平衡和监测

4.3.1.1 工艺废物分析

（1）概述

多产品工厂（详见 2.2 部分）的每个工艺的废物解析后，才能有效防控污染。工艺废物解析的基础是生产工艺流程，其中包括运行、进料和废物节点，以及每种废物流相关数据的辅助材料。

表 4.19 和表 4.20 列出了可行方法（基于保密，案例的工艺流程进行了修改）。

表 4.19　废物分析过程和工艺流程

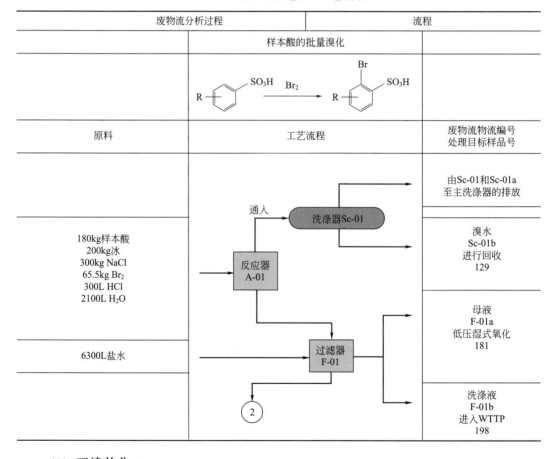

废物流分析过程		流程
	样本酸的批量溴化	
原料	工艺流程	废物流物流编号 处理目标样品号
		由Sc-01和Sc-01a 至主洗涤器的排放
180kg样本酸 200kg冰 300kg NaCl 65.5kg Br₂ 300L HCl 2100L H₂O	通入　洗涤器Sc-01 反应器 A-01	溴水 Sc-01b 进行回收 129
		母液 F-01a 低压湿式氧化 181
6300L盐水	过滤器 F-01	洗涤液 F-01b 进入WTTP 198

（2）环境效益

废水分析包括：

a. 详细解析每股废物流；

b. 决定废物的去向基础；

c. 改进管理策略的关键资料。

表 4.20 工艺废物分析和废水性质

工艺废物分析							废水					
样本酸批量溴化处理												
工艺废物	编号	样品号	含量	可降解COD的消减	硝化作用的毒性	稀释因素①	每批的体积/L	每年批量	每批的含量/kg			
									COD	BOD	AOX	
溴水	Sc01a	129	15kg 溴				1000					
母液	F01a	181	消耗 26kg 原材料、NaCl、HCl、HBr	35%		770	2600	130	35			
洗涤液	F01b	198	产品的损耗	40%		317	6300	130	1.5			

① 混合稀释后废水总排量为 2000m³。

(3) 跨介质效应

无。

(4) 运行资料

无可提供资料。

(5) 适用性

普遍适用。

(6) 经济性

无可提供资料。

(7) 实施驱动力

工艺设计及工艺评审的中心内容也是排放清单的内容。

(8) 参考文献和案例工厂

＊006A，I＊，＊017A，I＊，＊018A，I＊。

4.3.1.2 废水分析

(1) 概述

OFC 工厂产生各种废水。这些废水的基本水质参数（假设相同生产过程的不同批次产生相同废水）的解析是废水分质预处理策略的基础。表 4.21 为某多产品工厂的废水水质数据集的案例。

(2) 环境效应

解析基本水质，确保分质预处理。

(3) 跨介质效应

无。

(4) 运行资料

无可提供资料。

(5) 适用性

普遍适用。

表 4.21　多产品工厂的废水水质案例

废水			
生产批次/d	1	废水量/批次	3100L
1999 年的生产批次	47	1999 年的废水量	145700L
水质参数	浓度	负荷/d	负荷/a
COD	20000mg/L	62.0kg	2.9t
BOD_5	4400mg/L	13.6kg	641kg
TOC	1600mg/L	5.0kg	234kg
AOX	217mg/L	673g	31kg
TN	300mg/L	0.8kg	39kg
TP	无		
重金属 Cr	无		
重金属 Ni	无		
重金属 Cu	无		
重金属 Zn	无		
氯化物	27200mg/L	84.3kg	4.0t
溴化物	103000mg/L	319kg	15t
SO_4^{2-}	无		
pH 值	1.0	$COD/BOD_5 = 4.5$	
毒性	无		
生物去除率	75%（Zahn-Wellens），见附录		
硝化作用的抑制性	对硝化作用无抑制作用		
结论	易降解且不抑制硝化作用；AOX 需预处理		

（6）经济性

测试费用。

（7）实施驱动力

废水管理的基本要求。

（8）参考文献和案例工厂

[84，Meyer，2004]。

4.3.1.3　难降解有机物：Zahn-Wellens 试验

（1）概述

测试目的是通过静态试验评估高浓度微生物（活性污泥）的有机物去除能力。该试验采用经过测试物质驯化的（特别是取自生物 WWTP）活性污泥，从而提高有机物降解能力。测定废水 DOC（或 COD），与空白试验结果对比。DOC（或 COD）的去除反映了微生物的有机物降解能力。试验过程中，若进行氧摄取量监测，则可以区分真实的微生物降解、吸附和曝气吹脱的差异，同时也能得到测试物质的抑制或适应数据。

（2）环境效益

Zahn-Wellens 试验：

① 提供生物去除和生物降解的数据；

② 提供了测试物质在生物处理过程中转化的重要数据；

③ 与 BOD/TOC 值比较，该试验可得到更有用的数据，图 4.23 为对于难降解有机废水，BOD/TOC 值会得出不同的甚至错误的结论；

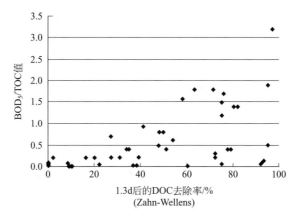

图 4.23　母液 BOD/TOC 值和 Zahn-Wellens 测试值比较

④ 该试验是重要的数据源，决定废水如何处理。

（3）跨介质效应

无。

（4）运行资料

无可提供资料。

（5）适用性

测试物质应具备下列性质：

① 试验条件下可溶于水；

② 试验条件下蒸汽压很微小，可忽略；

③ 试验浓度下对细菌无抑制作用；

④ 试验装置内的吸附量很小；

⑤ 不会随气泡损失。

普遍适用。Zahn-Wellens 试验被普遍采用，是测定废水（母液或清洗液）难降解有机碳（ROC）的常规方法。

固有的生物降解力的测试方法和筛选试验方法（易生物降解）详见表 2.11。

生物降解试验结果的解释必须依据试验条件和持续时间。其中，筛选方法（或 BOD/TOC 值）结果反映易生物降解性，不需进行高级处理。

（6）经济性

无可提供资料。

（7）实施驱动力

工艺设计或工艺评审的核心内容也是排放清单的组成部分。

（8）参考文献和案例工厂

［27，OECD，2003］，　［17，Schönberger，1991］，* 001A，I *，* 014V，I *，*

015D，I，O，B*，* 023A，I* 。

4.3.1.4 溶剂（VOCs）、高危物质和重金属的物料平衡

（1）概述

物料平衡是揭示工厂生产工艺、研发改进策略的基础。完整的物料平衡，物料的输入量应等于输出量。表 4.22 为某化工厂的物料平衡。并非每种状况都存在物料输出（如重金属不能消除）。

表 4.22　某化工厂的物料平衡

输入	输出	
+期初存量 -终期存量 +产生量 +采购量 +原地循环量		重要因素
	大气排放	点源排放
		散逸性排放
		热氧化装置的输出
	水排放	排入 WWTP 的最终出水
		排入 WWTP
		WWTP 的散逸性排放
		WWTP 内降解部分
		进入剩余污泥
		排入地表水体
	耗量	进入产品
		中间体贮存
	原地热破坏	排入热氧化装置
		热氧化装置的输出
	异地热破坏	
	原地非热破坏	其他处理
	异地非热破坏	
	原地循环/回用	
	异地循环/回用	
	原地土地处置	
	异地土地处置	
	未知量	
100%	100%	

（2）环境效益

物料平衡是揭示工厂生产工艺、研发改进策略的基础。

（3）跨介质效应

无可提供资料。

（4）运行资料

无可提供资料。

（5）适用性

普遍适用。

依据 Annex Ⅲ of the VOCs Directive 1999/13/EC［99，D2 comments，2005］，溶剂的物料平衡是溶剂管理方案制定的工具。

（6）经济性

需要增加额外措施（因此费用增加），需要增加职员。

（7）实施驱动力

排污许可的条件，报告要求，物料平衡是改良策略研发的基础。

（8）参考文献和案例工厂

﹡006A，I﹡，﹡017A，I﹡，﹡018A，I﹡，﹡019A，I﹡，﹡020A，I﹡，﹡007I﹡，﹡024A，I﹡。

4.3.1.5 废水 TOC 的物料平衡

（1）概述

废水 TOC 的物料平衡是揭示工厂生产工艺、研发改进策略的基础。图 4.24 为案例工厂﹡015D，I，O，B﹡2000 年的废水 TOC 的物料平衡。构建 TOC 物料平衡的基础是废水水质水量的解析（可参见 4.3.1.1 部分）。

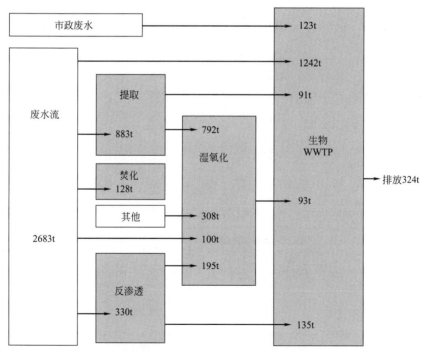

图 4.24 废水 TOC 的物料平衡案例

（2）环境效益

废水的 TOC 的物料平衡是揭示工厂生产工艺、研发改进策略的基础。

（3）跨介质效应

无可提供资料。

(4) 运行资料

无可提供资料。

(5) 适用性

普遍适用。

(6) 经济性

需要增加额外措施（因此费用增加），需要增加职员。

(7) 实施驱动力

排污许可的条件、报告的要求、废水 TOC 的物料平衡是改良策略研发的基础。

(8) 参考文献和案例工厂

＊015D，I，O，B＊。

4.3.1.6 废水 AOX 物料平衡

(1) 概述

废水 AOX 物料平衡是揭示生产厂家卤代化合物的踪迹，确定工艺改进的优先顺序的基础。案例工厂＊009A，B，D＊2003 年的废水 AOX 的物料平衡如图 4.25 所示。建立废水 AOX 的物料平衡的基础是废水水质水量的解析（参见 4.3.1.1 部分）。

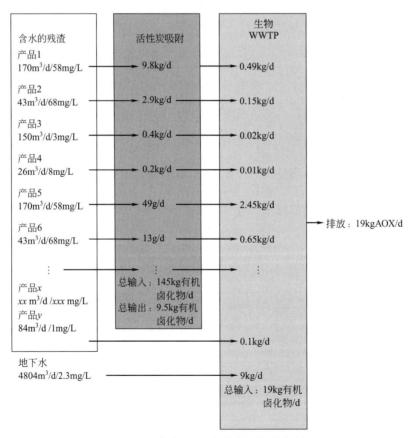

图 4.25　废水 AOX 的物料平衡的案例

(2) 环境效益

废水 AOC 物料平衡是揭示工厂生产工艺、研发改进策略的基础。

(3) 跨介质效应

无可提供资料。

(4) 运行资料

无可提供资料。

(5) 适用性

普遍适用。

(6) 经济性

需要增加额外措施（费用增加），需要增加职员。

(7) 实施驱动力

排污许可的条件，报告的要求，废水 TOC 的物料平衡是改良策略研发的基础。

(8) 参考文献和案例工厂

009A，B，D。

4.3.1.7 废气流量监测

(1) 概述

实施强化回收减排工艺是废气源头减量的有效措施。废气流量的常规监测可提供运营者有用的技术资料。其中包括：

① 根据废气排放峰值状况资料制定生产运行优化方案；

② 有效识别废气泄漏量；

③ 根据废气流量历时变化曲线制定生产优化方案，包括生产计划和生产批次。

所采用的废气流量监测仪应配备旁路，以加强维护，使磨损率最小。

(2) 环境效益

① 为装置的生产运行优化，提供重要技术资料。

② 通过优化方案，强化利用回收减排系统。

(3) 跨介质效应

无可提供资料。

(4) 运行资料

无可提供资料。

(5) 适用性

普遍适用。

(6) 经济性

实施费用低，回收减排产生经济效益。

(7) 实施驱动力

废气排放量下降，回收减排费用减少。

(8) 参考文献和案例工厂

[54，Verfahrens u. Umwelttechnik Kirchner，2004]*059B，I*。

4.3.1.8 废气排放监测

(1) 概述

某 OFC 生产厂采用批式模式生产，排放水平发生明显变化。实际生产状况对排放的影响包括：

① 多个工艺过程的废气通过连接系统排入集中式回收/减排系统，废气排放变化则不明显；

② 每条生产线配置独立的回收减排系统，废气排放变化明显；

③ 生产过程中，废气排放存在主导峰值流量，且未经废气气体收集系统缓冲调节或者直接输送至回收/减排系统，排放变化更加明显。

如果预知废气排放将发生变化，则应通过监测相应的变化过程记录排放历时变化结果，而不再是记录单个样品点的监测数据。

图 4.26 为案例工厂 * 056X * 的总有机碳（TOC）排放历时变化监测结果。该厂的两条批式模式的生产线的废气排入同一回收/减排系统。图 4.26 中，X 轴的每一单位长度代表 30min 内的平均排放值，同时监测报告还提供了废气排放的最大值、最小值和平均值。不仅如此，该排放历时曲线还可与监测相同时段的操作/运行过程进行对照分析。

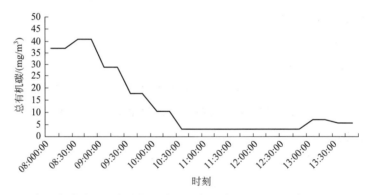

图 4.26　两条生产线共用一套减排系统的总有机碳（TOC）排放历时变化监测结果

如果排放废气中存在具有潜在生态毒性的物质，该物质排放需要进行额外的单独监测。表 4.23 为相应的案例。

表 4.23　单种物质的排放历时监测结果（30min 的平均值）　单位：mg/m³

物质	08:00~14:00											
TOC	37.0	40.4	28.8	18.0	10.8	3.4	3.6	3.6	3.6	3.5	7.0	6.0
环氧丙烷	—	—	<1.1	—	<1.1	—	<1.1	—	<1.1	<1.1	<1.1	—
环氧氯丙烷	—	<1.1	—	<1.1	—	<1.1	—	—	<1.1	<1.1	<1.1	—
苯氯	—	<1.1	—	<1.1	—	<1.1	—	—	<1.1	<1.1	<1.1	—
甲醛	—	<0.03	0.14	<0.03	0.07	0.07	0.18	—	—	—	—	—
HCl	<0.7	1.35	<0.7	<0.7	<0.7	<0.7	—	—	—	—	—	—
NH₃	—	—	—	—	—	—	0.64	0.61	0.25	0.14	0.10	0.07

（2）环境效益

获得具有深度信息的监测数据。

（3）跨介质效应

无可提供资料。

（4）运行资料

无可提供资料。

（5）适用性

普遍适用。

多个工艺过程的废气通过连接系统共用一套废气减排系统的工厂，应安装 VOCs 排放连续监测的系统，如安装火焰离子化检测器（FID）进行废气排放监控。有关"固定源排放性质保证自动测量系统（stationary source emission quality assurance of automatic measuring systems）"，详见 EN 14181 [99，D2 comments，2005]。

（6）经济性

较长的取样时间以及分析/评估将增加费用；持续监测费用更高。

（7）实施驱动力

要求反映实际排放状况。

（8）参考文献和案例工厂

＊056X＊。

4.3.2 单元过程废物

4.3.2.1 *N*-酰化过程的废物

（1）概述

N-酰化过程的废物主要包括（见图 4.27）：

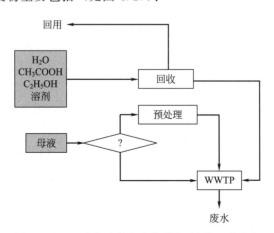

图 4.27 *N*-酰化过程的废物回收/减排工艺流程

① 废气，含乙酸或乙醇类等低分子化合物，也可能含溶剂——二甲苯类；

② 母液，含高负荷低分子化合物，具体取决于特定生产过程、产品和副产品损耗

以及铝。另外，生产过程使用乙酰氯，则母液还含 AOX。

冷凝回收废气中的 VOCs/溶剂（必要时）纯化后，厂内回用或者以商品外售。

于水溶液中进行的反应，所产生的母液含高浓度乙醇烷或乙酸。反应完成后，反应物采用有机溶剂萃取，母液同样含高浓度乙醇烷或乙酸；废水未受难降解的损耗产品或副产品污染，则为易生物降解废水，但可能超出 WWTP 的处理能力（见表 4.24）。

表 4.24　N-酰化过程的废物处理案例

废水		性质
2-萘基胺-8-磺基酸，于水溶液中乙酰化[9,Christ,1999]		
母液	对于每 1000kg 产品： • 1200kg 硫酸铵； • 1000kg COD； • WWTP 处理后，产生 2000kg 污泥	生物 WWTP

如果条件许可，而且产率相当，则采用干式工艺，以乙酸酐进行乙酰化（详见 4.1.4.2 部分）。

（2）环境效益

实施回收，排放减少，效率提高。

（3）跨介质效应

回收/减排技术的影响。

（4）运行资料

无可提供资料。

（5）适用性

普遍适用。

（6）经济性

无可提供资料。

（7）实施驱动力

实施回收，排放减少，效率提高。

（8）参考文献和案例工厂

［9，Christ，1999］。

4.3.2.2　卤代烃烷基化过程的废物

（1）概述

卤代烃烷基化反应产生的废物主要包括：

① 废气，含源于有机原料和副反应的 VOCs；

② 废水，含源于有机原料损失和副反应的高浓度有机物。

在低分子化合物的形成过程中，产生的废水和废气均含有机物。表 4.25 为卤代烃烷基化反应的废物产生及其处理案例。图 4.28 为卤代烃烷基化反应的废物回收/减排工艺流程。

表 4.25   卤代烃烷基化反应的废物产生及其处理案例

废物	性质	回收/减排工艺
氯甲烷甲基化反应[15,Köppke,2000]		
废水	废水量 20~30m³/h COD 20000mg/L BOD₅ 14000mg/L	汽提/生物 WWTP 及热氧化法,可参见 4.3.5.9 部分
废气	2000m³/h 如二甲醚、甲基氯化物	
以氯甲烷和相转移催化剂,生产可可碱[9,Christ,1999]		
纯化 1 的母液		工艺循环利用
纯化 1 的母液	60kg COD/t 产品	生物 WWTP
废催化剂和滤渣	50kg 废物/t 产品	焚烧
在非水溶液中,烷基化生产 APIs[67,UBA,2004]		
NaOH 两级萃取废水	COD 390g/L,150t/a BOD 270g/L 生物降解性 96%	生物 WWTP
H₂SO₄/水两级萃取废水	COD 33g/L BOD 12g/L 生物降解性 96% TN 1.2g/L	生物 WWTP

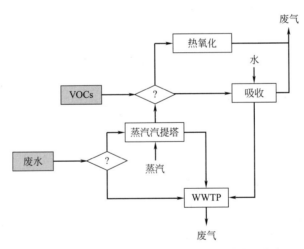

图 4.28   卤代烃烷基化反应的废物回收/减排工艺流程

　　废气：热氧化法处理，或者如果其水溶解度高，则采用洗涤器吸收，吸收废气的废水再排入生物 WWTP 处理。

　　高浓度有机废水通常易生物降解废水，但可能超出 WWTP 的处理能力。另外，蒸汽汽提处理废水，低分子量化合物往往转移至废气，因此需启动热氧化装置处置汽提废气。

(2) 环境效益

实施回收，排放减少，效率提高。

(3) 跨介质效应

回收/减排技术的影响。

(4) 运行资料

无可提供资料。

(5) 适用性

普遍适用。

(6) 经济性

无可提供资料。

(7) 实施驱动力

实施回收，排放减少，效率提高。

(8) 参考文献和案例工厂

详见表4.25。

4.3.2.3　冷凝过程的废物

(1) 概述

冷凝过程的废物主要包括：

① 溶剂或挥发性反应物使用过程中产生的 VOCs 废气；

② 水或有机母液；

③ 萃取和产品洗涤过程中产生的有机废水。

表4.26为冷凝过程的废物处理案例。图4.29为冷凝过程的废物回收/减排工艺流程。

表4.26　冷凝过程的废物处理案例

废物	性质	回收/减排工艺
	植物保健品[62,D1 comments,2004]	
过滤母液 (mother liquor after filtration)	中间体生产量 17700m³/a TOC 2.8g/L,50kg/d,49t/a 生物降解性 73% AOX 300mg/L,5.4t/a	生物 WWTP
	[62,D1 comments,2004]	
提取和产品洗涤所产生的废水	APIs 生产量 10m³/a COD 80g/L,800kg/a BOD 64g/L 生物降解性 47% TN 43g/L	处置（焚烧）

① 废气。热氧化处理，或如果废气的水溶性强，则通过水洗涤器吸收，废气吸收产生的废水排入生物 WWTP 处理。

② 废水。预处理、处置（焚烧）或直接排入生物 WWTP 处理。具体工艺选择主要依据废水的有机负荷和有机物的生物降解性。

③ 有机残渣。蒸馏，原地回用或异地回用。蒸馏残渣焚烧处置。

(2) 环境效益

实施回收，排放减少，效率提高。

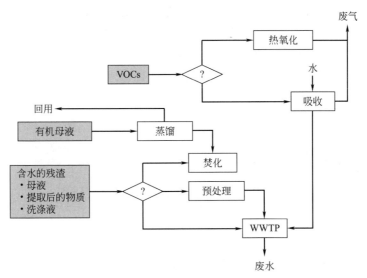

图 4.29 冷凝过程的废物回收/减排工艺流程

(3) 跨介质效应

回收/减排技术的影响。

(4) 运行资料

无可提供资料。

(5) 适用性

普遍适用。

(6) 经济性

无可提供资料。

(7) 实施驱动力

实施回收，排放减少，效率提高。

(8) 参考文献和案例工厂

［6，Ullmann，2001，Winnacker，1982 ♯16］。

4.3.2.4 重氮化和偶氮化过程的废物

(1) 概述

重氮化和偶氮化过程的废物主要包括：

① 重氮化反应的含 HCl 废气；

② 母液，通常含高负荷难降解 COD，可能含（卤代物原料）AOX、（盐析）高盐量、（生产金属络合染料）重金属；

③ 冲洗水，含低负荷难降解 COD，可能含（卤代物原料）AOX、（生产金属络合染料）金属；

④ 压力渗透的渗透液，含低负荷 COD，可能含（卤代物原料）低负荷 AOX、较低含盐量。

图 4.30 为重氮化和偶氮化过程的废水减排工艺流程。表 4.27 为重氮化和偶氮化过

程的耦合产生废物的处理实例。表4.28为涉及重金属的偶氮染料生产的废水排放案例。表4.29为重氮化/偶氮化反应的母液和冲洗废水处理案例。

上述表格提供了污染负荷和Zahn-Wellens测试（生物降解性测试）结果。该生物降解性测试结果稀释到2000m³出水所得到的难降解COD，表示其对排放废水COD的影响。

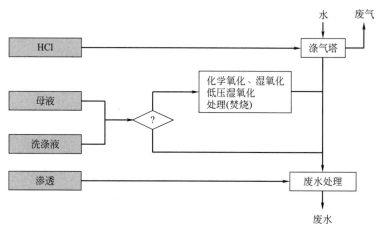

图4.30　重氮化和偶氮化过程的废水减排工艺流程

表4.27　重氮化和偶氮化耦合产生废物处理实例

废物	性质		参考文献
	水溶性偶氮染料		
	废物量		
母液,冲洗废水	废水：　　　　　7t/t　染料 盐负荷　　　　　1.5t/t　染料 COD负荷：　　　50kg/t　染料		[9,Christ,1999]
	母液		
废物	TOC /(mg/L)	BOD/TOC	13d后,DOC①减排量 (Zahn Wellens试验)	参考文献
---	---	---	---	---
重氮染料		0.2	16%	
偶氮分散染料		0.4	35%	
偶氮分散染料	1170	0.9	41%	
偶氮分散染料	1330	0.5	48%	
偶氮分散染料	1970	0.8	49%	
偶氮分散染料	953	0.4	51%	
偶氮分散染料	1170	0.6	54%	[17,Schönberger,1991]
单偶氮硝化染料	10200	0.3	72%	
单偶氮硝化染料	8490	0.2	72%	
单偶氮硝化染料		1.5	75%	
单偶氮硝化染料	1140	1.2	75%	
单偶氮硝化染料	1560	1.7	76%	
毛料染色的偶氮染料		0.5	95%	

① 溶解性有机碳。

表 4.28 涉及重金属的偶氮染料生产的废水排放案例

				稀释到 2000m³[①]
案例工厂 * 015D,I,O,B* ——以醋酸铬为原料,1:2 配位铬偶氮络合染料混合物				
母液 15m³/批次		TOC	47000mg/L	
		COD	76000mg/L	
		BOD/TOC	0.12	
		生物降解性(Zahn-Wellens 试验)	100%	
		NH_4^+-N	56000mg/L	
		铬	32mg/L	0.24mg/L
冲洗废水 12m³/批		TOC	40000mg/L	
		COD	9000mg/L	
		生物降解性(Zahn-Wellens 试验)	100%	
		NH_4^+-N	4000mg/L	
		铬	3mg/L	0.018mg/L
案例工厂 * 015D,I,O,B* ——1:2 配位的铬偶氮络合染料				
母液 20m³/批次		TOC	5000mg/L	
		AOX	410mg/L	
		生物降解性(Zahn-Wellens 试验)	90%	
		铬	47mg/L	0.47mg/L
案例工厂 * 015D,I,O,B* ——以醋酸铬为原料含 Cr 的偶氮染料				
母液 20m³/批次		TOC	40000mg/L	
		生物降解性(Zahn-Wellens 试验)	100%	
		铬	130mg/L	1.30mg/L
		NH_4^+-N	50000mg/L	
冲洗废水 60m³/批次		TOC	2000mg/L	
		生物降解性(Zahn-Wellens 试验)	95%	
		铬	8mg/L	0.24mg/L
		NH_4^+-N	1400mg/L	
案例工厂 * 015D,I,O,B* ——单釜法合成含 Cr 偶氮染料				
母液		铬	165mg/L	
冲洗废水 1		铬	200mg/L	
冲洗废水 2		铬	50mg/L	

① 未经预处理的废水稀释到 2000m³ 的浓度。

表 4.29　重氮化/偶氮化反应的母液和冲洗废水处理案例

[51,UBA,2004]

			处理工艺	降解和稀释到 2000m³后的 COD[①]
案例 1	母液		生物处理	35mg/L
	每批次的体积	10m³		
	COD	70g/L		
	BOD/TOC	0.01		
	生物降解性（Zahn-Wellens 试验）	90%		
	SO₄²⁻	5g/L		
	冲洗废水		生物处理	45mg/L
	每批次的体积	15m³		
	COD	30g/L		
	BOD/TOC	0.02		
	生物降解性（Zahn-Wellens 试验）	80%		
案例 2	母液		高压湿式氧化预处理	63mg/L
	每批次的体积	18m³		
	COD	20g/L		
	生物降解性（Zahn-Wellens 试验）	65%		
	冲洗废水		生物处理	21mg/L
	每批次的体积	16m³		
	COD	13g/L		
	生物降解性（Zahn-Wellens 试验）	80%		
案例 3	母液		高压湿式氧化或焚烧预处理	163mg/L
	每批次的体积	10m³		
	COD	50g/L		
	生物降解性（Zahn-Wellens 试验）	35%		
案例 4	母液		生物处理	106mg/L
	每批次的体积	9.5m³		
	COD	32g/L		
	生物降解性（Zahn-Wellens 试验）	30%		
案例 5	母液		生物处理	6mg/L
	每批次的体积	16m³		
	COD	16g/L		
	生物降解性（Zahn-Wellens 试验）	95%		
	SO₄²⁻	2000kg		

注：母液、冲洗废水的表头说明：SO₄²⁻ 以 SO_4^{2-} 表示。

续表

[51,UBA,2004]

				处理工艺	降解和稀释到 2000m³ 后的 COD[①]
案例 6	母液			高压湿式氧化预处理	92.5mg/L
		每批次的体积	19m³		
		COD	370kg		
		BOD₅	60kg		
		生物降解性(Zahn-Wellens 试验)	50%		
	冲洗废水			生物处理	30mg/L
		COD	110kg		
		BOD₅	20kg		
		生物降解性(Zahn-Wellens 试验)	45%		

① 难降解 COD 值为生物降解试验结果和稀释到 2000m³ 的废水后的计算值。

废气采用水涤气塔吸收处理。

水溶性偶氮染料生产排放的母液和冲洗废水，特别是含残留未反应原材料时，通常含高负荷 COD，生物降解性差。因此，监测反应混合物中是否仍然存在重氮、偶氮组分非常重要。

采用卤化原材料时，往往产生高浓度 AOX。生物的降解性差的母液和冲洗废水先经过预处理，再进行生物处理。预处理工艺包括化学氧化、湿式氧化、低压湿式氧化或焚烧处理等。通常，压力渗透的渗透液少，可与其他废水混合生物处理。

(2) 环境效益

实施回收，排放减少，效率提高。

(3) 跨介质效应

回收/减排技术的影响。

(4) 运行资料

无可提供资料。

(5) 适用性

普遍适用。

活性炭吸附是废水生物的备选预处理方法之一 [99，D2 comments，2005]。

(6) 经济性

无可提供资料。

(7) 实施驱动力

实施回收，排放减少，效率提高。

(8) 参考文献和案例工厂

[9，Christ，1999，17，Schönberger，1991，51，UBA，2004]。

4.3.2.5 卤化过程的废物

(1) 概述

卤化过程的废物主要包括：

① 废气，含卤素、相关氢卤酸和 VOCs/HHC，具体含量取决于反应物和反应工况；

② 废水母液，含由副产品和产品损耗引起的高浓度 COD/AOX；

③ 清洗废水，含由副产品和产品损耗而引起的低浓度 COD/AOX；

④ 有机母液，含溶剂、副产品和产品损耗；

⑤ 蒸馏残渣和无用副产品，含卤代化合物的混合物。

卤化废物的回收/减排工艺流程如图 4.31 所示。

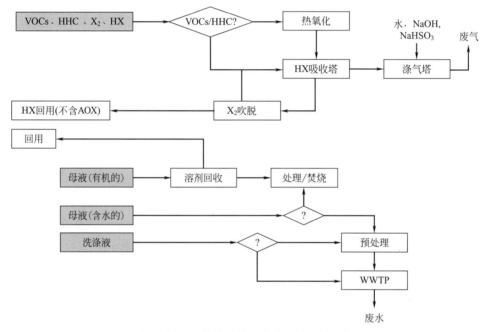

图 4.31　卤化废物的回收/减排工艺流程

　　表 4.30 列出了卤化过程的废物处置案例，X 表示卤族元素。废气含 HX、X_2、N_2 和 VOCs/HHC。涤气塔（鼓泡涤气塔）能有效去除卤素物质（氯去除率达 80%）。该涤气塔装填易卤化物质，优先采用卤化原料及催化剂（参见 4.3.5.5 部分）。在温度为 1100℃ 的条件下，焚烧废气 1~2s 即可去除 HHCs。如果废气中不存在 HHC，氧化装置在较低温度下运行（在温度约 800℃ 的条件下，焚烧时间为 0.75s），以减少 NO_x。然后，焚烧后气体中排入水涤气塔处理，吸收卤化氢。再经过汽提处理，可以得到无 AOX 的高品质氢卤酸（参见 4.3.5.2 部分）。然后，汽提排出的气体经过另一涤气塔处理，脱除剩余的卤素。另外，废气中的有机物可采用高沸点溶剂的涤气塔洗脱。如果废气中不存在需要去除的有机物，则只需涤气处理。

　　① 蒸馏残渣和无用副产品。芳香族化合物中有机氯化物含量超过 1%，则通过焚烧炉焚烧处理，焚烧的温度与时间应充足，才能减少焚烧过程中的多氯代二噁英（PC-DDs）/多氯代二苯并呋喃（PCDFs）的排放。如果氧气过量，卤代化合物则转化为卤化

表 4.30 卤化过程的废物处置案例

废物	性质	回收/减排工艺
侧链氯化[15,Köppke,2000]		
HCl、Cl₂、氯甲苯（和 N₂）	流量 500m³/h HCl 720kg/h Cl₂ 31kg/h 氯甲苯 14kg/h N₂ 45kg/h	热氧化塔 HCl 回收 Cl₂ 去除
蒸馏残渣和无用副产品（生产 100t 对-氯苄基氯、454.7t 对-氯苯甲醛和 141t 对-氯苯甲酰氯）	40.9t（含对-氯苯基二氯甲烷，对-氯、三氯甲苯和聚合物）热值：25000kJ/kg	焚烧
案例工厂 *007I* ——碳酸的溴化同时生产 CH₃Br		
每批次向 HBr 吸收塔排放 HBr、Br₂、N₂、CH₃OH、CH₃Br	流量（最大） 250m³/h HBr 11350kg Br₂ 750kg N₂ 1000kg CH₃OH 350kg CH₃Br 100kg	HBr 回收 涤气塔 （参见 4.3.5.4 部分）
溴酸生产[16,Winnacker and Kuechler,1982]		
母液	每批次： 原材料 180kg 1-氨基蒽醌-2-磺基酸 原材料损耗 26kg	
氯化（和部分氧化）制造中间体 [67,UBA,2004]		
结晶/过滤母液		处置/焚烧
洗涤和产品冲洗废水	流量 400m³/a TOC 105g/L(40kg/d,41t/a) AOX 16g/L(6kg/d) 可降解性 94%	生物 WWTP
氯化生产 4-氯-3 甲酚 [26,GDCh,2003]		
废气		热氧化塔/涤气塔
三氯乙酸/三氯乙酸钠的生产[26,GDCh,2003]		
废气		热氧化塔/涤气塔
对-二氯苯生产[26,GDCh,2003]		
废气		热氧化塔/涤气塔
侧链氯化生产氯化苄[26,GDCh,2003]		
废气		热氧化塔/涤气塔
洗涤废水		生物 WWTP

氢、二氧化碳和水。焚烧炉的烟道气再经水涤气塔处理，去除其中的卤化氢。更多技术资料，详见废物焚烧 BREF ［103，European Commission，2005］。

② 废水母液。含高负荷 COD/AOX，属于有毒或难降解废液，需专门预处理后，排入混合污水厂处理。也可直接焚烧处置。

③ 冲洗废水。根据水质监测结果，确定难降解物质的浓度或废水的毒性，选择合

理的处理工艺，即预处理后再排入生物 WWTP 处理，或直接排入生物 WWTP 处理。

（2）环境效益

实施回收，排放减少，效率提高。

（3）跨介质效应

回收/减排技术的影响。

（4）运行资料

无可提供资料。

（5）适用性

普遍适用。

（6）经济性和实施驱动力

无可提供资料。

（7）参考文献和案例工厂

详见表 4.30。

4.3.2.6　硝化过程的废物

（1）概述

硝化过程的废物主要包括：

① 废气，含氧化副反应的产物 SO_x、NO_x 和 VOCs，其含量取决于温度与混合酸强度；

② 相分离或过滤母液，含大量有机副产物（损耗的产物）和稀释的混合酸；

③ 产品清洗废水，含无用异构体和有机副产物；特别是芳香化合物硝化过程中产生的酚类化合物；

④ 废气，产品与溶剂重结晶过程产生的 VOCs 废气；

⑤ 蒸馏残渣和无用异构体；

⑥ 重结晶二次滤液，含低浓度有机副产物和无用异构体的有机废水。

表 4.31 为案例工厂的硝化废物排放数据。图 4.32 为已应用的硝化过程的废物减排工艺流程。

表 4.31　硝化废物排放数据

废物源	性质	处置工艺
甲苯的一硝基化 *087I*	废酸	再生
	碱性冲洗废水，pH＝10 废水量达 2m³/h，COD 20000mg/L 硝基甲苯的异构体　4750mg/L 硝基甲酚　11200mg/L 不能生物降解 TN　5400mg/L	湿式空气氧化
TNT 生产 *062E*	废酸	再生
	炸药生产"红水"（见 4.2.22 部分） 不对称的硝基甲苯（6%～7%TNT） 不能生物降解	焚烧

续表

废物源	性质		处置工艺
硝化甘油生产 *45E*	NO_x、SO_x		涤气
[15，Köppke，2000]	NO_x、SO_x、VOCs		
	负荷取决于温度和混合酸强度 NO_x 达到 $400g/m^3$		
APIs 中间体生产 （346kg 产品） *025A，I*	母液 1. 水洗 2. 水洗/甲醇	2810L 4500L 2300L	焚烧
硝化纤维的生产 *044E*	NO_x	$10.2g/m^3$	涤气回收，硝酸回用 或出售到化肥工业
H 酸的生产 （磺化、硝化、 碱熔系列过程） [9，Christ，1999]	废气		热氧化
	母液		高压湿式氧化

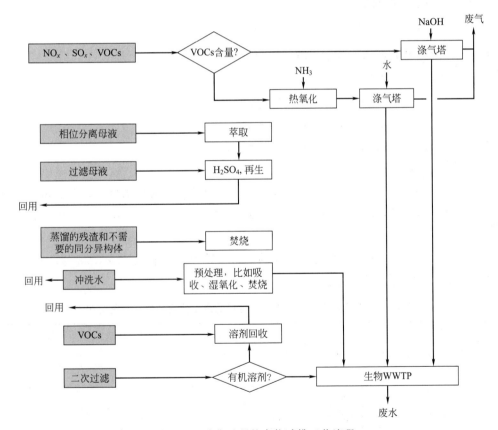

图 4.32 硝化过程的废物减排工艺流程

　　母液为稀硫酸，可以再生（如硝化纤维素硝化后酸洗的废酸中含 40% 硫酸，25% 硝酸，35% 水）。大多数硝化纤维素的溶解度低，但是分了中具有（一个或多个）磺酸基的硝化纤维素衍生物却具有一定水溶性。采用稀氢氧化钠溶液洗涤，脱除其中的硝基苯。洗涤废水则需采用活性炭吸附或离子交换或催化氧化等进行预处理,因为硝化纤维和硝基酚有毒且生物降解性差。重结晶的冲洗废水和过滤液可以回用,替代新鲜水。

(2) 环境效益

实施回收,减少排放,提高效率。

(3) 跨介质效应

回收/减排技术的影响。

(4) 运行资料

无可提供资料。

(5) 适用性

普遍适用。

(6) 经济性

无可提供资料。

(7) 实施驱动力

实施回收,减少排放,提高效率。

(8) 参考文献和案例工厂

[9,Christ,1999,15,Köppke,2000],* 025A,I* ,* 087I* 。

4.3.2.7 硝基芳香化合物还原过程的废物

(1) 概述

硝基化合物的还原过程的废物主要包括:

① 废气,除 VOCs 外还含少量硫化合物;

② 固体残渣,铁还原残渣含铁氧化物和有机化合物;

③ 废催化剂;

④ 废水母液,气体蒸馏、萃取、相分离、盐析或过滤的废水母液,含高浓度 COD 和(或)AOX,具体取决于原料、硫化物或残留催化剂(镍)的溶解度及卤化度;

⑤ 有机母液。

表 4.32 为硝基芳香化合物还原过程的废物性质和处置案例。图 4.33 为硝基芳香化合物还原过程的废物处理工艺流程。

表 4.32　硝基芳香族化合物还原过程的废物性质和处理工艺案例

废物	性质	处理工艺
对硝基甲苯的 H_2 催化还原　[16,Winnacker and Kuechler,1982]		
(生产 1000kg 苯甲胺)		
固体残渣	2kg	
废水	碱饱和废水 0.4m³	
中间体的催化还原* 018A,I*		
母液	过滤母液,1.84kg 镍/批次	沉淀/过滤,生物 WWTP
对硝基甲苯铁还原[16,Winnacker and Kuechler,1982]		
(生产 1000kg 苯甲胺)		

续表

废物	性质	处理工艺
固体残渣	2200kg(2170kg 氧化铁,30kg 有机物)	
废水	碱饱和废水 20m³	
催化还原生产 4-氨基二苯胺[26,GDCh,2003]		
废水		生物 WWTP
废气		热氧化
催化还原生产 2,4-二氯苯胺[26,GDCh,2003]		
废水		活性炭吸附,分离,生物 WWTP
废气		热氧化/涤气
催化还原生产 2,5-二氯苯胺[26,GDCh,2003]		
废水		活性炭吸附,分离,生物 WWTP
废气		热氧化/涤气
催化还原生产 3,4-二氯苯胺[26,GDCh,2003]		
废水		活性炭吸附,分离,生物 WWTP
废气		热氧化/涤气
催化还原生产对氯苯胺[26,GDCh,2003]		
废气		热氧化/涤气
催化还原生产 2,4,5-三氯苯胺[26,GDCh,2003]		
废水		活性炭吸附,分离,生物 WWTP
废气		涤气塔(封闭系统)

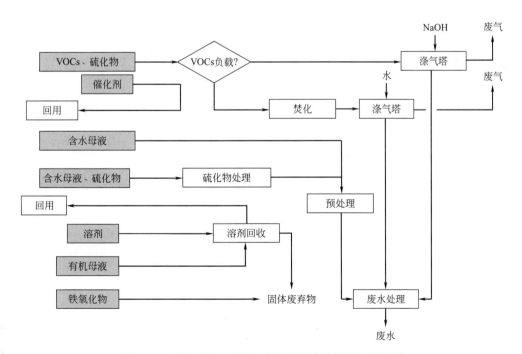

图 4.33　硝基芳香化合物还原过程的废物处置工艺流程

根据 VOCs 负荷，废气处置包括两种可选择工艺，也就是先通过焚烧，焚烧炉的废气再经过水涤气的工艺或涤气工艺。

铁还原会产生大量含有机物的铁氧化物残渣，必须合理处置。催化工艺的设备投资高、产量小（<100t/a），所以铁还原工艺目前仍然在生产中应用，尽管铁氧化物处理增加生产费用。

催化剂回收回用。

废水母液具有高浓度 COD，具体取决于芳香胺水溶解性。如果原料经过卤化，则废水母液含高浓度 AOX。分子中存在—Cl、—NO_2 和—SO_3H 等其他亲水基团的芳香胺，具有高水溶解性。废水母液的生物降解性取决于具体原料/产品。如果废水母液的生物降解性差或具有毒性，必须先经过专门预处理，再排入混合废水生物处理厂处理。如碱性硫化物还原过程排放的母液需要特殊预处理，一般采用金属硫化物沉淀工艺。

（2）环境效益

实施回收，排放减少，效率提高。

（3）跨介质效应

回收/减排技术的影响。

（4）运行资料

无可提供资料。

（5）适用性

普遍适用。

（6）经济性

无可提供资料。

（7）实施驱动力

实施回收，排放减少，效率提高。

（8）参考文献和案例工厂

［16，Winnacker and Kuechler，1982，26，GDCh，2003］。

4.3.2.8　磺化过程的废物

（1）概述

磺化过程的废物主要包括以下几种。

① 废气，含氧化反应的废气含 SO_2，使用发烟硫酸的废气含 SO_3，使用 $SOCl_2$ 的废气含 HCl 和 VOCs。废气组成取决于原料（芳香族化合物、H_2SO_4、发烟硫酸）和温度。

② 石灰化/粉化产生污染石膏和 $CaCO_3$，中和反应产生 Na_2SO_4。

③ 初级产物分离的母液含大量有机副产品（和损失产品）、未转化硫酸。有的还含盐类（盐析或中和反应）。

④ 产品洗涤废水，含较低浓度有机副产品、硫酸和盐类。

⑤ 重结晶的二次滤液，含较低浓度有机副产品、硫酸和盐类。

⑥ 助滤剂：木炭、硅藻土、砂藻土或含有机物杂质。

表 4.33 为磺化过程的废物的排放案例数据。表 4.34 为磺化废水处理案例。表

4.34 提供了污染负荷和 Zahn-Wellens 试验结果，该生物降解性测试结果稀释到 $2000m^3$ 出水所得到的难降解 COD，表示其对排放废水 COD 的影响。

表 4.33　磺化过程的废物排放案例数据 [15，Köppke，2000]

废物	性质	
SO_2、SO_3、HCl、VOCs	负荷取决于原料(芳香化合物、H_2SO_4、发烟硫酸、$SOCl_2$)和温度。如以发烟硫酸为原料，则 SO_3 达到 $35g/m^3 + SO_2$	
石膏、Na_2SO_4、$CaCO_3$	被污染	
母液	COD BOD_5 生物降解性 AOX AOX 的含量取决于原料	>20000mg/L 2500~4000mg/L 30%~60% 达到 200mg/L
冲洗废水	COD BOD_5 生物降解性 AOX AOX 的含量取决于原料	<1000mg/L 40~100mg/L 30%~60% 达到 20mg/L
二次滤液		
过滤助剂	木炭、硅藻土、砂藻土及其类似物	

表 4.34　磺化过程的废水处理案例 [51，UBA，2004]

	母液		生产工艺变更为连续运行模式,酸异地回收	
案例 1	排放量/批次	$23m^3$		
	COD/批次	550kg	处理工艺	降解后,稀释至 $2000m^3$ 的 COD[①]
	AOX/批次	5kg		
	BOD_5/TOC	0.06		
案例 2	母液 1			
	排放量/批次	$60m^3$		979mg/L
	TOC	12g/L		
	可降解性 (Zahn-Wellens 试验)	15%		
			高压湿式氧化预处理	
	母液 2			
	排放量/批次	$6m^3$		128mg/L
	COD	45g/L		
	BOD_5	0.4g/L		
	可降解性	5%		
	SO_4^{2-}	14g/L		

续表

	废酸(母液 1)			
	排放量(质量)/批次	2L		
	H_2SO_4	75%		
	TOC	560kg		
案例 3	母液 2			
	排放量/批次	50m³		
	COD	2.7g/L		
	BOD_5	0.28g/L	生物处理	20.5mg/L
	可降解性	70%		
	AOX	26mg/L		
	SO_4^{2-}	70g/L		
案例 4	母液			
	排放量/d	6m³		
	TOC	3.6g/L	工艺优化后, 萃取和回用	30.8mg/L
		20kg/t		
	可降解性	11%		
	清洁废水			
	排放量	4+9m³		
	TOC	3+6kg	设备清洁废水	
	可降解性	45%		

① 难降解 COD 值：依据生物降解性试验，稀释至 2000m³ 的值。

图 4.34 为磺化过程的废物处理工艺流程。

主要的环境问题为初级产物分离母液。该母液为稀硫酸，具高浓度 COD（芳基硫

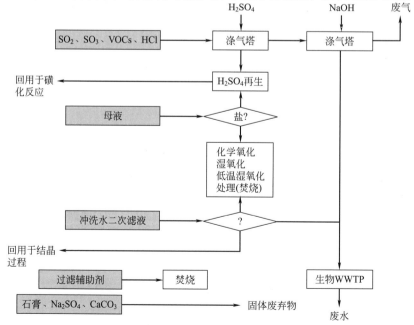

图 4.34　磺化过程的废物处理工艺流程

酸），还可能含高浓度 AOX（卤化原料或添加 $SOCl_2$）。

大多数芳基磺酸的生物降解性差，需要特殊预处置。母液进一步处理取决于产品的分离方法：

① 当不需要中和或加盐时，磺酸盐能从硫酸溶液中沉淀析出，则由此产生的废酸可送至硫酸车间（厂）回用。

② 母液含盐（盐析或中和反应），可以高级湿式氧化法（低压或高压湿式氧化）预处理，提高其后续生物废水处理的效率。

③ 表 4.34 中的案例 3，废水 TOC 含量相对较低，抑制湿式氧化或焚烧的有效运行，因此，只能排入生物废水处理厂处理（生物去除率 70%）。

重结晶冲洗废水和滤液回用于初级结晶，替代新鲜水。

(2) 环境效益

实施回收，减少排放，提高效率。

(3) 跨介质效应

回收/减排技术的影响。

(4) 运行资料

无可提供资料。

(5) 适用性

无可提供资料。

(6) 经济性

无可提供资料。

(7) 实施驱动力

实施回收，减少排放，提高效率。

(8) 参考文献和案例工厂

[16，Winnacker and Kuechler，1982，26，GDCh，2003]。

4.3.2.9 SO_3 磺化过程的废物

(1) 概述

SO_3 磺化过程的废物主要包括：

① 废气，含 SO_2、SO_3 和 VOCs 等，取决于具体情况；

② 母液，含高浓度 H_2SO_4 和 COD（损失产品和副产物）；

③ 冲洗废水，较低负荷 COD（损失产品和副产物）。

图 4.35 为 SO_3 磺化反应废物的处置应用工艺流程。

① 废气。使用卤化溶剂，废气中的 VOCs 则可以通过冷凝器回收，再通过后续热氧化（在温度约 1100℃ 的条件下，处理 1～2s）去除残余的 VOCs，最后处理氧化排放的烟道废气。

VOCs 具有高水溶性，可以水涤气塔吸收代替热氧化处理。

利用含 $NaOH/H_2O_2$ 的活性吸收装置洗脱 SO_x，将其转化为 Na_2SO_4，但总排水的 SO_4^{2-} 浓度会增加。

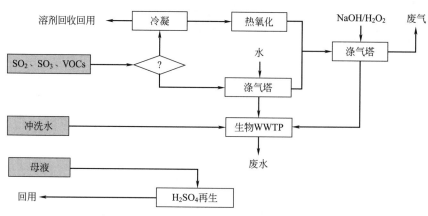

图 4.35 SO₃ 磺化反应废物的处理工艺流程

② 母液。SO₃ 磺化反应的优点为母液含盐量低，SO₃ 磺化反应可在硫酸再生设备中进行。

③ 冲洗废水。排入生物 WWTP 处理。

（2）环境效益

实施回收，减少排放，提高效率。

（3）跨介质效应

回收/减排技术的影响。

（4）运行资料

无可提供资料。

（5）适用性

普遍适用。

（6）经济性

无可提供资料。

（7）实施驱动力

实施回收，减少排放，提高效率。

（8）参考文献和案例工厂

［15，Köppke，2000］。

4.3.2.10 氯磺化过程的废物

（1）概述

氯磺化过程的废物主要包括：

① 废气，主要含盐酸，使用亚硫酰氯时则含 Cl₂ 和 SO₂，或作为稀释剂使用二氯甲烷时含其他 VOCs，具体取决于有机原料；

② 产品过滤或相分离母液，高浓度 COD（产品损耗和副产物）和 AOX（不必要的氯化作用）；

③ 冲洗废水，由于产品损耗和副产品，清洗废水的 COD/AOX 浓度较低；

④ 蒸馏残渣，源自液体产物纯化分离。

表 4.35 为部分氯磺化过程中废物案例数据。图 4.36 为氯磺化过程废物的处置工艺流程。

表 4.35　部分氯磺化过程中废物案例数据[15，Köppke，2000]

废物	性质	
母液	COD	5000～10000mg/L
	BOD$_5$	500～2000mg/L
	可降解性	30%～60%
	AOX	40mg/L

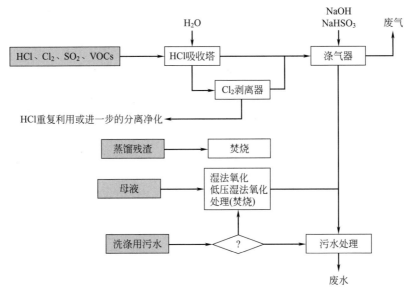

图 4.36　氯磺化过程的废物处置工艺流程

① 废气。HCl 大量产生和回收，但可能含有机物和（或）Cl$_2$（详见 4.3.5.2 部分）。需要进一步分离净化（如 Cl$_2$ 汽提）。但是为了防止其他工艺过程交叉污染，往往限制使用 HCl。废气最终通过活性洗涤塔处理。

② 母液。与高浓度 COD/AOX 混合，可生物降解性差。采用湿式氧化、低压湿式氧化或焚烧等工艺处理。

③ 冲洗废水。难降解物质浓度低，排入生物处理厂处理。

④ 蒸馏残渣。含不同副产物（卤化度较高），焚烧处理。

(2) 环境效益

实施回收，减少排放，提高效率。

(3) 跨介质效应

回收/减排技术的影响。

(4) 运行资料

无可提供资料。

(5) 适用性

普遍适用。

（6）经济性

无可提供资料。

（7）实施驱动力

实施回收，减少排放，提高效率。

（8）参考文献和案例工厂

［15，Köppke，2000］。

4.3.2.11 发酵废物

（1）概述

发酵过程产生各种高浓度废水（参照 2.6 部分）。表 4.36 为 *009A，B，D* 工厂发酵过程生产废水流案例。发酵过程排放的废水均为高浓度易生物降解有机废水，可以通过生物 WWTP 处理。发酵废水生物 WWTP 处理的难题是废水氮负荷高。因此，往往采用分散式厌氧处理，脱除含氮化合物。在案例工厂 *009A，B，D* 中，污水在集中生物处理系统的前端补充设置硝化处理单元。

（2）环境效益

实施回收，减少排放，提高效率。

（3）跨介质效应

回收/减排技术的影响。

（4）运行资料

见表 4.36。

表 4.36　某发酵过程生产废水

编号	废水	后续处理工艺	体积流量	COD		生物可减排量	BOD$_5$		NH$_4^+$-N	NaOH	尿素	PO$_4^{3-}$
		单位	m³/d	g/L	t/d	%	g/L	t/d	t/d	t/d	t/d	t/d
1	丙醇分离过程中的蒸馏残渣	厌氧预处理和后续集中生物处理前曝气处理	362	11	4	96	6	2.3	0.21			
2	层析法再生中的溶液		15	2.3		98		2.5		0.55		
3			11	3.3		99		1.4		0.40		
4	废气的中央净化	建立分散硝化系统	95	23	2.2	98	19	1.8				
5	移除细胞群后的发酵液培养	甲酚(杀虫剂)灭活处理 GMOs 后，甲酚浓度不影响生物处理	26	58	1.7	99	29	0.8	0.17			0.10
6	细胞破碎和离心分离		70		1.1	98		0.8		0.03		0.00
7			64		0.3	96		0.2	0.01			0.00
8	层析后的渗透	蒸发器分离尿素，生物废水处理过程	145	16	2.3	95					4.4	

（5）适用性

普遍适用。

（6）经济性

无可提供资料。

（7）实施驱动力

实施回收，减少排放，提高效率。

（8）参考文献和案例工厂

［91，Serr，2004，99，D2 comments，2005］，*009A，B，D*。

4.3.3 芳香溶剂和低级醇回收

（1）概述

目前，OFC 生产的大部分溶剂为芳香溶剂（如甲苯）和低级醇（如甲醇）。甲苯属于高价值产品，特别适合回收。通常回收包括以下几种。

① 产物于甲苯溶液中。通过填充塔回收纯化甲苯，然后将甲苯/水混合物分离（见图 4.37）。

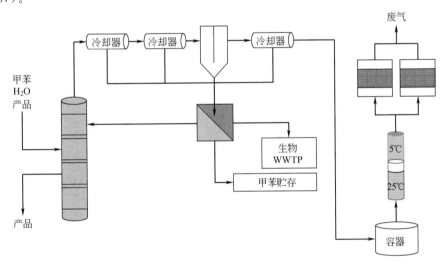

图 4.37 甲苯回收工艺流程

② 产物分离后，得到甲苯/甲醇混合物。甲苯和甲醇为共沸混合物，先通过非不连续蒸馏回收该共沸混合物。然后在回收的混合物中添加水，形成甲苯和甲醇/水两相，从而分离。后者通过连续蒸馏，分离甲醇（见图 4.38）。

③ 废气中回收甲苯（见图 4.39）。

④ 废气中回收甲苯/甲醇混合物（见图 4.40）。

（2）环境效益

① 回收有价值物质。

② 减少污染物的排放。

③ 甲苯排放＜100mg/m^3。

（3）跨介质效应

① 蒸馏、蒸汽制备和冷却的能耗。

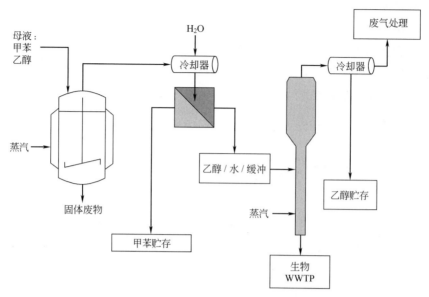

图 4.38 甲苯/甲醇混合物的分离和回收工艺流程

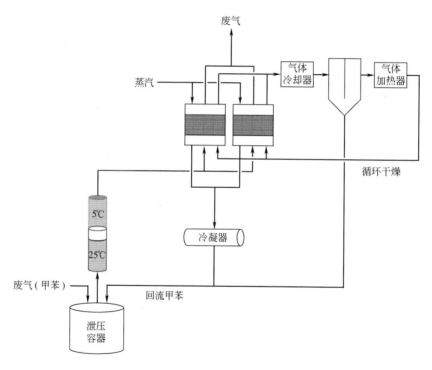

图 4.39 废气甲苯回收工艺流程

② 冷却水消耗, 活性炭循环利用。

(4) 运行资料

5℃ 和 25℃ 冷阱: 甲苯输入约 500g/m³; 甲苯输出约 51g/m³。

(5) 适用性

废气中的物质回收具有普遍适用性, 若大量废溶剂可利用, 则不需原位回收 [99,

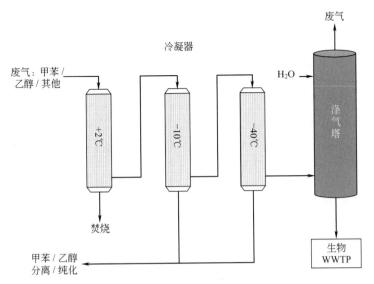

图 4.40　废气甲苯和甲醇混合物回收工艺流程

D2 comments，2005]。当废溶剂具有回用或市场价值时，方可进行分离纯化。纯度要求可能限制溶剂/副产物循环回用，如 APIs 的生产。

（6）经济性

溶剂回收的经济可行性在于：

① 对于已有回收设施需要进行回收成本和市场价格的比较；

② 对于新建回收设施需要计算投资回收期。

（7）实施驱动力

成本效益。

（8）参考文献和案例工厂

[9，Christ，1999]。

4.3.4　溶剂和副产品循环回用

（1）概述

副产品循环回用可降低废物处理负荷及其污染物排放。常见的案例就是前一批蒸馏的溶剂回用于下一批次。

（2）环境效益

降低废物处理负荷，减少污染物排放。

（3）跨介质效应

蒸馏过程的能耗。

（4）运行资料

无可提供资料。

（5）适用性

具有普遍适用性。

纯度要求会限制 APIs 在生产过程中的溶剂或副产品回收和循环利用。

(6) 经济性

处理费用减少，成本效益提高。

(7) 实施驱动力

成本最优化和环境效益。

(8) 参考文献和案例工厂

[62，D1 comments，2004]。

4.3.5　废气处理

4.3.5.1　废气 NO_x 回收

(1) 概述

硝化是炸药生产中最重要的生产单元。废酸的回收对成本控制非常重要。

硝酸的浓缩采用浓度为 $92\%\sim95\%$ 的 H_2SO_4 逆流萃取，脱除硝酸中的水。在萃取塔的塔顶得到浓度为 $98\%\sim99\%$ 的 HNO_3，塔底液则是浓度为 $63\%\sim68\%$ 的 H_2SO_4。然后，塔底液经过燃烧气的汽提浓缩，H_2SO_4 浓度可提高至 93%；或通过真空蒸馏浓缩，浓度提高到 $96\%\sim98\%$。硝酸浓缩也可通过硝酸镁蒸馏。通过加热或注入蒸汽，可以将硫酸与硝酸及硝基化合物分离 [6，Ullmann，2001]。

采用涤气处理，回收反应、料槽、离心分离及缓冲废气中的 NO_x（见图 4.41）。前三个吸收塔采用水涤气，在最后一个吸收塔中加入 H_2O_2，以氧化 NO，即：

$$NO+NO_2+2H_2O_2 \longrightarrow 2HNO_3+H_2O$$

$$2NO_2+H_2O_2 \longrightarrow 2HNO_3$$

该过程显著提高了吸收效率，排放的 NO_x 中主要为 NO_2（$>98\%$）。

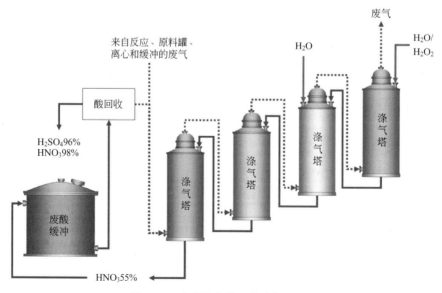

图 4.41　串联涤气塔回收废气 NO_x

（2）环境效益

① 有效回收废气中的 NO_x。

② 减少排放值（见表 4.37）。

表 4.37　废气回收过程中 NO_x 排放

NO_x 排放	
kg/h	mg/m³
0.87～1.69	113～220

（3）跨介质效应

能源和 H_2O_2 的消耗。

（4）运行资料

① 串联涤气塔的体积流量：7700m³/h。

② 洗涤介质：H_2O_2　15％。

（5）适用性

具有普遍适用性。

（6）经济性

成本效益。

（7）实施驱动力

参见已取得的环境效益。

（8）参考文献和案例工厂

＊098E＊，＊099E＊。

4.3.5.2　废气中 HCl 回收

（1）概述

废气中回收 HCl 是指在氯化废气的热氧化处理过程中，产生的烟道气体中含有氯气，后者可通过烟道气水洗回收 HCl。回收采用二级（最终）吸收工艺（见图 4.42）。

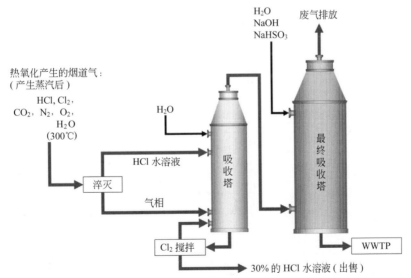

图 4.42　烟道气体中 HCl 回收

（2）环境效益

① 废气 HCl 回收率可达 99.95%。

② 节省中和所需的 NaOH。

③ 热氧化回收的 HCl 纯度，可达到市场销售要求。

④ HCl 回收效益，有利于 VOCs 高降解性热氧化物装置的建设。

⑤ 表 4.38 为所达到的排放值。表 4.39 为终吸收塔废水排放值。

表 4.38　HCl 回收后的废气排放值

参数	单位	排放值[15,Köppke,2000]
有机碳	mg/m³	<3.1~9.0
CO	mg/m³	<5
HCl	mg/m³	<2.4~4.4
Cl_2	mg/m³	<0.1
SO_x	mg/m³	<0.6
NO_x	mg/m³	<0.012
颗粒物	mg/m³	1.2~3.8
二噁英	mg/m³	0.083~0.09

表 4.39　终吸收塔废水排放值

参数	单位	排放值[15,Köppke,2000]
废水排放量	m³/d	111
NaOH	mg/L	422
可滤性物质	mg/L	19
DOC	mg/L	17
COD	mg/L	17
Cl^-	mg/L	18500
SO_4^{2-}	mg/L	11100
NH_4^+-N	mg/L	<0.2
NO_2^--N	mg/L	<0.2
NO_3^--N	mg/L	1.2
TP	mg/L	0.4
AOX	mg/L	<0.5
甲醇	mg/L	<0.3
丙酮	mg/L	<0.1
CCl_4	μg/L	<0.3
邻-二氯苯	μg/L	<2.3
邻-氯甲苯	μg/L	<1.1
对-氯甲苯	μg/L	<1.2
甲苯	μg/L	<1
邻-二甲苯	μg/L	<1.1
对-二甲苯	μg/L	<1.8

(3) 跨介质效应

与传统吸附过程相比，无跨介质效应。

(4) 运行资料

表 4.40 为 HCl 回收系统的物质流。

表 4.40　HCl 回收系统的物质流

淬火输入物	单位	物质流[15,Köppke,2000]
流量	m^3/h	约 3000
O_2		298
N_2		2458
CO_2	kg/h	321
HCl		710
Cl_2		57
H_2O		253

(5) 适用性

适用于所有富 HCl 废气：

① 卤化废气；

② 磺氯化废气；

③ 光气化废气；

④ 酰基氯的酯化废气；

⑤ 其他类似废气。

共沸混合物中 HCl 含量达 20.4%。然而，低浓度 HCl 废气生产浓 HCl 时，需要增大操作压力，降低运行温度或者既要增大操作压力又要降低运行温度，因此运行复杂，费用增加 [62，D1 comments，2004]。

① 案例 1。* 085B*：$SOCl_2$ 酯化废气回收 HCl [68，Anonymous，2004]。

② 案例 2* 069B*：$SOCl_2$ 氯化废气回收 HCl，回收的 HCl 原位回用。

(6) 经济性

① 若废气必须处置，则只需考虑回收 HCl 的销售效益（见表 4.41）。

② 节省中和所需的 NaOH。

表 4.41　HCl 的回收效益

年运行时间/(h/a)	6000
HCl 回收量(30%)/(kg/h)	2279
每千克 HCl(30%)的价格/欧元	0.05(0.1 德国马克)
年回收效益/欧元	699000(1368000 德国马克)

(7) 实施驱动力

回收效益。

(8) 参考文献及案例工厂

[15，Köppke，2000]* 085B*。

4.3.5.3 废气 HCl 的洗涤及其污染物排放

（1）概述

图 4.43 和图 4.44 分别为点源 HCl 排放浓度和排放量（浓度和流量，竖线表示最大和最小值），其中的数据源于表 3.2 和表 3.1。这些数据反映如下特征：

① 采用不同介质（如 H_2O 和 NaOH）单个或多个的涤气塔的排放值；

② 21 篇参考文献中的 13 篇报道，HCl 的排放值不超过 $1mg/m^3$；

③ 化学过程（特别是氯化过程）的排放浓值较高，排放量小。

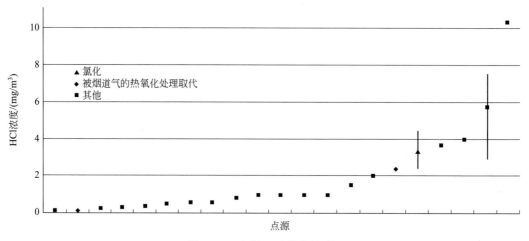

图 4.43　点源 HCl 排放浓度

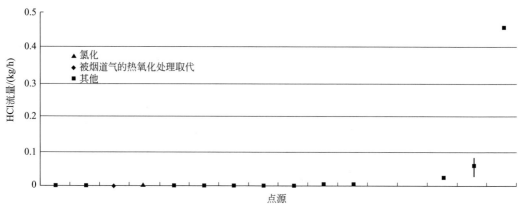

图 4.44　点源 HCl 排放量

（2）环境效益

脱除废气 HCl，降低排放值。

（3）跨介质效应

水和化学药品消耗。

（4）运行资料

无可提供资料。

（5）适用性

普遍适用。涤气塔属标准设备。

(6) 经济性

无可提供资料。

(7) 实施驱动力

HCl 排放值降低。

(8) 参考文献和案例工厂

所有的案例工厂均应用涤气塔。

4.3.5.4 废气溴和溴化氢回收

(1) 概述

溴化过程的废气含有溴（Br_2）和溴化氢（HBr）。这些废气排入大气前，需经涤气处理。此外，其他的操作也会产生富溴气体排放，如溴贮存及日用槽的装填及减压排放操作。后者为通过干燥压缩空气的适量加压排放。在工艺建筑内的溴化装置区域，需安装整体和局部抽气排风设备，将可能泄漏的溴及其化合物的废气抽入涤气塔净化后，排入大气。

溴化装置区域通过涤气塔串联系统，有效回收/去除溴化装置排气口和抽气排风设备所排放废气中的 HBr、Br_2、痕量挥发性溴化物及其他有机物。图 4.45 为 *007I* 案例工厂的 HBr 和 Br_2 回收/去除的涤气净化工艺流程。

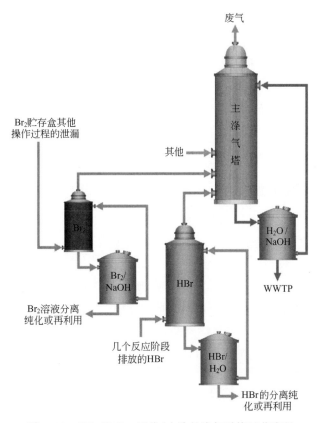

图 4.45　HBr 和 Br_2 回收/去除的涤气系统工艺流程

该厂结合在用和备用水池的总容积，溴化氢溶液的回收浓度达到 46%（质量分数，以 HBr 计），确保单釜批式最小量生产过程中产生的所有溴化氢被全部吸收。

（2）环境效益

通过有用物质的回收利用/市场销售，替代常规的大气或水体排放。

表 4.42 为 *0071* 案例工厂的 HBr/Br$_2$ 回收/去除系统排放状况。

表 4.42　HBr/Br$_2$ 回收/去除系统排放状况

007I 案例工厂	净化后的排放值　（2002 年的年均值）	
物质 ＼ 单位	mg/m^3	kg/h
Br$_2$	1.6	0.007
HBr	低于监测限	
有机溴化物	20.0	0.1

（3）跨介质效应

与传统的吸收相比，没有跨介质效应。

（4）运行资料

排入涤气塔的废气量，详见表 4.30。

（5）适用性

① 适用于所有富 HBr 废气处理（案例中，废气浓度为 11350kg HBr/批次和 750kg Br2/批次）。

② 涤气塔中回收的 HBr 中可能含其他有机物，回用或销售前需进一步净化。

（6）经济性

① 需处理的废气：通过回用或者销售获取效益。

② 节约了中和所需的 NaOH。

（7）实施驱动力

成本效益。

（8）参考文献和案例工厂

［75，Trenbirth，2003］，*007I*。

4.3.5.5　废气回收过量氯

（1）概述

氯化过程废气氯吸收是通过在紫外线照射条件下与有机原料反应实现的（见图 4.46）。被部分氯化的有机原料贮存用于下批次反应，或者供应连续生产过程。

（2）环境效益

① 高浓度废气中约 80% 的氯吸收回用。

② 省略后续处理工艺。

（3）跨介质效应

无可提供资料。

（4）运行资料

无可提供资料。

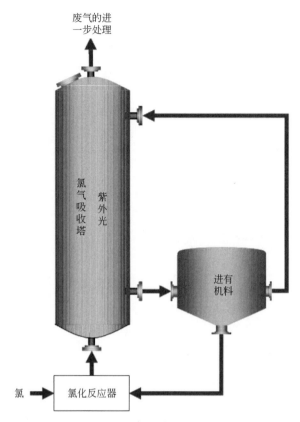

图 4.46 过量氯吸收处理工艺流程

(5)适用性

适用于脂肪族化合物的卤化。

(6)经济性

无可提供资料。

(7)实施驱动力

氯回收利用,省略后续处理工艺。

(8)参考文献和案例工厂

[15,Köppke,2000]。

4.3.5.6 反应釜和蒸馏塔 VOCs 冷凝处理

(1)概述

采用高浓度废气间接冷却,冷凝处理反应釜和蒸馏过程排放的 VOCs,然后气液分离。根据实际情况(如蒸馏塔的回流过程或规定温度曲线),冷凝物随即反馈至工艺或贮存回用。图 4.47 为反应釜 VOCs 的两级冷凝工艺流程。冷却级数和运行温度取决于所采用的溶剂。

(2)环境效益

① VOCs 源头负荷减排和再生,然后与其他废气混合。

② 性能:70%~95%(具体案例而定)。

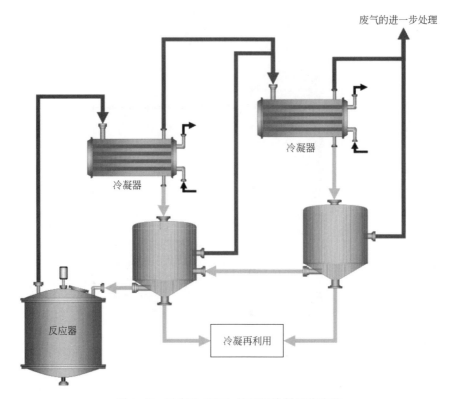

图 4.47　反应釜 VOCs 的两级冷凝工艺流程

③ 减少下游的减排负荷。

（3）跨介质效应

污染物从废气转移至液相。

（4）运行资料

① 通常间接冷却以冰或不同盐水（brine）或油为介质。

② 运行（required）温度设定如下。

以甲苯或异丁醇类为溶剂，大部分低于−50℃ ［15，Köppke，2000］。

甲苯两步冷凝：a. 冷水为 5℃；b. 盐水为−25℃ ［68，Anonymous，2004］。

甲苯：a. 25℃；b. 5℃后续活性炭吸附 ［9，Christ，1999］。

（5）适用性

适用于所有常用溶剂。

地理位置或废气湿度大等因素导致出现高潮湿的环境。该工艺，特别是低温冷凝工艺应用受限 ［62，D1 comments，2004］，［99，D2 comments，2005］。

（6）经济性

① 通常投资费用低。

② 通常运行费用低。

但是，根据要求采用的溶剂挥发性和冷却介质，投资或运行费用也可能很高。

（7）实施驱动力

温度调整，减少下游的减排能力和 ELVs（VOCs Directive）。

(8) 参考文献和案例工厂

[15，Köppke，2000]，＊002A＊，＊003F＊，＊006A，I＊，＊017A，I＊，＊018A，I＊，＊019A，I＊，＊020A，I＊，＊022F＊，＊023A，I＊，037A，I。

4.3.5.7　VOCs热氧化和废液联合焚烧

(1) 概述

有机化学品的多产品生产要求灵活制定处理过程和保障废物流的安全可控性。废气减排系统必须处理含有 N、Cl、Br 或 S 的烃类化合物，并且废气负荷会发生频繁变化。一个可行的解决途径是结合废气的热氧化与废液的焚烧处理。热氧化/焚烧可处理：

① 高浓度 VOCs 废气；

② 高浓度有机废液；

③ 低热值废气；

④ 天然气的辅助燃料。

上述废气可以同时处置。针对所需处置的卤化物设定适宜的焚烧温度和停留时间。具有异味的低 VOCs 废气，如废水处理厂原位排放的废气，可作为焚烧空气。图 4.48 为废气和废液热处理模型装置总体布局 [34，Schwarting，2001]，其具体内容如下：

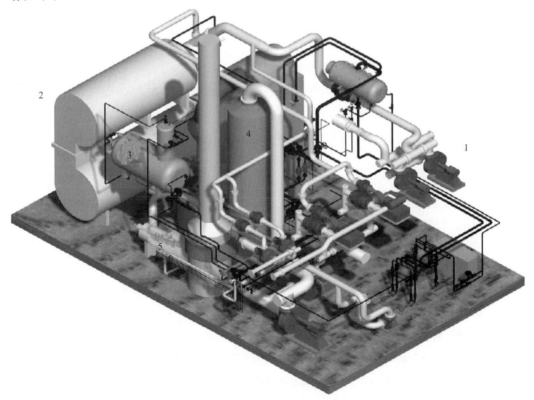

图 4.48　废气和废液热处理模型装置总体布局

1—废气收集系统；2—焚烧单元；3—NH₃（DeNOₓ）贮存槽；

4—酸性气体和卤素脱除系统；5—烟羽抑制系统

① 废气收集系统包括震动风扇、静电滤波器和动态障碍器。

② 焚烧单元具备 $DeNO_x$ 功能，余热锅炉可制备蒸汽。

③ NH_3（$DeNO_x$）贮存槽，涤气介质（NaOH，$Na_2S_2O_3$）。

④ 酸性气体和卤素脱除系统。

⑤ 烟羽抑制系统。

（2）环境效益

① VOCs 降解效率高达 99.99%。表 4.43 为废气热处理的可达排放值。

表 4.43　废气热处理的可达排放值

指标	单位	标准限值[34,Schwarting,2001]	取样测试值*019A,I*	
			含氮溶剂	二噁英
TOC	mg/m³	<1	0.6	0.8
CO	mg/m³	<1	17	19
HCl/Cl₂	mg/m³	<5	0.37	0.51
HBr/Br₂	mg/m³	<5		
SOₓ	mg/m³	<20	0.08	0.09
NOₓ	mg/m³	<80	25	26
NH₃	mg/m³		0.71	0.77
脱硝效率	%	最高 97	96.08	
二噁英	ng/m³	<0.05		<0.001

② 对于高热值废气的处置，可以降低能源初始消耗。

③ 处理不可回收废液和不适合生物处理的低热值废水。

④ 无排放峰值。

更多资料，见表 3.1，表 3.2 和 4.3.5.18 及 4.3.5.19 部分相关内容。

（3）跨介质效应

① 没有有机物迁移到废水。

② 欲处置热值低，则耗能较高。

③ 考虑 TDS 值和焚烧固体残渣。

废液的联合焚烧处理：

a. 减少生物 WWTP 的有毒或难降解物质的负荷；

b. 原位处置，不需危险废物运输；

c. 取代初级能量。

（4）运行资料

① 废液约 500kg/h。

② 脱硝装置：950～1000℃（SNCR）或 SCR。

（5）适用性

实践证实，热氧化是 VOCs 和危险废气污染物处置的有效方法，处置效率最高，适用于所有 VOCs 源，包括工艺通风口、贮存罐、材料转运操作、处理、贮藏和处置设备。表 4.44 为废气热处理约束条件。

表 4.44 废气热处理约束条件

参数	约束条件
废气量	$90\sim86000m^3/h$
温度	$750\sim1200℃$
废气的 VOCs 浓度	<25% LEL
焚烧停留时间	$0.5\sim2s$
参考文献	[31,European Commission,2003]

注：LEL 表示下限。

根据具体情况，可选择下列其他处理方法：

① 两级焚烧器处理氧气浓度低且含氮化合物的废气 [99，D2 comments，2005]；

② 颗粒物去除，如湿式静电除尘器（WESP），*020A，I*；

③ HCl 或 HBr 回收（见 4.3.5.3 和 4.3.5.4 部分相关内容）；

④ 配置惰性头且自动连接氧化炉处置系统，爆炸下限（LEL）可达 50%。

案例工厂 *093A，I* 的废气处置装置：

① 对污染物的变化不敏感；

② 辅助燃料消耗量低，自热值高于 $2g/m^3$ 有机碳；

③ 运行成本低。

(6) 局限性

基于安全或处理设备功能潜在负面影响，热氧化处理装置不能处置加氢过程的排气口废气、高浓度硅烷废气、环氧乙烷灭菌废气等废气 [99，D2 comments，2005]。

(7) 经济性

经济性平衡取决于具体案例。表 4.45 列举了废气热处理的费用与效益概述。废液焚烧（不可回收溶剂）和同时产生工艺蒸汽（取代初级能量）的处置投资回报期短 [34，Schwarting，2001]。HCl 或 HBr，若先燃烧再回收，则不会被有机化合物污染，可直接市场销售。

表 4.45 废气热处理的费用与效益概述

类别	费用	经济效益
投资	投资费用	
运行	辅助燃料	蒸汽制备
		处理费用节约
		废水处理费
		HX 回收

废溶剂用于焚烧炉焚烧处理，避免运输至废物处理场处置，减少不必要的天然气消耗。其中，天然气仅仅用于使焚烧炉温度升至规定温度。根据超过 VOCs 浓度对应的爆炸下限值（LEL）确定废液的燃烧容量。具体依据表 4.46 计算 [62，D1 comments，2004]。

在＊038F＊案例工厂中，焚烧炉设计焚烧规模为300kg废液/h（燃烧系数＝40MJ/kg），天然气节省量为400m³/a。年焚烧2500t废液，天然气节省量达3300000m³/a，天然气价格以0.134欧元/m³计，总计节省440000欧元。废溶剂焚烧操作费用较低，从而确保投资回收。此外，废溶剂原位焚烧，所制备的蒸汽达工厂总需量的50％。

表4.46　废溶剂焚烧替代天然气的费用

废液焚烧处置规模	60L/h
废液燃烧系数	45MJ/kg
焚烧废液的密度	0.8kg/L
天然气燃烧系数	31MJ/m³
天然气价格	0.134欧元/m³
天然气节省量	69m³/h
废溶剂焚烧的经济效益	9.25欧元/h

注：天然气价格以统计值计算，统计数据为2004年前3个月的价格，使用量达$2.5×10^7 m^3/a$，使用时间不少于8000h/a。

（8）实施驱动力

法规要求，投资回报。

（9）参考文献及案例工厂

＊019A，I＊，＊037A，I＊，＊039F＊［34，Schwarting，2001］，［62，D1 comments，2004］。

4.3.5.8　卤化废溶剂的共焚烧处置

（1）概述

卤化废溶剂和生产工艺废气的共焚烧处置，需足够温度、焚烧停留时间及燃烧室中的湍流度，确保实现二噁英/呋喃的低排放。为此，通常焚烧温度≥1100℃、焚烧时间≥2s。此外，焚烧温度曲线的控制（防止污染物再生）和后续烟气处理效果也直接影响焚烧的排放值。表4.47为＊008A，I＊案例工厂的不同焚烧温度和焚烧停留时间对PCDD/PCDF、PCB和PAH排放影响评估。在较低温度和焚烧停留时间条件下，焚烧的污染物排放没有明显增加。据此，焚烧炉的运行参数为：焚烧温度≥850℃、焚烧时间≥1s。

（2）环境效益

① 辅助燃料消耗减少。

② 维修费减少，磨损率下降。

（3）跨介质效应

无可提供资料。

（4）运行资料

见表4.47。

表 4.47 不同焚烧温度和焚烧停留时间对 PCDD/PCDF、PCB 和 PAH 排放影响评估

案例工厂：* 008A,I*		
烟道气处理	· 淬火（30m³/h H₂O） · 涤气（pH7～8.30m³/h） · SCR（280℃）	
废溶剂输入	· 500kg/h · 异丙醇、甲醇和二氯甲烷的混合物 · 密度 0.81～0.85kg/L · H₂O 质量分数 1%～13% · Cl⁻ 质量分数 4.2%～5.6%	
温度控制	±50℃	
	试验 1	试验 2
采样时间	3×6h	3×6h
焚烧温度	≥1200℃	≥850℃
焚烧时间	≥2s	≥1s
流量（干气）	6500m³/h	9600m³/h
天然气耗量	46～61m³/h	75～79m³/h
PCDD/PCDF(I-TEQ)①	0.0019ng/m³	0.0008ng/m³
PCB（总量）①	0.006μg/m³	0.007μg/m³
PAH（总量）①	0.078μg/m³	0.023μg/m³
结论	需要考虑每种分析方法的精度和检测限。在给定的试验条件下，PCDD/PCDF、PCB 和 PAH 排放值的检测结果没有明显差异	

① 排放值用 m³（标）干气表示，相对于 11%（体积分数）O₂。

（5）适用性

有必要对具体个案评估。

（6）经济性

辅助燃料消耗、维修费减少，磨损率下降。

（7）实施驱动力

辅助燃料消耗、维修费减少，磨损率下降。

（8）参考文献和案例工厂

* 008A，I*。

4.3.5.9 甲醇汽提和热氧化

（1）概述

通常，甲醇购置费用低。废水中甲醇与其他有机污染物形成共沸物。因此，从经济角度而言，废水（如烷基化废水）中甲醇回收净化回用不具可行性。然而，高浓度甲醇废水虽然易于生物降解，但其排入往往超出现有 WWTP 的处理能力。高浓度甲醇废水处理的替代技术是废水蒸气汽提，分离甲醇和其他小分子化合物，然后采用热氧化工艺，与其他废气共处理。采用汽提塔的热能，可自动运行热氧化塔。图 4.49 为废水甲醇汽提-热氧化处理工艺流程，表 4.48 为其运行参数。

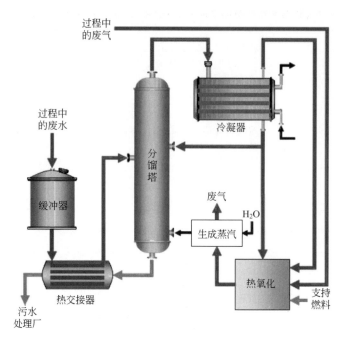

图 4.49　废水甲醇汽提-热氧化处理工艺流程

（2）环境效益

① 废水和废气的有效减排。

② 自动热氧化塔运行效率高。

③ 热氧化塔还可处理其他废气。

（3）跨介质效应

① 部分污染物从废水迁移到废气。

② 启动和停机需要基本燃料。

③ 蒸汽注入会增加废水量。

（4）运行资料

废水中甲醇汽提-热氧化工艺运行参数见表 4.48。

表 4.48　废水甲醇汽提-热氧化工艺运行参数

参考文献		［15，Köppke，2000］
汽提塔进水	流量	20m³/h
	COD	约 20000mg/L
	BOD₅	约 14000mg/L
热氧化塔的工艺废气输入量		2000m³/h
WWTP 进水	COD	3500mg/L
蒸汽耗量		3t/h（75%产生于热氧化塔）

（5）适用性

普遍适用于可汽提处理的高浓度有机废水。

(6) 经济性

废水甲醇汽提-热氧化工艺运行费用见表 4.49。

表 4.49　废水甲醇汽提-热氧化工艺运行费用

参考文献 [15,Köppke,2000]		年运行费用(2000 年)	工况
运行费用	汽提和热氧化	1760000 欧元(3450000 德国马克)	汽提塔 COD:20000mg/L WWTP COD:3500mg/L 冷凝液:10%～30% H_2O
运行费用包括能量、人员费和投资费用			

① 进水 COD<14500mg/L 时，利于直接生物 WWTP 处理。

② 低浓度废水（COD<3500mg/L），采用汽提处理工艺，费用较高。

③ 当浓缩液的含水量大于 30% 时，应采用非自热氧化工艺，需要基本燃料。

④ 当浓缩液含水量<10% 时，能耗高不能采用热氧化工艺。

(7) 实施驱动力

经济高效的减排技术和 ELVs。

(8) 参考文献和案例工厂

[15，Köppke，2000]，*020A，I*。

4.3.5.10　VOCs 控制减排策略

(1) 概述

现有装置通过下列组合措施可以降低总 VOCs 排放，排放量小于溶剂输入量的 5%。

① 逐级落实扩散性或散逸性排放的综合防控，使减排量降至最小。

② 应用诸如热氧化、催化氧化或者活性炭吸附等高水平回收或减排技术。

③ 对于较小规模的企业的点源排放，通过采用专用设备和一种或两种不同溶剂，实施专门的回收或减排技术。

(2) 环境效益

VOCs 排放防控。

(3) 跨介质效应

无可提供资料。

(4) 运行资料

无可提供资料。

(5) 适用性

具有普遍适用性。

(6) 经济性

减排技术应用和设备变更，增加费用。

(7) 实施驱动力

维护标准和 ELVs。

(8) 参考文献及案例工厂

＊017A，I＊，＊018A，I＊，＊019A，I＊，＊020A，I＊，＊023A，I＊，＊027A，I＊，＊028A，I＊，＊029A，I＊，＊030A，I＊，＊031A，I＊，＊032A，I＊。

4.3.5.11 乙炔回收减排

(1) 概述

大量高挥发性（有害）化合物（如乙炔）的工艺废物处理具有挑战性。对于给定案例，乙炔既为反应物，也存在于不同工段的排放废气中，后者还含有生产 $Li-C\equiv C-H$ 的副产物乙烯和 NH_3（溶剂之一）。

工艺优化前，乙炔的物料平衡如下：

- 反应消耗 30％；
- 乙烯的损失 20％；
- 乙炔的损失 50％。

根据图 4.50 所示的乙炔回收减排工艺流程，工艺优化后，乙炔的大部分损失可回收循环利用。液氨用于吸收废气中的乙炔。所吸收的乙炔先解吸，再循环回用于反应链。剩余 NH_3 于另工段经水吸收，残余的有机物（主要是乙烯）则以能源现场利用，制备蒸汽。精馏处理所获得的 NH_3/H_2O 混合物（NH_3 约 15％）回用于生产工艺。最终的废水则排入生物 WWTP 处理。

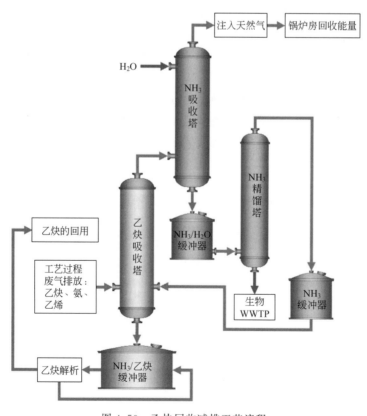

图 4.50　乙炔回收减排工艺流程

在上述回收系统中，大部分操作温度低于 NH_3 沸点（$-33℃$）。因此，需配置相应的极低温冷却系统，其中的冷却介质与反应溶剂相同（该案例为 NH_3）。冷却介质和反应物相同，所以冷却过程不仅没有含氯氟烃化物，而且冷却的氨与反应的氨即使偶然混合，也不会导致生产事故。由于存在压力差，在运行中即使出现氨泄漏，所泄漏的氨只能由冷却液流向反应液。另外，氨气的刺激性气味可以显示其是否泄漏，因此冷却剂泄漏的实际损失量很小。

制冷系统由多台压缩机和一套膨胀机制冷系统组成。冷冻机械布局紧凑，压缩热氨可以作为热源利用。例如，乙炔解吸塔利用冷冻机的废热分离溶解性乙炔。冷却塔仅需去除过量的热量，所以整个制冷过程可以实现冷却水的需要量最小化。

（2）环境效益

① 氨消耗量减少（-75%）。

② 乙炔消耗量减少（-50%）。

（3）跨介质效应

① 回收系统耗能。

② NH_3 精馏产生废水。

（4）运行资料

无可提供资料。

（5）适用性

每个案例需进行单独评估。

本案例与既有"直通型"工艺相比，新工艺虽然较复杂，但是无论从生态还是经济方面都具优势。每道工序之间实现了优化协调，从而整套新设施的运行达到了最优化。这种最优化不仅适合不同生产阶段的完全相同的批式生产装置，而且适合锅炉车间的能源利用。由此，需要加强相应的装置操作人员的技能培训和素质教育，以提高其对技术优化的认识和理解。

燃烧含乙炔和乙烯的高能废气制备蒸汽的技术理念肯定具有吸引力。然而，在该理念的工艺化应用之前，需要解决一些重要的安全问题。本案例中，需特别关注乙炔的安全问题。因为乙炔在空气中的爆炸限浓度很宽〔可燃烧底限浓度为 2.3%（体积分数），可燃烧高限浓度为 82%（体积分数）〕。另外，乙炔即使在无氧气条件下，只要压力适度提高，便自分解产生大量的热量、压力急剧升高。大量研究证实：天然气稀释乙炔可以抑制后者的自分解，即使乙炔和天然气的混合气体在点燃的条件下，乙炔也不会发生自分解作用。本案例中，锅炉以天然气为燃料。废气的燃烧利用应用此研究结果：生产装置排出的含乙炔废气，先经过吸收塔处理后，注入天然气将废气稀释到 40%，然后将混合后气体加压至锅炉燃烧所需的压力。此外，通过火焰消除装置系统将生产装置与燃烧装置隔离。

（6）经济性

乙炔回收产生经济效益。

（7）实施驱动力

效率提高、成本降低和环境效益。

（8）参考文献和案例工厂

［9，Christ，1999］，＊014V，I＊。

4.3.5.12　1,2-二氯乙烷催化氧化

（1）概述

＊069B＊案例工厂的批式/连续工艺以 1,2-二氯乙烷为反应物和溶剂。在反应釜、液-液相分离，特别是蒸馏过程中产生的废气含有 1,2-二氯乙烷。后者以专用危险术语 R45 分类：可能致癌。

因此，选择催化氧化作为高级处理技术，使 1,2-二氯乙烷的排放降低至低限。图 4.51 为 ＊069B＊ 案例工厂含 1,2-二氯乙烷的废气催化氧化处理工艺流程。催化氧化装置置于生产车间楼顶，启动后自动热运行。车间的运行系统包括催化氧化装置，无需增加运行人员。

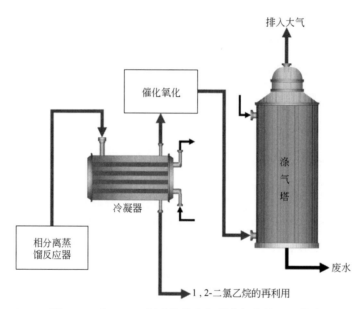

图 4.51　含 1,2-二氯乙烷的废气催化氧化处理工艺流程

（2）环境效益

表 4.50 为 ＊069B＊ 案例工厂的 1,2-二氯乙烷排放水平。

表 4.50　1,2-二氯乙烷排放水平

污染物	排放水平	
单位	mg/m³	g/h
1,2-二氯乙烷	不确定	

（3）跨介质效应

无可提供资料。

（4）运行资料

① 流量：约 400m³/h。

② 达到运行温度后，自动热运行。

(5) 适用性

广泛适用。其他案例如下所示。

① ＊042A，I＊：催化氧化。

② ＊043A，I＊：氯乙烯的催化氧化（R45：可能致癌）。

③ ＊043A，I＊：硫醇的催化氧化。

④ ＊055A，I＊：催化氧化（生产车间 1，自热）。

⑤ ＊055A，I＊：催化氧化（生产车间 2，自热）。

(6) 经济性

总投资（＊069B＊，2004 年）：1500000 欧元。

(7) 实施驱动力

危险污染物。

(8) 参考文献和案例工厂

[91，Serr，2004]，＊069B＊，＊042A，I＊，＊043A，I＊，＊055A，I＊。

4.3.5.13　VOCs 浓缩-催化氧化组合处理技术

(1) 概述

大流量（体积）、浓度低或波动大的 VOCs 废气处理应采用先浓缩 VOCs，再催化氧化（或冷凝）处理工艺。

图 4.52 为该技术工艺流程：废气输入吸附塔（连续旋转蜂窝状结构或串联填充床），后者可以截留温度为 10～120℃的 VOCs。在运行过程中，任何时间吸附器塔中的吸附剂的填充量保持 80%～95%，其余 5%～20%的吸附剂则通过热空气加热处理，解析脱附已吸附的化合物，从而得到高浓度 VOCs 废气。后者在催化剂作用下，氧化分解 VOCs（或者冷凝回收高浓度 VOCs）。空气通过催化剂时，由于 VOCs 的氧化而

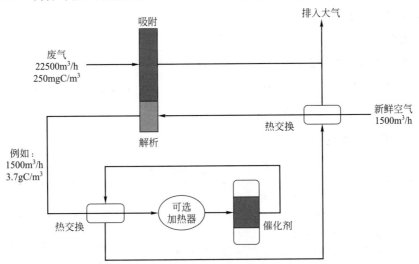

图 4.52　VOCs 的浓缩和催化氧化组合处理工艺流程

被加热；这些热量通过热交换回收，应用于加热废气。

很多实际装置往往将催化剂耦合到吸附塔内（负载催化）。这样，VOCs 一旦被吸收，可被快速氧化。

（2）环境效益

① 有效去除废气中的 VOCs。

② 能耗低（是热氧化、再生热氧化或催化氧化的 $1/31 \sim 1/6$）。通常可在无辅助燃料条件下连续运行。

③ 夜间或周末，不需预热或备用热源。

④ 压力损失小，通风设备能耗较低。

（3）跨介质效应

无可提供资料。

（4）运行资料

① VOCs 浓度：$10 \sim 1000 mg/m^3$。

② 废气温度：可达 120℃。

③ 温度高达 500℃，吸附剂不燃、热稳定。

④ 压力损失小。

⑤ 设备所需空间小。

（5）适用性

吸附塔能自动平衡排入废气的浓度峰值，可有效处理 VOCs 浓度波动大的废气。可处理甲苯、二甲苯、甲基异丁酮、甲基乙基酮、苯乙烯和乙二醇等多种溶剂，其浓度为 $10 \sim 1000 mg/m^3$。气体温度达到 120℃时，吸附塔可正常运行。

（6）经济性

① 热量需求小，运行成本低。

② 减排设备强化利用，布局优化，占地较少。

（7）实施驱动力

参考经济性。

（8）参考文献和案例工厂

［95，Up-To-Date Umwelttechnik AG，2005，96，Up-To-Date Umwelttechnik AG，2005］，* 104X*，* 105X*。

4.3.5.14　废气非热处理

废气非热处理的几种方式

处理方式	冷凝	低温冷凝	湿法洗涤	吸附	生物过滤
概述	温度降至露点以下，去除废气中的溶剂蒸汽（VOCs）	温度降至露点以下，去除废气中的溶剂蒸汽（VOCs）	可溶性气体和溶剂相互接触，产生传质（吸收）	可吸附气体与固体表面之间的传质	滤池中的微生物降解

续表

处理方式	冷凝	低温冷凝	湿法洗涤	吸附	生物过滤
环境效益	(1)物质回收; (2)下游的减排量减少	(1)物质回收; (2)VOCs 去除率可达 99%(具体案例存在差异)	(1)根据污染物性质,进行物质回收; (2)无机化合物及高水溶性 VOCs(如乙醇)的去除率可达 99%; (3)可达排放值:HCl < 1mg/m³、氯化磷 2～5mg/m³[62,D1 comments,2004]	VOCs 去除率可达 95%,取决于具体化合物的吸收性质	去除效果取决于具体 VOCs 的生物降解性
操作参数	冷凝温度: (1)以冰降温至 2℃; (2)以不同盐溶液降温至−60℃	冷凝温度:以冷冻(液氮)降温至−120℃	常规洗涤介质: (1)水; (2)酸; (3)碱; (4)非极性 VOCs,采用聚乙二醇(PEG)	通常两台吸附床交换运行,蒸汽离线再生,配置穿透监测	
跨介质效应	能耗	(1)能耗高 (2)得到的溶剂需回收/处置	随水的洗涤,污染物由气相转移至废水	(1)蒸汽再生,污染物转移至废水,需增加后者的处理/处置; (2)活性炭需处置,才能循环利用	
适用性	冰或盐水型冷凝器属标准设备,直接连接 VOCs 源。通常反馈至排放源下游需额外处理	小规模处理(<1000m³/h) 受气体含水量限制	优势:可广泛应用于无机化合物处置;PEG 适合于处置非极性 VOCs 缺点:极性 VOCs,应用受限;不能用于处置非极性或卤化的 VOCs	优势:可应用于处置单组分的干燥空气 缺点:多用途(湿度、较高相对分子质量的化合物)应用受限	(1)异味控制; (2)易降解有机物控制
经济性	(1)投资成本低; (2)运行费用低				
驱动力	(1)物质回收; (2)省略下游减排处理	物质回收,废气终处理	物质回收,废气终处理	物质回收,废气终处理	物质回收,废气终处理
参考文献	[31,European Commission,2003,36,Moretti,2002],[63,Short,2004],*020A,I*				

4.3.5.15 VOCs 的非热等离子体诱导和催化氧化处理

(1) 概述

该技术包括两步。首先,在激发室中通过几千伏的强电交变磁场激发污染物分子。理论上,激发态气体分子需要几千摄氏度温度加热,但气体实际温度却无显著变化(即所谓"低温等离子体")。然后气体通过与催化剂接触,激发态分子被完全氧化。以上两步，均在室温或废气实际温度下完成。

（2）环境效益

① 去除废气 VOCs。

② 无外加或去除热能，能效高。

③ 有效除异味。

（3）跨介质效应

无可提供资料。

（4）运行资料

① 处理规模（流量）：每小时 20 立方米至几十万立方米。

② 运行温度：室温或气体实际温度。

③ 能耗：欲处理废气的激发过程为 $0.5 \sim 3kW \cdot h/m^3$，准确值取决于污染物及其浓度。

（5）适用性

主要适用于异味和烟气减排、空气供应净化、杀菌。溶剂的去除率可达 $100mg/m^3$。该技术对污染物浓度及组分变化不敏感。

案例 *015D，I，0，B*：生物 WWTP 通风设备异味削减。

（6）经济性

① 平均浓度低的废气处理，经济上具有优势。

② 维护费用低。

③ 能耗小，运行费用低。

（7）实施驱动力

参考经济性。

（8）参考文献和案例工厂

015D，I，0，B，[97，Up-To-Date Umwelttechnik AG，2005]，[98，Up-To-Date UmwelttechnikAG，2005]。

4.3.5.16 排放物浓度峰值最小化

（1）概述

批式工艺的特征是废气污染物浓度及流量变化明显。对物质回收或污染物减排装置的运行构成挑战，污染物排放浓度往往出现异常峰值。峰值浓度的潜在环境影响较大。

图 4.53 为吸附过滤器消除排放峰值浓度的工艺流程。

（2）环境效益

污染物排放峰值浓度最小化。

（3）跨介质效应

无可提供资料。

（4）运行资料

055A，I 工厂资料：

① Zeocat PZ-2400：1200kg。

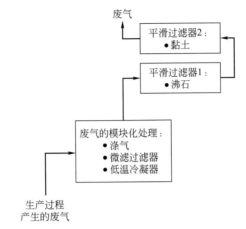

图 4.53 吸附过滤器消除排放峰值浓度的工艺流程

② 氧化铝黏土：960kg。

③ 温度范围：-30～200 ℃。

(5) 适用性

广泛适用于平均和峰值浓度比例的优化。

(6) 经济性

无可提供资料。

(7) 实施驱动力

① 排放峰值浓度的环境影响最小化。

② 与浓度限值的匹配，安全因素 [99，D2 comments，2005]。

(8) 参考文献和案例工厂

[91，Serr，2004]，*055A，I*。

4.3.5.17 废气处理设备模块化管理

(1) 概述

多产品生产企业仅采用一套污染物减排系统，其污染物往往不理想，例如湿法涤气塔净化不同非极性 VOCs 时净化效果较差，辅助燃料的比例高时热氧化装置运行的能效低。最主要原因在于多产品生产企业的废气非连续排放无规律，其流量、污染物组成、浓度和负荷不断变化。

废气处理装置模块化能较好地适应、反映多产品生产企业的运行模式，包括系统的连续优化和基本参数，管理系统可以确保生产和减排之间的高度协同。其基本回收或减排工具箱包括：

① 使用水或其他介质（如 NaOH、H_2SO_4、$NaHSO_3$）的合适洗涤的净化塔；

② 可在适当温度下运行的冷凝塔；

③ 适合于整体布局的活性炭吸附塔。

回收/减排运行优化还包括均衡回收或减排装置的废物输入，消除流量或负荷峰值累积，挖掘回收/减排装置的能力。

主要组成包括：

① 影响运行及时序的排放物的识别与分析；

② 污染物排放流量及负荷源头减排；

③ 其他相关操作的剩余污染物减排；

④ 污染物物理化学性质（饱和浓度、吸附特性等）；

⑤ 制定可行的"排放限值"（见表 4.51）；

表 4.51　用于管理和选择回收/减排技术的排放值

参数	单位	质量流量	备注
TOC	kg/h	<0.25	
甲醇		<0.25	
乙醇		<0.25	
2-丙醛		<0.25	
乙酸		<0.25	
乙酸乙酯		<0.25	
甲苯		<0.25	
1,1,1-三氯乙烷		<0.25	
1,1-二氯乙烷		<0.25	
四氯乙烯		<0.050	
二氯甲烷		<0.050	
NO_x，如 NO_2		<0.5	
SO_x，如 SO_2		<0.1	
HCl		<0.01	
NH_3		<0.01	
颗粒物		<0.1	
Cl_2	g/h	<5	
H_2S		<1	
HBr		<1	
HCN		<1	
苯		<1.25	
1,2-二氯乙烷		<1.25	
三氯乙烯		<1.25	
溴乙烷		<1.25	致癌性物质
丙烯腈		<0.75	
环氧乙烷		<0.75	
苯并芘		<0.075	
Ni 及其化合物		<0.75	
As 及其化合物（不包括 AsH_3）		<0.075	
Cd 及其化合物		<0.075	
AsH_3		<1.25	

续表

参数	单位	质量流量	备注
氰化物（易溶）		<2.5	
Cu 的化合物		<2.5	
Pb 的化合物	g/h	<1.25	颗粒物
Ni 的化合物		<1.25	
Hg 的化合物		<0.125	
Tl 的化合物		<0.125	

⑥ 选择污染物减排单个或组合模块，后者包括不同运行工况；

⑦ 根据可能的生产情况优化运行过程。

污染物减排模块选择的基本规则包括：

① 无机化合物的湿式涤气净化；

② 极性有机化合物处理（包括湿式涤气净化）方法；

③ 所有小于 50 m³/h 的废气，至少有一套冷凝处理装置；

④ VOCs 排放量（质量）超过表 4.51 列举的值，则需增加活性炭吸附处理。

连续优化系统需定期监测。

（2）环境效益

生产企业在每种工况条件下运行时，模块化回收或减排装置都可有效解决废物逐日排放的污染问题。许多实际案例建立模块化回收或减排装置，减少了热氧化处理所需的费用与能耗。

建立模块化设备还可有效实施生产工艺耦合的综合措施，实现污染物的源头减排。

① 增强污染物的减排能力，促进生产工艺耦合的综合措施的实施。

② 避免低效、独立的减排措施。

表 4.51 为用于管理和选择回收/减排技术的排放值，是 100%运行的"排放限值"。运行经验表明：

① 平均排放值为运行"排放限值"的 40%左右；

② 最大排放量峰值高达运行"排放限值水平"的 200%。

（3）跨介质效应

① 独立减排系统的跨介质效应。

② 与指定的排放限值水平相比，排放量较高。

（4）运行资料

表 4.51 给出的流量（质量）值为主要关键参数值，兼顾了排放源和选择的减排模块。

（5）适用性

模块化减排装置适用于多目的（或多产品）生产厂，VOCs 负荷和流量（体积）尚未达到需要高效热氧化或催化氧化的水平。

高挥发性化合物（如丁烷、乙烯）的峰值排放必须在短时段内处置，模块化减排装置存在困难。

（6）经济性

单独减排技术除成本之外，需计算安装和维护费用。

意外失误产生的费用，如自动化装置 [99，D2 comments，2005]。

（7）实施驱动力

排放限值，省却热氧化和催化氧化。

（8）参考文献和案例工厂

[54，Verfahrens u. Umwelttechnik Kirchner，2004] * 059B，I* 。

4.3.5.18 VOCs 处理及排放值的选择

（1）概述

多目的生产厂的关键在于如何选择 VOCs 处理技术。工艺冷凝塔之外，废气 VOCs 的回收/减排常用"工具箱"包括：

① 湿式涤气（通常以水洗涤）；

② 低温冷凝；

③ 活性炭吸附；

④ 催化氧化；

⑤ 热氧化/焚烧。

处理装置的尺寸增加（相应地，复杂装置需要更高的灵活度）及其实际可达的排放值是增加处理技术复杂性的关键。解决这一问题的措施包括缩小湿式涤气塔或者活性炭吸附的流量（体积），提高处理能力，和/或降低冷凝温度。表 4.52 为湿式涤气塔（后来被热氧化装置替换）的 VOCs 排放状况案例。

表 4.52　湿式涤气塔的 VOCs 排放状况案例（被热氧化装置替换）

涤气塔编号	浓度/(mgC/m³)	体积流量/(m³/h)	质量流量/(kgC/h)
涤气塔 a	38～53	5000	0.2～0.3
涤气塔 b	37～177	5300	0.2～1
涤气塔 c	100	10000	1
涤气塔 d	124～228	5400	0.7～1.2

含高挥发性物质或有毒物质，如乙炔（见 4.3.5.11 部分）或 1,2-二氯乙烷（见 4.3.5.12 部分）的废气，需用更加先进的技术处理。

图 4.54 和图 4.55 分别为 OFC 点源排放的 TOC 浓度和质量流量（引自表 3.1、表 3.2）。多目的生产厂排放废气的 TOC 低，但并非代表排放量小（见表 4.53）。在实际生产中，废气的体积流量变化很大。因此，排放值单位只能以 kg/h [浓缩×流量（体积）] 表示。例如：

① 湿式涤气塔　50～38000m³/h；

② 热氧化装置或焚烧炉　400～45000m³/h。

这表明，如果还需处理额外（体积）的废气，则存在"稀释"效应。例如：

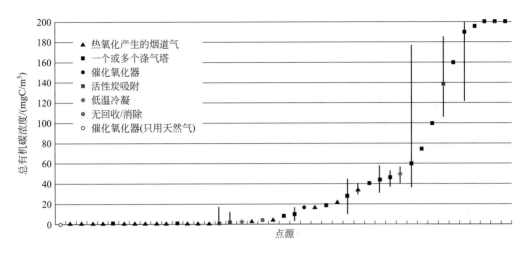

图 4.54　OFC 点源的 TOC 排放浓度

注：所谓"点源"是指已报道的排放数据组，既可能为同一装置也可能为某装置同一排放节点在不同工况条件下的排放数据。TO/I 是指热氧化器或者焚烧器。浓度高于 200mg/m³ 时仅显示为 200mg/m³；垂直线段为最大值和最小值范围；图中的数据源自表 3.1。

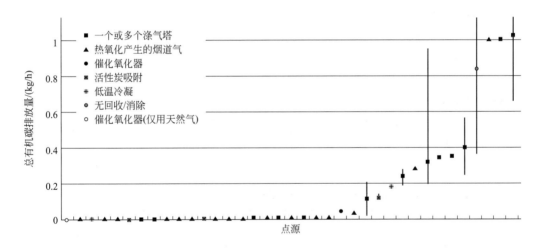

图 4.55　OFC 点源的 TOC 排放量（质量）

注：所谓"点源"是指已报道的排放数据组，既可能为同一装置也可能是某装置同一排放节点在不同工况条件下的排放数据。TO/I 是指热氧化器或者焚烧器。垂直线段为最大值和最小值范围；图中的数据源自表 3.2。

表 4.53　点源的 TOC 排放浓度和流量

处理	浓度/(mgC/m³)	体积流量/(m³/h)	质量流量/(kgC/h)
湿式涤气塔 1	279	57	0.016
湿式涤气塔 2	9	38000	0.34
热氧化剂 1	0.8	20000	0.016
热氧化剂 2	35	8600	0.3

① 在厂房通风设备与主湿式涤气塔的连接处；

② 废气与空气混合后，在氧化罐中燃烧（需要氧气），特别必须将爆炸风险（低于LEL）最小化。

（2）环境效益

见技术和排放值选择概述。

（3）跨介质效应

已应用的回收/减排技术的跨介质效应包括：

① 湿式涤气净化产生废水；

② 活性炭吸附脱附排放废水或废弃碳需处置；

③ 低温冷凝的冷凝过程耗能；

④ 催化氧化或热氧化需辅助燃料。

因此，导致处理技术复杂的工序往往增加跨介质效应。在下列条件下，催化氧化/热氧化的跨介质效应较小：

① 废溶剂替代辅助燃料；

② 可以自热运行；

③ 能量回收制备蒸汽。

（4）运行资料

独立处理技术的运行资料。

（5）适用性

普遍适用性。

（6）经济性

常用的"工具箱"的技术广泛应用于OFC行业。导致技术复杂（且成本更高）的工序往往增加装置规模。表 4.54 列举了去除每吨 VOCs 的费用估算 [60，SICOS，2003]。以 N_2 填充惰性气体网，低温冷凝费用则显著下降 [99，D2 comments，2005]。

表 4.54　去除每吨 VOCs 的费用估算 [60，SICOS，2003]

成本	用途	去除每吨 VOCs 的费用/欧元
投资费用	生产设备	38000
	气体收集设备	1400～12000
	酸性气体热氧化处理	6000
	低温冷凝	1600～29000
	废液热氧化和联合焚烧	500
运行费用	酸性气体热氧化和处理	600
	低温冷凝	300～1600
	废液热氧化和联合焚烧	100
	计量	400
年总花费	生产设备	5500
	气体收集设备	200～1800
	酸性气体热氧化处理	1500
	低温冷凝	600～5800
	废液热氧化和联合焚烧	200

(7) 实施驱动力

OFC 企业，回收/减排技术的选择十分关键。

(8) 参考文献和案例工厂

如表 3.1、表 3.2 所列 [60, SIC0S, 2003]。

4.3.5.19 NO$_x$ 的回收、减排和排放值

(1) 概述

OFC 生产装置 NO$_x$ 废气源主要来自于：

① 化学过程，如各种硝化反应；

② 废气（含氮有机物，如乙腈或空气中 N$_2$ 热氧化）热氧化/焚烧。

硝化反应（如炸药生产）密集的工厂，废酸回收以 NO$_x$ 为主要排放源。化学过程排放的 NO$_x$ 废气也含有 VOCs。这些废气可以通过配置 DeNO$_x$ 的热氧化塔或焚烧装置处理（原位处理），或采用两步焚烧的氧化装置处理 [99, D2 comments, 2005]。

根据换算系数 1ppm＝1.88mg/m^3（即在 101.3kPa 和 298K 条件下，NO$_2$ 为理想气体），将常用浓度单位 ppm（mL/m^3）换算成质量浓度单位 mg/m^3。通常，若 NO$_x$ 排放浓度＜200ppm（370mg/m^3），则为无色 [6, Ullmann, 2001]。图 4.56 和图 4.57 分别为点源排放的 NO$_x$ 的浓度和排放量。

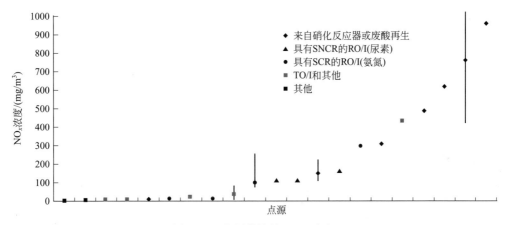

图 4.56 点源排放的 NO$_x$ 浓度

1）热氧化塔/焚烧装置的 NO$_x$ 排放。热氧化烟道气的 NO$_x$ 浓度主要取决于焚烧温度和含氮化合物的投加量。例如，在 *019A,I* 案例工厂，在 1150℃条件下，NO$_x$ 浓度约为 650mg/m^3，采用 SCR 系统处置，NO$_x$ 去除率为 96％左右。热氧化塔/焚烧装置的 NO$_x$ 排放如表 4.55 所列。

表 4.55 热氧化塔/焚烧装置的 NO$_x$ 排放

案例工厂	浓度[①] /(mg/m^3)	质量流量[①] /(kg/h)	体积流量[①] /(m^3/h)	温度 /℃	DeNO$_x$
010A,B,D,I,X	38	0.018	473	830	
059B,I	13	0.045	3160		
019A,I(1)	25(CO:17)	0.5	20000	1150	SCR(NH$_3$)

续表

案例工厂	浓度[1] /(mg/m³)	质量流量[1] /(kg/h)	体积流量[1] /(m³/h)	温度 /℃	DeNO$_x$
019A,I(2)	26	0.52	20000	1150	SCR(NH₃)
107I,X	100	0.1~0.3	1200		SCR(NH₃)
037A,I	126	1.01	8015	1100	SNCR(尿素)
020A,I	124(CO:2.5)	1.53	12338	1150	SNCR(尿素)
106A,I(2)	430	1.72	4000	980	无
001A,I(2)	164	2.21	13475		SNCR(尿素)
114A,I	300	13.4	45000	900~1000	无

[1] 浓度以 NO₂ 计，相对于干燥气体和 11%（体积分数）O₂、以 m³（标）干气表示。

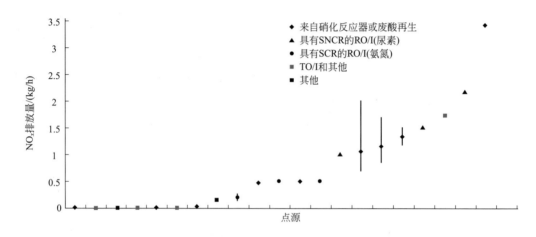

图 4.57　点源排放的 NO$_x$ 量（质量）

注："点源"是指已报道的排放数据组，既可能为同一装置也可能为某装置同一排放节点在不同工况条件下的排放数据。TO/I 是指热氧化器或者焚烧器。垂直线段为最大值和最小值范围；图中的数据源自表 3.2。

　　如果焚烧温度较高或者废气中存在含氮化合物，则应以 NH₃ 或尿素为还原物，采用选择性氧化还原（SCR）或非选择性氧化还原（SNCR）装置进行废气处置，减少 NO$_x$ 排放。NH₃ 或尿素投加量依据废气连续排入计算。在氮氧化物脱除装置（DeNO$_x$）前安装 1 台 NO$_x$ 分析仪，测量废气的进气指标，而其他分析仪器则安装于装置的出口。PLC 对比两个测定值，投加相应的尿素。图 4.58 为 * 020A，I * 案例工厂，NO$_x$ 设定值于 50~150mg/m³ 间变化时对 SNCR 的影响。表 4.56 为相应的尿素消耗关系。

表 4.56　NO$_x$ 设定值与 SNCR 的尿素消耗关系

年份	尿素添加量	NO$_x$ 设定值	备注
2000 年	20t	50mg/m³	
2001 年	17.9t		
2002 年	17t	150mg/m³	
2003 年	18t		现场乙腈用量增加

尿素价格：约 170 欧元/t(2003 年)

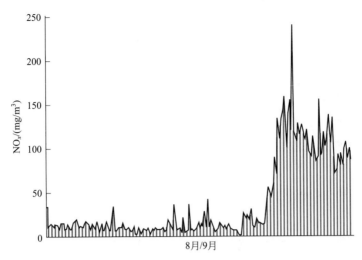

图 4.58 NO$_x$ 设定值变化对 SNCR 的影响 （＊020A，I＊案例工厂）

2）化学反应的 NO$_x$：硝化和废酸回收。据已报道材料，NO$_x$ 最大排放源为乙醇的硝化（如硝化纤维，NC 或硝化甘醇，NG）和废硫酸/废硝酸的回收。表 4.57 为硝化和废酸回收的 NO$_x$ 排放数据。特别是以浓 HNO$_3$ 氧化有机物时，其副反应的 NO$_x$ 排放量很高 [99，D2 comments，2005]。

表 4.57　硝化和废酸回收的 NO$_x$ 排放数据

案例工厂	NO$_x$ 排放值[①]		排放量(体积)	回收系统	主要产物	酸回收
	kg/h	mg/m^3	m^3/h			
062E	0.069	480	145	无	NG	
026E	1.2～1.5	达 4000			NC	
044E	3.38	615	5500	6×H$_2$O	NC	
063E	0.7～2.0	425～1098	1650～1820	4×H$_2$O	NC	
098E	0.87～1.69	113～220	7700	3×H$_2$O 1×H$_2$O$_2$	NC	2300kg/h

① 浓度以 NO$_2$ 计，相对于干燥气体，以 m^3（标）干气为单位。

以串联吸收器回收 HNO$_3$，吸收效率取决于吸收压力、串联级数和温度。其中，各级间气体温度是整个氧化过程的限制性参数 [6，Ullmann，2001]。因此，往往最后的吸收级（段）采用 H$_2$O$_2$ 的湿式涤气处理，使废气的处理效率最大化（见 4.3.5.1部分）。

（2）环境效益

NO$_x$ 排放减少，回收效率高。

（3）跨介质效应

水、能量和化学品消耗。

（4）操作资料

无可提供资料。

（5）适用性

普遍适用。

（6）经济性

无可提供资料。

（7）实施驱动力

排放减少，回收效率高。

（8）参考文献和案例工厂

见表 4.57 中的案例工厂。

4.3.5.20 废气 NH_3 涤气净化及其排放值

（1）概述

图 4.59 和图 4.60 分别为点源 NH_3 排放浓度和排放量（质量）（竖线代表最大值和最小值）。数据源于表 3.1 和表 3.2。这些数据特征如下：

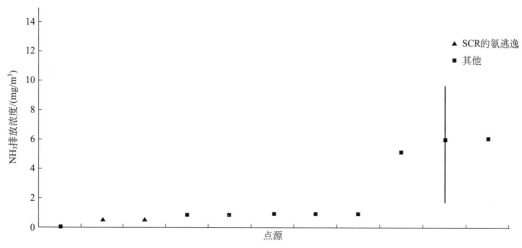

图 4.59　点源 NH_3 排放浓度

① 不同洗涤介质（如 H_2O 和酸）的一台或多台涤气塔的排放；

② NH_3 所有排放浓度$<10mg/m^3$；

③ NH_3 所有排放量（质量）$<0.11kg/h$。

（2）环境效益

废气中 NH_3 脱除，排放降低。

（3）跨介质效应

水和化学品消耗。

（4）运行资料

无可提供资料。

（5）适用性

普遍适用。涤气塔属标准设备。

（6）经济性

无。

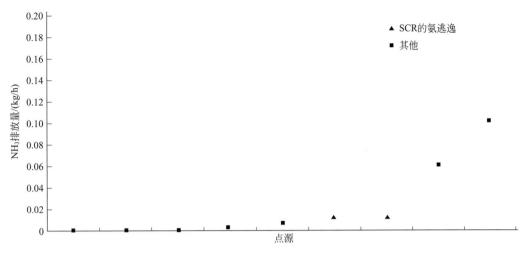

图 4.60　点源 NH_3 排放量（质量）

注：所谓"点源"是指已报道的排放数据组，既可能为同一装置也可能为某装置同一排放节点在不同工况条件下的排放数据。垂直线段为最大值和最小值范围。

（7）实施驱动力

NH_3 排放值。

（8）参考文献和案例工厂

所有案例工厂均采用湿式涤气净化。

4.3.5.21　废气 SO_x 涤气净化及其排放值

（1）概述

图 4.61 和图 4.62 分别为点源 SO_x 排放浓度和排放量（质量）。数据来源于表 3.1和表 3.2。这些数据特征如下：

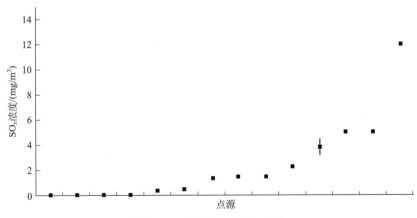

图 4.61　点源 SO_x 排放浓度

① 来自于不同洗涤介质（如 H_2O 和 NaOH）的一台或多台涤气塔的排放；

② 排放浓度均<15mg/m³；

③ 排放量（质量）<0.4kg/h；

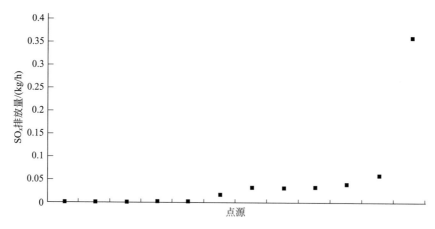

图 4.62　点源 SO_x 排放量（质量）

注："点源"是指已报道的排放数据组，既可能为同一装置也可能为某装置同一排放节点在不同工况条件下的排放数据。垂直线段为最大值和最小值范围。

④ 高排放量对应于高排放浓度；

⑤ 因为排放源变化，＊001A，Ⅰ（1）＊案例厂的异常排放值（82mg/m³）不在图表中。

（2）环境效益

废气 SO_x 脱除，排放值降低。

（3）跨介质效应

水和化学品消耗。

（4）运行资料

无可提供资料。

（5）适用性

普遍适用。涤气塔属标准设备。

（6）经济性

无可提供资料。

（7）实施驱动力

SO_x 排放值。

（8）参考文献和案例工厂

所有案例工厂均应用涤气净化。

4.3.5.22　废气颗粒物去除

概述

图 4.63、图 4.64 分别为点源颗粒物排放浓度和排放量（质量）。数据源于表 3.1、表 3.2。这些数据特征如下。

① 使用管道过滤器、袋式过滤器、布袋除尘器和旋风除尘回收/减排微粒物，然后通过以热氧化为主的减排系统和可选择湿式电除尘器（WESP）或涤气塔进行废气处理。

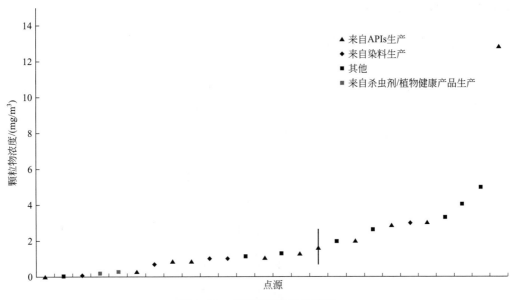

图 4.63 点源颗粒物排放浓度

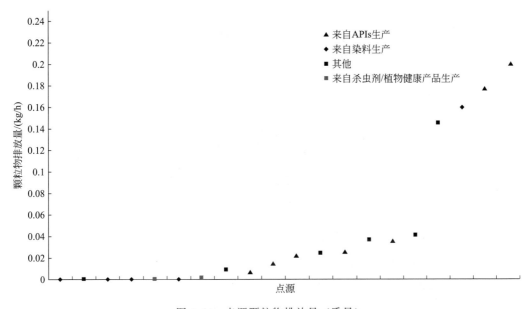

图 4.64 点源颗粒物排放量（质量）

注："点源"是指已报道的排放数据组，既可能为同一装置也可能为某装置同一排放节点在不同工况条件下的排放数据。垂直线段为最大值和最小值范围。

② 热氧化塔或焚烧炉中释放的微粒被认为含有矿物质。

③ 正常排放值为 $0.05 \sim 5\text{mg/m}^3$。异常排放值（13mg/m^3）是湿式电除尘器（WESP）的热氧化装置排放浓度。

④ 正常排放量（质量）为 $0.001 \sim 0.2\text{kg/h}$，或小于 0.001kg/h。

⑤ 最大排放量（质量）（0.2kg/h）对应于最低排放浓度（0.05mg/m^3）。

4.3.6　游离氰化物分解

4.3.6.1　NaOCl 分解游离氰化物

(1) 概述

氰化物属于剧毒物质。如图 4.65 所示，案例工厂 ＊023A，I＊ 的 1 号装置采用涤气、pH 值调节和氧化分解去除富或贫废气或废水中的氰化物。2 号装置则没有第二级涤气塔和缓冲罐，最后，以苏打（Na_2CO_3）将 CNO^- 转变成 CO_2 和 N_2。

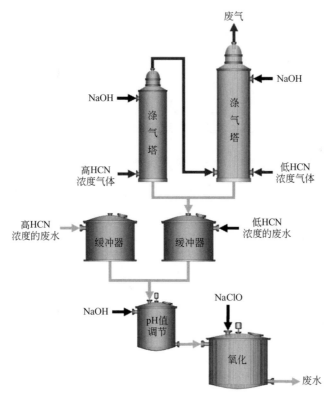

图 4.65　氰化物分解工艺流程

(2) 环境效益

① 去除废气或废水 HCN/CN^-。

② 氰化物分解处理后的排放值如表 4.58 所列。

表 4.58　氰化物分解处理后的排放值

装置	废物	浓度	排放量（质量）	案例工厂
1 号装置	废气	0.9mg/m³	3.2g/h	＊023A，I＊
	废水	低于检测限		
2 号装置	废气	1.0mg/m³	2.0g/h	
	废水	低于检测限		

(3) 跨介质效应

① 处理过程中化学品消耗。

② 能量消耗。

③ 废水含盐量增加。

④ 可能形成 AOX。

（4）运行资料

氰化物分解的运行资料如表 4.59 所列。

表 4.59　氰化物分解的运行资料

参数	废物	1 号装置	2 号装置	案例工厂
处理能力	富 HCN 废气	50m³/h 16kg/h HCN 320g/m³ HCN	2000m³/h 40kg/h HCN 20g/m³ HCN	*023A,I*
	贫 HCN 废气	3500m³ 微量 HCN		
	氧化	85kg NaCN/批次	30kg NaCN/批次	
总去除率		99.99%		

（5）适用性

普遍适用性。高 COD 废水含有氰化物时，氧化去除有机物的预处理方法（如湿式氧化，参见 4.3.7.4 部分）也适用于氰化物的分解处理。

其他有机化合物，如酒精，可能干扰氰化物分解 [62，D1 coments，2004]。

此外，有机氰化物可采用 HCHO 分解处理 [62，D1 coments，2004]。

类似装置去除光气，所达到的大气排放值为（*024A，I*）：当排放量（质量）<0.5g/h时，排放浓度<0.04mg/m³。

（6）经济性

无可提供资料。

（7）实施驱动力

废气和废水中的有毒化合物的去除。

（8）参考文献和案例工厂

023A，I，*024A，I*。

4.3.6.2　H₂O₂ 分解游离氰化物

（1）概述

氰化物属剧毒物质，通常以氢氧化钠溶液为洗涤介质，通过涤气塔脱除大气中的氰化物。氢氧化钠溶液在缓冲装置和涤气塔间循环使用。运行过程中，定期取样，监测氢氧化钠溶液。当游离 OH⁻ 浓度过低，不能吸收气体中的 HCN 时，则需更换氢氧化钠溶液。

涤气塔回收的氰化物溶液与富 CN⁻ 废水混合调节，可替代原料。但是，低浓度 CN⁻ 废水不需与富 CN⁻ 废水混合调节，而是与其他低 CN⁻ 浓度混合后，先调节 pH 值，再以 H₂O₂ 氧化处理，使氰化物分解（见图 4.66）。

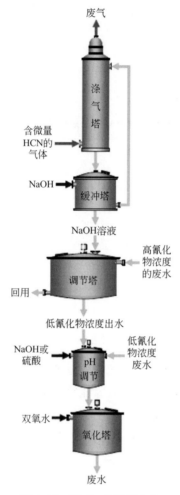

图 4.66 H_2O_2 分解氰化物

(2)环境效益

① 去除废气中的 HCN/CN^-。

② 所达到的排放值:见表 4.60。

表 4.60 H_2O_2 分解处理氰化物的可达排放值

废物	浓度	排放量(质量)	参考文献
废气	$1mg/m^3$	3g/h	[62,D1 comments,2004]
废水	$1.1mg/L$	2.3g/h	

③ 废水回用。

④ 无 AOX 产生。

⑤ 无污染的固体残渣。

(3)跨介质效应

① 能耗和化学品消耗。

② H_2O_2 的使用应关注安全。

（4）运行资料

处理能力和效率如表 4.61 所列。

表 4.61　H_2O_2 分解处理氰化物的运行数据

	废气	3400m³/h 50mg/m³ HCN	参考文献
处理能力	高浓度 CN⁻ 废水	1m³/h 5% CN⁻	[62,D1 comments,2004]
	低浓度 CN⁻ 废水	15m³/h	
		700mg/m³	
		HCN	
总去除率		99.9%	

（5）适用性

1) 普遍适用。从原理上讲，高 COD 浓度废水含氰化物，氧化去除有机物的预处理工艺（如湿式氧化法，见 4.3.7.4 部分）也适用于分解氰化物。

2) 其他案例

① *097I* 案例工厂，氰化物浓度高达 50000mg/L 的废水经过水解（如升温至 180℃）处理后，废水中氰化物浓度<1mg/L。而氰化物浓度较低（不超过 5000mg/L）的废水，经 H_2O_2 氧化处理后，废水中氰化物浓度<0.03mg/L。

② *036L* 案例工厂，在碱性（pH 值为 11）条件下，废水中的氰化物与甲醛反应，生成氰基甲醇，然后排至调试后的生物污水处理厂，使之可被有效降解。如果处理后的废水游离 CN⁻>30mg/L，则需再次预处理。

（6）经济性

降低废水处理费用。

（7）实施驱动力

去除废气和废水中的有毒化合物。

（8）参考文献和案例工厂

[62，D1 comments，2004]。

4.3.7　废水管理及处理

4.3.7.1　废水分离预处理

处理	蒸馏	吹脱	吸附	萃取	膜分离
说明	分级蒸馏去除废水中低沸点物质	冷凝或焚烧处理后,惰性气体吹脱去除废水中挥发性物质	活性炭吸附去除废水中的物质。热蒸汽或焚烧法活性炭脱附	非水溶性萃取剂去除物质。依密度进行相分离,后续工艺: (1)焚烧处理含萃取物的萃取剂; (2)蒸发萃取剂,残留物焚烧处置; (3)生物法处理废水	半透膜(反渗透或纳滤)截留目标物

处理	蒸馏	吹脱	吸附	萃取	膜分离
环境效益	先去除废水中的挥发性有机化合物和高浓度或难降解的 AOX 或 COD，进行物质回收，再生物处理	先重点去除废水中的挥发性氯代物，进行物质回收，再生物处理	先有效去除酚和卤化物（AOX）（去除率[15，Köppke，2000]：苯酚类＞92％，AOX＞91％），再生物处理	先去除高浓度或难降解 AOX 或 COD，再生物处理	高浓度或难降解 COD 或 AOX 废水先浓缩或脱盐处理，再（通常焚烧）处理
运行资料	依据分离目的	依据分离目的	饱和活性炭原位或异位脱附	案例的溶剂为轻质原油、甲苯、戊烷或己烷	依据分离目的
跨介质效应	塔顶馏出水量大，要达到目标浓度，能耗高	取决于吹脱气体的处理（如冷凝，焚烧）	需考虑饱和活性炭或脱附物质的处置方法	取决于萃取剂的处理方法（如焚烧或蒸发/焚烧）	取决于所产生的浓缩废水处理
适用性	适用于挥发性物质。如果塔顶馏出水较大，此方法不适用	仅适用于挥发性物质分离	其他污染物被吸附会降低目标物的去除率，因此也可用于生物处理的后续深度处理	不适用于低浓度污染物分离	适用于 AOX 浓缩及低选择性脱盐
经济性	案例：燃烧前浓缩（1995 年） 处理量：15t/d 有机负荷：25％（重量百分比） 蒸馏减少 5％（负荷）及 78％（体积），总费用减少 10％	案例：除草剂的中间体（1995 年） 处理量：4m³/h 浓度：70mgAOX/L 排放值：＜1mg/L 120 欧元（230 德国马克）/kgAOX（含后续催化氧化的费用）	750 欧元（1400 德国马克）/kgAOX	成本取决于溶剂价格及热量的利用 萃取含 i-癸醇的氯代芳香类： 处理量为 20m³/h； AOX 为 150～1500mg/L 成本（包括蒸发、焚烧残留物和生物处理）为 5.75 欧元（11.24 德国马克）/m³（2000 年）	与热法比较，能耗较低
驱动力	减少生物处理段的生物降解性差或抑制/有毒 COD/AOX 负荷				
参考文献	案例过多，不一一列举	＊047B＊，＊082A，I＊，＊020A，I＊	＊009A，B，D＊	＊069B＊，＊047B＊	
	[33，DECHEMA，1995]；[31，European Commission，2003]；[15，Köppke，2000]及引用的文献				

4.3.7.2 废水氧化预处理

处理	焚烧	化学氧化	酸性条件下的湿式氧化	低压湿式氧化	碱性条件下的湿式氧化
概述	与助燃剂共焚烧，完全氧化有机物。当 COD 浓度超过 50～100g/L 时，可以不需助燃剂而自焚烧	紫外光或催化剂的作用下，O_3 或 H_2O_2（如芬顿试剂）能彻底或部分氧化有机污染物	通常，生物处理后再以空气的湿式氧化机污染物	以空气或纯氧在催化剂作用下部分氧化有机污染物，再生物处理	通常，在生物处理之后以空气或氧气在催化剂作用下氧化有机污染物

续表

处理	焚烧	化学氧化	酸性条件下的湿式氧化	低压湿式氧化	碱性条件下的湿式氧化
环境效益	完全去除难降解或有毒有机物	去除难降解或有毒有机物或提高生物降解性	去除难降解或有毒的有机物	提高有机物的生物降解性： COD 去除率为 80%； AOX 去除率为 90%	去除难降解或有毒的有机物
运行资料	卤代物的焚烧需 1200℃	案例：见 4.3.8.2 部分	温度：175～325℃ 压力：20～200bar 酸性媒介	泡罩塔 温度：120～220℃ 压力：3～25bar 催化剂：铁盐和醌	温度：250～320℃ 压力：100～150bar 碱性媒介
跨介质效应	(1)如不能自热,需耗能; (2)可能需处理烟道废气	(1)消耗化学试剂; (2)增加废水中铁的含量; (3)消耗能量	(1)耗能; (2)可能形成二噁英	(1)耗能; (2)可能形成二噁英	耗能
适用性	COD 在 50～100g/L 以上时适合(自热),或先增加浓缩或添加辅助燃料		高含盐废水需脱盐处理(膜过滤或萃取),否则会出现腐蚀问题	进水： 氯化物含量高达 5%； COD>10000mg/L	含盐量高达 8.5%(质量分数)时,无腐蚀
	废水焚烧	化学氧化	酸性媒介中的湿式氧化	低压湿式氧化	碱性介质中的湿式氧化
经济性	典型成本： 530 欧元(1000 德国马克)/t 废水(1995 年) 组合工艺对比(1995 年) 40t 废水/d 蒸馏＋焚烧 67 欧元(125 德国马克)/m³	总氧化案例(1995 年)： COD/AOX＝20:1 H₂O₂ 消耗为： 2.125kg/kg COD; 42.5kg/kg AOX; 1.1 欧元(2 德国马克)/kgH₂O₂(100%) 额外成本,见 4.3.8.2 部分 部分氧化＋生物处理 41 欧元(76 德国马克)/m³	构筑物的特殊材料会导致高成本,如钛[62,D1 comments,2004] 典型成本： 530 欧元(1000 德国马克)/t 废水(1995 年) (不含除盐)	相对于湿式氧化,其需求较简单的材料,较低的成本	0.6～0.7 欧元/kgCOD,包括折旧费
推动力	对于生物降解性差或抑制/有毒的特殊 COD/AOX 的有机废水,替代生物处理				
参考文献	＊001A,I＊,＊019A,I＊,＊023A,I＊,＊047B＊,＊079D＊,＊080I＊,＊033L＊,＊036L＊,＊081A,I＊,＊042A,I＊,＊043A,I＊,＊091D,I＊,＊092B,I＊	＊004D,O＊,＊068B,D,I＊,＊108B,I＊,＊109A,V＊,＊110B＊,＊111A,I＊,112L,以及参见 4.3.8.2 一节	＊015D,I,O,B＊	＊014V,I＊,＊033L＊,＊034A,I＊,＊035D＊,＊042A,I＊,＊046I,X＊,＊050D＊	＊078L＊,＊087I＊,＊088I,X＊
	[90,3V Green Eagle,2004]；[92,Collivignarelli,1999]；[33,DECHEMA,1995]；[39,Bayer Technology Services,2003]；[31,European Commission,2003]；[15,Köppke,2000],及引用的文献				

注：1bar＝10^5Pa。

4.3.7.3 OFC 废水预处理

(1) 说明

如图 4.67 所示，案例工厂 *010A，B，D，I，X* 构建了不同的废水预处理方法，处理不同类型废水。标准方法包括废水生物处理、活性炭吸附和焚烧。如废水含有氰化物（以 H_2O_2 处理）或重金属（沉淀或过滤），则需进一步处理。表 4.62 列举了一些废水处理的典型案例（黑体标注的为决定性参数或原因）。

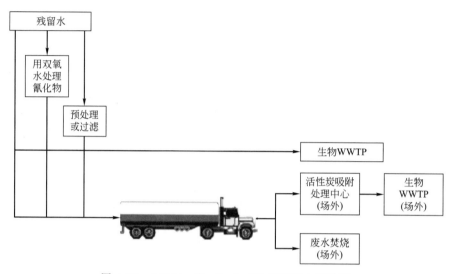

图 4.67　*010A，B，D，I，X* 工厂废水预处理

表 4.62　废水处理的典型案例（黑体标注的为决定性参数或原因）

（预）处理方法	参数	单位	（预）处理前	（预）处理后	预处理量	备注
生物处理	COD		2880	22	4m³/d	**去除率99%**
	TOC		855	11		
活性炭吸附	COD		21630	1081	20m³/d	
	DOC		12600	2016		
	AOX		**1100**	**99**		
	COU	mg/L	18000	55	11m³/d	
	DOC		9700	11		
	AOX		**2900**	**10**		
氰化物处理	COD		28700	24200	16m³/d	**涉及健康和安全**
	DOC		12500	11450		
	AOX		1650	1540		
	CN⁻	$\times 10^{-6}$	**280**	**5**		
沉淀或过滤	**Ni**	mg/L	**950**	**9.9**		

(2) 环境效益

① 操作人员根据废水的水质特征，采用已设定的预处理/处理方法，有效处理废水。

② 减轻生物 WWTP 的负荷。

（3）跨介质效应

消耗能量和化学试剂。

（4）运行资料

无可提供资料。

（5）适用性

具有普遍适用性。各种不同处理方法的组合已成功应用于 OFC 生产企业。

（6）经济性

经济性强。异位处理可有效避免高投资，从而改变未来的废水处理策略。

（7）实施驱动力

① 废水充分有效处理。

② 减轻生物 WWTP 的负荷。

（8）参考文献和案例工厂

［91，Serr，2004］，＊010A，B，D，I，X＊。

4.3.7.4　废水 O_2 湿式氧化预处理

（1）说明

案例工厂 ＊088I，X＊ 构建了废水平台，包括高浓度废水的湿式氧化处理、生物处理，以及污泥的湿式氧化处理（见图 4.68）。在必要时，可以去除单股废水中的溶剂，以进行湿式氧化处理。不同废水混合可以拓宽进水范围，而且湿式氧化在正常条件下可自热运行。湿式氧化处理，废水中的主要组分（如活性成分）的转化率很高（通常＞99％）有机物去除率达 80％，剩余有机物（小分子有机物）生物降解性高。经过湿式氧化预处理后，所有废水排入生物 WWTP 终处理。经过湿式氧化处理后，废水中的重金属物质以金属氧化物形式分离去除。整体而言，废水经湿式氧化和生物处理后，有机物的平均去除率＞99％。通常，生物处理产生的剩余污泥也采用湿式氧化处理。剩余污泥的含水量低，相应的湿式氧化处理的运行条件较温和，处理中产生的废水则返回生物处理系统。

表 4.63 为废水 O_2 湿式氧化法预处理实例。

废水湿式氧化处理选择的主要原则：

① 含 APIs、杀虫剂或植物保健品生产的活性成分废水；

② 抑制生物 WWTP 硝化作用（抑制率大于 20％）的废水；

③ 生物降解性差的有机废水；

④ 高浓度有机废水，除生物降解性外，湿式氧化法能更经济、高效地处理高浓度有机废水；

⑤ 含重金属废水；

⑥ 含氰化物废水，湿式氧化在 pH 值 12～13 条件下运行，可有效处理氰化物。

图 4.69 为装置废水评估结果案例。

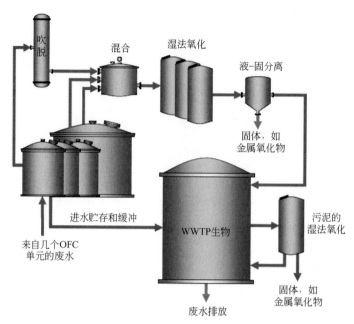

图 4.68 高浓度废水 O_2 湿式氧化预处理工艺流程

表 4.63 废水 O_2 湿式氧化法预处理案例 单位：mg/L

参数		原水	湿式氧化	
			处理前	处理后
杀虫剂生产的黄色冲洗水	硝基苯并三氟化物和氯代苯并三氟化物	9700		<15
	COD	23600	21991	3435
	氯化物	7090	4727	4963
	溶剂	470	470	470
抗生素生产废水	COD	70388	32214	3856
	BOD_5		582	2642
	BOD_5/COD		0.02	0.69
	凯氏氮		39060	32970
	悬浮物		16160	4556
	溶剂	284	209	199
抗生素类生产废水	COD	1570	1486	191
	BOD_5	580	549	162
	BOD_5/COD	0.37	0.37	0.85
	溶剂	52	48	18
APIs 生产废水	COD	54000	25700	6000
	TOC	30000	15000	830
	BOD_5	2000	1000	150
	BOD_5/COD	0.04	0.04	0.03
	氰化物	35000	17500	<1
	氯化物	85000	42500	42500
	硝酸盐	<1	<1	7500

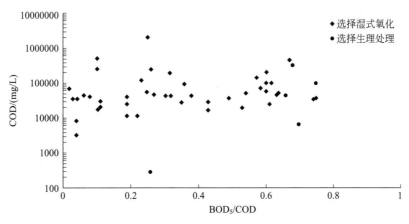

图 4.69 装置废水的评估结果

(2) 环境效益

① 废水预处理和生物处理高效组合。

② 废水中活性组分、难降解有机物、重金属、AOX 和 CHCs 去除率高。

③ 解决污泥问题。

(3) 跨介质效应

① O_2 消耗。

② pH 值调节，耗化学药剂。

③ 泵耗能。

(4) 运行资料

表 4.64 为废水 O_2 湿式氧化法的运行资料。

表 4.64 *088I，X* 案例工厂废水 O_2 湿式氧化法的运行资料

原水水质	COD	10000～150000mg/L	还可能与其他废水混合
	进水平均 COD	40000mg/L	
	VOCs(溶剂)	高达 2000mg/L	也可采用汽提
	氯化物、溴化物	高达 85000mg/L	还可能与其他废水混合
工况	运行模式	连续、自热	
	处理规模	18m³/h	
	pH 值	12～13	
	温度	约 300℃	
吹脱出的溶剂	外运处置		
废气	温度	60℃	
	处理	湿式洗涤，热氧化能量回收	
出水	COD 平均去除率	80%	
	平均的可生物降解性	>95%	

(5) 适用性

废水处理装置非常灵活，可进行多种废水的预处理。单台设备的处理能力为 2～

25m³/h。该装置能更好地用于投资较高、规模较大的多产品车间，以及本节的案例——组合处理工艺中的预处理单元。高浓度有机负荷废水，O_2 湿式氧化法的处理成本低，是生物处理的有效替代工艺。废水盐度高达 8.5%（质量）时，O_2 湿式氧化处理装置未出现腐蚀问题。

已应用或规划采用 O_2 湿式氧化法的案例还有：

① ＊042A，I＊，参见 4.3.7.11 部分相关内容；

② ＊102X＊，在建联合处理平台。

（6）经济性

① 投资高。

② 运行费用低。

③ 湿式氧化：0.20～0.25 欧元/kg COD。

（7）实施驱动力

除生物处理外，需要有效的预处理。

（8）参考文献和案例工厂

[90，3V Green Eagle，2004]，[91，Serr，2004]，[92，Collivignarelli，1999]，＊088I，X＊，＊087I＊。

4.3.7.5 杀虫剂/植物保健品废水预处理

（1）说明

杀虫剂和植物保健品（plant health products）废水含高浓度活性组分（active ingredients），对鱼和水蚤的毒性很大（见 4.3.8.18 部分）。＊047B＊案例工厂的废水处理后的终排水中残存活性组分的逐日监测结果显示，检出的每种残存活性组分的排放量为 5～500g/d，其他活性组分的排放浓度则低于检测限。制剂废水即使委托专业废水处理公司，经过生物污水处理厂处理再排放，也会出现类似的现象。因此，为了有效去除废水中残存产物，杀虫剂/植物保健品废水必须预处理。目前，预处理技术主要包括吹脱、萃取、加压水解、湿式（催化）氧化，以及活性炭吸附等。具体案例见表 4.65。

表 4.65 杀虫剂和植物保健品废水预处理

案例[67,UBA,2004]，[68,Anonymous,2004]			预处理							备注
	产品	单元过程	废水	萃取	汽提	臭氧分解	湿式氧化	活性炭吸附	焚烧	沉淀/过滤	
1	磷酸酯		所有废水	X	X						萃取剂（与反应的萃取剂相同）焚烧，终处理采用现场或场外生物处理
2	杀虫剂中间体		所有废水			X	X				后续现场生物处理
3	杀虫剂		所有废水					X	X		
4	植物保护剂	酯化、耦合、重整	母液：28m³ COD 为 18.5g/L（500kg/d），AOX 为 1.4g/L（40kg/d）				X	X			母液含氰化物，预处理然后生物处理。COD 和 AOX 总去除率为 93%。两步蒸馏回收溶剂

续表

案例[67,UBA,2004],[68,Anonymous,2004]			预处理								
	产品	单元过程	废水	萃取	汽提	臭氧分解	湿式氧化	活性炭吸附	焚烧	沉淀/过滤	备注
5	植物保健品	取代	母液							X	后续生物处理,沉淀物焚烧
6	植物保健品	脱水、闭环	相分离的母液	X							后续生物处理,多级萃取,回收部分萃取活性组分
7	尿素除草剂	加成	过量母液					X			回收大部分母液
8	除草剂	加成、取代	AOX>5mg/L 或除草剂>10μg/L 的雨水					X			

注:X 表示预处理中包括此步骤。

(2) 环境效益

① 确保生物 WWTP 正常运行。

② 防止有毒或持久性污染物排入受纳水体。

(3) 跨介质效应

预处理:能耗、化学品消耗。

(4) 运行资料

表 4.66 为臭氧氧化预处理运行数据。

表 4.66 臭氧氧化预处理运行数据

臭氧氧化	$2.5m^3/h,15000m^3/a$	
参数	处理前	处理后
AOX	50mg/L	<20mg/L
降解性	60%	90%
TOC	无明显变化	

(5) 适用性

普遍适用。

(6) 经济性

臭氧氧化投资:1000000 欧元（2001 年）。

(7) 实施驱动力

有关出水的 AOX 规定。

(8) 参考文献和案例工厂

[53,UBA,2004],[67,UBA,2004],*047B*。

4.3.7.6 废水管理（一）

(1) 概述

在多产品工厂,哪种废水直接排入生物 WWTP 的决策十分关键。重要标准是案例工厂废水管理如图 4.70 所示。废水对活性污泥的毒性作用和有机物的生物降解性。

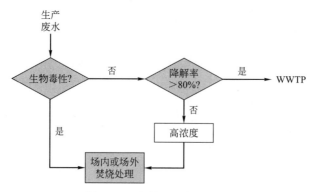

图 4.70　案例工厂废水管理

（2）环境效益

① APIs 生产企业废水管理的重要决策标准。

② 确保生物 WWTP 高度稳定运行。

③ 防止难降解废水进入 WWTP。

④ COD 总去除率＞95％（2003 年的平均值）。

⑤ BOD 去除率达到 99.8％（年平均值）。

（3）跨介质效应

焚烧耗能。

（4）运行资料

Zahn-Wellens 测试，确定废水生物降解性。

（5）适用性

普遍适用。焚烧并非唯一的预处理工艺。其他案例，见 4.3.7.1 和 4.3.7.2 部分。

（6）经济性

贮存，增加浓缩和焚烧成本。

（7）实施驱动力

① WWTP 稳定运行。

② WWTP 有机物的排放限值（ELV）。

（8）参考文献和案例工厂

＊015D，I，O，B＊，＊023A，I＊，＊027A，I＊，＊028A，I＊，＊029A，I＊，＊030A，I＊，＊031A，I＊，＊032A，I＊。

4.3.7.7　废水管理（二）

（1）概述

在多功能企业，哪种废水直接排入 WWTP 的决策十分关键。重要标准是废水对活性污泥的毒性作用和废水有机物中难降解有机物（ROC）所占比例。案例工厂 ＊068B，D，I＊ 的决策标准是生物降解性＜80％的所有废水必须预处理。

其他标准包括细菌的抑制、优先污染物、致癌物、重金属。

下列预处理技术适合厂内应用：

① 絮凝、过滤/化学氧化；

② 重金属络合物分解；

③ 重金属的沉淀和过滤。

图 4.71 为案例工厂的废水管理决策。其中的例外是废水的生物降解性虽然高于 80%但仍需预处理，由某项其他标准判定所致；生物降解性小于 80%的废水也排入 WWTP，由于化学氧化预处理所致（废水 TOC 被去除或生物降解性被强化）。

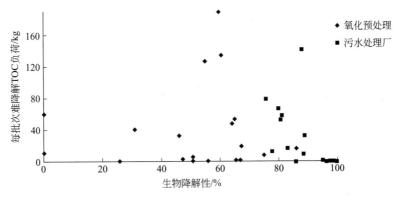

图 4.71 案例工厂的废水管理决策

(2) 环境效益

① OFC 生产企业废水管理的重要决策标准。

② 确保生物 WWTP 高度稳定运行。

③ 生物处理前去除废水中生物降解性差的有机物（TOC）。

④ 改善 WWTP 进水有机物的降解性。

表 4.67 为各种废水预处理对总出水有机物生物降解性的影响。

表 4.67 各种废水预处理对总出水有机物生物降解性的影响

年份	预处理废水的生物降解性		生物处理前的总排水的生物降解性
	预处理前	预处理后	
2001 年	60%	81%	91%
2002 年	64%	78%	92%

(3) 跨介质效应

预处理消耗化学品、消耗能量。

(4) 运行资料

通过 OECD 筛选测试确定废水降解性。通过 Zahn-Wellens 测试，确定生物处理前总废水的生物降解性（见 2.4.2.4 和 4.3.1.3 部分相关内容）。

(5) 适用性

普遍适用。

(6) 经济性

预处理费用。

(7) 实施驱动力

① WWTP 稳定运行。

② 排入 WWTP 中的机物生物降解性的排放限值（ELV）。

（8）参考文献和案例工厂

［91，Serr，2004］，＊068B，D，I＊。

4.3.7.8 废水管理（三）

（1）概述

在多功能企业，哪种废水直接排入 WWTP 的决策很关键。重要标准是废水对活性污泥的毒性作用，特别是其中难降解有机物的比例。案例工厂＊0089A，I＊的标准为经过 Zahn-Wellens 测试，生物降解性小于90%的废水均需处置。

出水中难降解有机物少，污水处理厂以活性炭滤池为废水的终处理单元，确保AOX 有效去除。

（2）环境效益

① OFC 生产企业废水管理的重要决策标准。

② 确保生物 WWTP 稳定运行。

③ 去除废水中生物降解性差的有机物（TOC），然后再生物处理。

（3）跨介质效应

处理技术的跨介质效应。

（4）运行资料

Zahn-Wellens 测试，废水生物降解性。

（5）适用性

普遍适用。

（6）经济性

处理费用。

（7）实施驱动力

① WWTP 稳定运行。

② 减少难降解有机物排放。

（8）参考文献和案例工厂

＊068B，D，I＊。

4.3.7.9 需预处理或处置的废水

（1）概述

某些情况下，某些母液（见表 4.68）因其水质特性（如高毒性）不能排入生物WWTP 处理，必须预处理（回收或减排）或处置（焚烧）。

表 4.68 必须预处理或处置的废水

废水	关键参数	参考文献
卤化母液	副反应母液的 AOX 量大、毒性高	＊001A,I＊，＊006A,I＊，＊007I＊，＊017A,I＊，＊018A,I＊，＊019A,I＊，＊020A,I＊，＊023A,I＊，＊024A,I＊，＊027A,I＊，＊028A,I＊，＊029A,I＊，＊030A,I＊，＊030A,I＊，＊031A,I＊，＊032A,I＊

续表

废水	关键参数	参考文献
生产具有细菌毒性的活性组分所排放的工艺水、冷凝水和再生水	具有细菌毒性，干扰生物 WWTP 的正常运行或降低其去除效果	[15,Köppke,2000]
活性组分生产或配制所排放的废水	生物 WWTP 的出水残留毒性，以 LID_F、LID_D、LID_A 表示	[62,D1 comments,2004]
磺化和硝化等过程所排放的废酸	通常 COD 高，生物降解性差	[15,Köppke,2000]，*026E*，*044E*，*045E*

（2）环境效益

① 减少具有毒性、抑制作用或生物降解性差的废水，排入生物 WWTP。

② 减少出水 AOX。

③ 减少出水毒性。

④ 消除高酸性废液的中和。

（3）跨介质效应

取决于预处理技术。

（4）运行资料

取决于预处理技术。

（5）适用性

普遍适用。

（6）经济性

预处理或处置费用较高。

（7）实施驱动力

原材料或产品回收，降低废水处理费用。

（8）参考文献和案例工厂

参见表 4.68。

4.3.7.10 难降解有机废水（一）

（1）概述

在多功能企业，哪种废水直接排入生物 WWTP 的决策很关键。重要标准是工艺排放的有机物量以及难降解有机物所占比例，后者能直接穿透生物 WWTP，具体计算方法为：

$$难降解有机物量＝有机物总量×[100－去除率（\%）]$$

难降解有机物量超过 40kgTOC/批次（或天）时，必须经氧化（或效果相当的其他方法）处理后，方可排入生物 WWTP 处理。

表 4.69 为某生产排放的难降解有机物评估案例。

表 4.69　生产排放的难降解有机物评估案例

案例:两种中间体的氧化耦合

		沉淀、过滤、产品洗涤		
排放物	TOC/批次	去除率 (Zahn-Wellens)	难降解有机物 (TOC/批次或天)	出处
母液	180kg	35%	117kg	湿法氧化
洗涤废液	50kg	65%	17.5kg	WWTP

图 4.72 为案例工厂的废水管理决策。

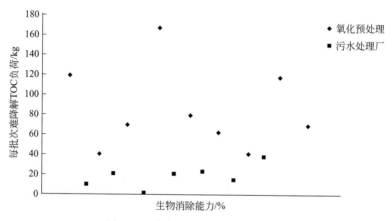

图 4.72　案例工厂的废水管理决策

(2) 环境效益

① 多产品工厂废水管理的重要决策标准。

② 运营商和主管部门优先关注高减排潜力废水的管理手段。

③ 高效的管理策略,特别是对于生产难降解有机物混合产品的工厂。

④ 减少难降解有机物排放。如案例工厂 * 015D,I,O,B* 采用分流制排水,废水难降解有机物去除率达 98%

(3) 跨介质效应

取决于具体的预处理技术。

(4) 运行资料

无可提供资料。

(5) 适用性

特别适用于混合产品工厂,虽然排放多种令人关注的难降解有机废水,但所有废水不能预处理。

一些特殊情况下,技术局限性导致不能实施预处理 [62,D1 comments,2004]。例如,某染料中间体母液的难降解有机物(以 TOC 计)(也可见表 4.34 中案例 3)为 70~90kg TOC(Zahn-Wellens 测试结果显示,母液的生物降解性为 10%~30%)。

尽管如此,该母液也只能在生物 WWTP 处理。之所以排入生物 WWTP 前没有预处理,原因在于:

① 浓缩工序的含油沉淀物,母液不能采用湿式氧化原位处置;

② 实际的母液的有机物浓度，母液不能焚烧处置；

③ 由于（以 TOC 计）H_2SO_4 浓度达 20％～25％ 和实际有机物实际含量，母液不能以废酸处置。

（6）经济性

某种预处理技术的应用确实产生一些效益，却会增加成本。偶尔的批次生产废水预处理在经济上不可行。案例工厂 *015D，I，O，B* 的管理决策是废水难降解总有机碳超过 2t TOC/a 时，才考虑预处理［99，D2 comments，2005］。

（7）实施驱动力

需明确截止标准。

（8）参考文献和案例工厂

014V，I *，*015D，I，O，B* 。

4.3.7.11 难降解有机废水（二）

（1）概述

案例工厂 *042A，I* 基于成本较低，以及投资回收期大约为 5～6a，考虑分期实施废水原位湿式氧化处理替代异位焚烧处理。通常，高浓度或有毒废水的预处理选择湿式氧化处理技术。

作为规划的基础，典型废水（迄今选择废水焚烧）具有以下特征：

① 有机物量为 15g/L TOC 及以上；

② 水量为 20m³。

（2）环境效益

① 多产品工厂废水管理的重要决策标准。

② 促使运营商和主管部门优先关注高去除潜力废水的管理工具。

③ 高效的管理策略，特别是对于生产难降解有机物混合产品的工厂。

④ 减少难降解有机物排放。

（3）跨介质效应

跨介质效应取决于具体的预处理技术。

（4）运行资料

无可提供资料。

（5）适用性

普遍适用。

（6）经济性

虽然有些效益，但某项具体预处理技术的应用导致费用增加。

（7）实施驱动力

需制定截止标准。

（8）参考文献和案例工厂

［91，Serr，2004］，*042A，I* 。

4.3.7.12 难降解有机废水（三）

（1）概述

案例工厂 *082A，I* 认为，焚烧技术预处理根据下列标准判定的高浓度难降解有机废水，可减轻后续 WWTP 的处理负荷：

① 生物降解性＜80％；

② 难降解有机物（TOC）达 7.5～28kg（以 TOC 计）及以上。

（2）环境效益

① 多产品工厂废水管理的重要决策标准。

② 促使运营商和主管部门优先关注高去除潜力的废水管理工具。

③ 高效的管理策略，特别是生产难降解有机物混合产品的工厂。

④ 减少难降解有机物排放。

（3）跨介质效应

跨介质效应视具体预处理技术而论。

（4）运行资料

无可提供资料。

（5）适用性

普遍适用。

（6）经济性

虽然有些效益，但某项具体预处理技术的应用导致费用增加。

（7）实施驱动力

需制定截止标准。

（8）参考文献和案例工厂

[91，Serr，2004]，* 082A，I* 。

4.3.7.13 难降解有机废水（四）

（1）概述

案例工厂 * 001A，I* 认为，焚烧技术预处理根据下列标准判定的高浓度难降解有机废水，可减轻后续 WWTP 的处理负荷：

① 生物降解性＞80％；

② 难降解有机废水（TOC）＜40kg。

案例工厂 * 001A，I*（2002 年）的废水管理决策如图 4.73 所示。其中例外是，某股母液的难降解 TOC 高达约 95kg/批次，但其生物降解性高。

（2）环境效益

① 多产品工厂废水管理的重要决策标准。

② 促使运营商和主管部门优先关注高去除潜力的废水管理工具。

③ 高效的管理策略，特别是对于生产难降解有机物混合产品的工厂。

④ 减少难降解有机物排放。

（3）跨介质效应

跨介质效应视具体的预处理技术而论。

（4）运行资料

无可提供资料。

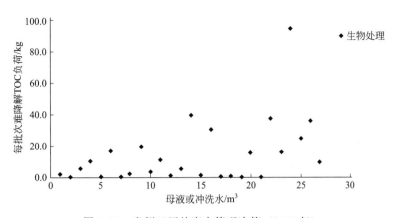

图 4.73 案例工厂的废水管理决策 (2002 年)

注：仅为母液/冲洗水的生物处理数据，高难降解有机废水以焚烧处理。

(5) 适用性

普遍适用。

(6) 经济性

虽然有些效益，但某项具体预处理技术的应用导致费用增加。

(7) 实施驱动力

需制定截止标准。

(8) 参考文献和案例工厂

＊001A，I＊。

4.3.7.14 废水 AOX 去除（一）

(1) 概述

AOX 是废水中卤代有机物非常成熟的筛选评估因子，是制定改善策略的基础。涉及 AOX 废水排放的主要生产工艺有卤化溶剂；卤化中间体、产品和副产品。

原理上，难降解有机物的预处理或专门处理技术可去除废水 AOX。表 4.70 为案例工厂 ＊014V，I＊ 的 AOX 废水预处理及后续生物 WWTP 排放案例。

表 4.70 AOX 废水预处理及后续生物 WWTP 排放案例

预处理	参数	生物 WWTP	
		进水 AOX	出水 AOX
	AOX 废水	平均 2000m³	
低压湿式氧化	120mgAOX/L 16m³/d	2710kg 1.1mg/L 2003m³:0.9mg/L	339kg 0.13mg/L 2003m³:0.11mg/L
	60mgAOX/L 50m³/d		
	其他		
NaOH 水解	145mgAOX/L 5m³/d		
	130mgAOX/L 2m³/d		
	其他		

（2）环境效益

① 减轻 WWTP 处理负荷。

② 减少有机卤化物的排放。

AOX 废水的其他预处理及后续生物 WWTP 进水和排放案例，见表 4.71 和图 4.74。

表 4.71　AOX 废水的其他预处理案例

参考文献	预处理	生物 WWTP	
		进水	出水
		年均 AOX/(mg/L)	
009A,B,D（2000 年）	活性炭集中处理装置	1.1	0.16
009A,B,D（2002 年）		1.8	0.15
010A,B,D,I,X（2000 年）	C1-CHCs 吹脱，废水蒸馏	14①	0.9①
010A,B,D,I,X（2003 年）		3.8	0.68
011X（2000 年）	废水蒸馏	1.5	0.25
011X（2003 年）			0.14
012X（2000 年）	H₂O₂ 湿式氧化		0.3
012X（2003 年）			0.34
013A,V,X	高浓度可净化 AOX 废水吹脱		0.4
015D,I,O,B	高压湿式氧化，吸附/萃取	8.5	1.7
055A,I	CHCs 吹脱，活性炭吸附，焚烧	1.5	
059B,I	活性炭吸附	4-8	
068B,D,I	化学氧化		1.5
069B	萃取	8	
082A,I	吹脱、精馏和萃取组合工艺去除废水 CHCs	1.17	
100A,I	活性炭投入活性污泥、固液分离及处理（焚烧）	0.8②	0.3②
008A,I(1997 年)	单独预处理：萃取、活性炭吸附、沉淀/过滤，工艺变换，生物反应和活性炭吸附组合、固液分离和处置（焚烧）	1.44	0.84
008A,I(1998 年)		0.75	0.42
008A,I(1999 年)		0.64	0.54
008A,I(2000 年)		0.95	0.81
008A,I(2001 年)		0.89	0.45
008A,I(2002 年)		0.70	0.40
008A,I(2003 年)		0.57	0.18

① 乙醛（93.4%）生产排放的非正常极易降解废水，导致进水乙醛浓度最高值为 14mg/L。

② 不同分析方法的测试结果，计为 EOX。

（3）跨介质效应

处理工艺耗能，消耗化学试剂。

（4）运行资料

无可提供资料。

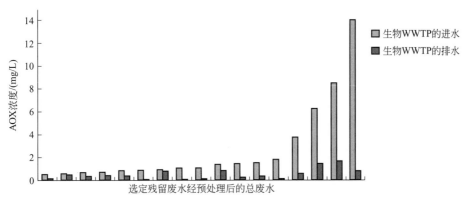

图 4.74　生物 WWTP 进水和出水 AOX 浓度

（5）适用性

普遍适用性。水解工艺只适用于侧链有机卤化物的去除［99，D2 comments，2005］。

（6）经济性

已应用处理技术的经济性。

（7）实施驱动力

法律要求。

（8）参考文献和案例工厂

［84，Meyer，2004］，详见表 4.71，*014V，I*。

4.3.7.15　废水 AOX 去除（二）

（1）概述

AOX 是废水卤代有机物评估非常成熟的筛选评估因子，是制定改善策略的基础。涉及 AOX 废水排放的主要生产工艺包括：

① 卤化溶剂；

② 卤化中间体、产品和副产品。

原理上，难降解有机物的预处理或专门处理技术可以去除上述废水的 AOX。图 4.75 为案例工厂 *055A，I* 的 AOX 废水处理管理决策案例。表 4.72 为预处理对生物 WWTP 进水 AOX 的影响。

表 4.72　预处理对生物 WWTP 进水 AOX 的影响

055A,I：5 种 AOX 废水					
预处理前 AOX 负荷/kg	0.31	0.91	3.19	0.14	2.78
预处理后 AOX 负荷/kg	0.05	0.03	0.3	0.055	0.004
生物 WWTP 进水（废水总量 2000m³）的 AOX 浓度					
无预处理	3.67mg AOX/L				
有预处理	0.20mg AOX/L				

AOX 废水预处理的第一个选择标准是 AOX 浓度＞30mg/L 和生物降解性。少量的

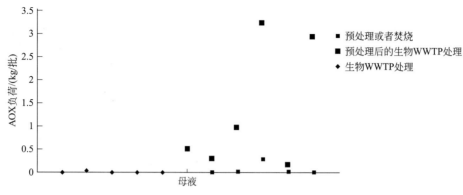

图 4.75　AOX 废水处理管理决策实例

产生批次也应考虑 AOX 负荷。

(2) 环境效益

① 减轻生物 WWTP 的负荷。

② 生物 WWTP 进水的 AOX 浓度为 $1.53mg/L$（废水量约为 $2000m^3/d$）。

③ 减少有机卤化物的排放。

④ 生物 WWTP，AOX 生物可降解性为 $75\%\sim80\%$。

(3) 跨介质效应

所应用处理技术耗能，消耗化学品。

(4) 运行资料

预处理工艺包括：

① 吹脱；

② 活性炭吸附；

③ 专门工艺；

④ 处置（焚烧）。

(5) 适用性

普遍适用。

(6) 经济性

应用处理技术的经济性。

(7) 实施驱动力

法律法规。

(8) 参考文献和案例工厂

[33，DECHEMA，1995]，[91，Serr，2004]，*055A，I*。

4.3.7.16　废水 AOX 去除（三）

(1) 概述

案例工厂 *082A，I* 生产高活性组分产品，废水预处理采用反渗透工艺（见图 4.76）。卤代化合物追踪的引导性参数是 AOX。表 4.73 概述了需预处理废水的典型特征。

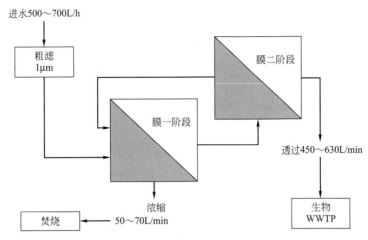

图 4.76 废水中 AOX 两级膜去除工艺流程

表 4.73 案例工厂需预处理废水的典型特征

参数	单位	最小值	最大值	平均值
COD	mg/L	1000	25000	5000
AOX	mg/L	4	50	30
活性组分	mg/L	500	2000	1000
pH 值		3	8	7
温度	℃	20	50	30

膜分离是由不同类型膜构成的两段系统，渗透液中有机物不可生物降解，如果通过生物 WWTP 排出，则浓缩液不能回用，需处置（焚烧）。

（2）环境效益

① 渗透液 AOX 浓度可达 0.5mg/L（对应进水平均浓度，去除率达 99.99%）。

② 减轻受纳水体的负荷。

③ 浓缩可减少 90%（焚烧）处置量。

（3）跨介质效应

能耗。

（4）运行资料

① 两级工艺、聚酰胺活性复合膜。

② 一级：8"型 DVA 003 "宽间隔型"。

③ 二级：8"型 ROM 103 "标准间隔型"。

④ 膜表面积约 160m^2。

（5）适用性

膜类型和布局取决于分离目的。案例中的膜运行 4000h 后性能没有下降。

（6）经济性

无可提供资料。

（7）实施驱动力

减轻受纳水体的负荷。

（8）参考文献和案例工厂

［82，Baumgarten，2004］，＊082A，I＊。

4.3.7.17　AOX：纳滤法去除废水碘化物

（1）概述

X射线造影剂生产的洗涤废水碘化物浓度达 1000×10^{-6}，该废水中普遍存在离子型或非离子型的 2,4,6-三碘苯甲酸衍生物，相对分子质量为 $600\sim1600$，属于难降解有机物。

在案例工厂 ＊082A，I＊ 中，含碘化物的洗涤废水分类收集，两级纳滤去除废水中的碘化物。经过第一级纳滤处理，碘化物可浓缩到 60g/L。第二级纳滤可以确保出水 AOX浓度低于 1×10^{-6}。

（2）环境效益

减少生物 WWTP 和受纳水体的难降解有机物负荷。

（3）跨介质效应

能耗。

（4）运行资料

① NFM1膜、聚酰胺、表面呈阴性。

② 进水：$1m^3/h$（最大流量可达 $36m^3/d$），20bar（$1bar=10^5Pa$），20℃，浓度高达 3g/L。

③ 一级：8"型"宽间隔型"，膜表面积为 $100m^2$。

④ 二级：8"型"标准间隔型"，膜表面积为 $64m^2$。

⑤ 碘化物去除率 99.97%。

（5）适用性

膜类型和布局取决于分离目的。

（6）经济性

与废水焚烧处置比较，成本降低 6%。

（7）实施驱动力

减轻受纳水体负荷，排放限值。

（8）参考文献和案例工厂

［82，Baumgarten，2004］，＊082A，I＊。

4.3.7.18　废水 CHCs 和溶剂去除（一）

（1）概述

在案例工厂 ＊082A，I＊ 中，（混合）溶剂废水均采用吹脱、精馏、萃取或其他组合工艺处理去除溶剂。表 4.74 概述了废水溶剂去除案例。回收的溶剂进一步纯化，回用于厂内或其他厂，或替代燃料用于厂内焚烧炉。

表 4.74 案例工厂 * 082A，I * 废水溶剂去除案例

工艺	原水/(g/L)	出水/(g/L)	去除对象	CHCs 浓度/(mg/L)
空气吹脱	2~12		CHC 类	<1
精馏	10~200	0.1~1		<1
萃取精馏	50~200	1~10	醇类	<1
萃取	100~250	0.8~25 0.5~10 0.3~20	DMF 醇类	<1

废水溶剂（通常易降解）被优化去除，集中式生物 WWTP 的 COD 去除率较低（90%左右）。

(2) 环境效益

① 价值较低的溶剂排入 WWTP。

② 强化利用生物 WWTP。

③ 废水预处理后，氯化烃类浓度<1mg/L。

④ 减少 CHCs 排放。

⑤ 减少 WWTP 中 CHCs 的扩散排放。

(3) 跨介质效应

能耗。

(4) 运行资料

① 精馏塔：3~4m³/h。

② 萃取：1m³/h。

③ 吹脱：空气吹脱，1~2m³/h。

(5) 适用性

普遍适用。

在经济方面，市场价格低，废水中的，特别是甲醇浓度低的废水中的甲醇回收不可行。如 4.3.5.9 部分介绍，当废水的甲醇浓度＞14.5g/L 时，采用甲醇回收则经济可行。相应地，优先采用吹脱和热氧化，而不是生物 WWTP 处理。

案例工厂 * 055A，I* 的工程实例参数如下。

• 甲苯的目标浓度： 0.5g/L。

• THF/DMF 的目标浓度： 0.3g/L。

案例工厂 * 016A，I* 的工程实例：溶剂的（总）目标浓度为 1g/L。

除经济或能量平衡外，为了保护后续预处理设施也需去除废水中的溶剂，如活性炭吸附[99，D2 comments，2005]。

(6) 经济性

处理成本约 67 欧元/m³（2003 年）。

(7) 实施驱动力

有价值溶剂回收。

(8) 参考文献和案例工厂

[83，Gebauer，1995]，*055A，I*，*016A，I*，*082A，I*。

4.3.7.19 废水 CHCs 和溶剂去除（二）

(1) 概述

在案例工厂 *055A，I* 中，所有含氯化烃类废水，特别是 CH_2Cl_2（R40）、$CHCl_3$（R22，R38，R40，R48/20/22）类的氯化溶剂废水均分类收集后，采用吹脱和精馏组合工艺预处理。图 4.77 为此类废水的预处理前后 CHCs 浓度对比。

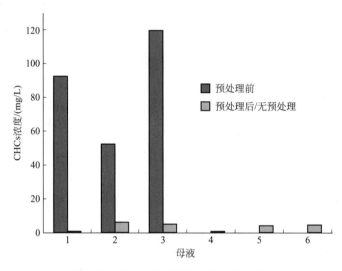

图 4.77　CHCs 废水预处理前后浓度对比

(2) 环境效益

① 降低出水中 CHCs 浓度。

② 排入生物 WWTP 的 CHCs 浓度达 0.13mg/L（2002 年）。

③ 减少生物 WWTP 中 CHCs 的扩散排放。

(3) 跨介质效应

能耗。

(4) 运行资料

无可提供资料。

(5) 适用性

普遍适用。

(6) 经济性

无可提供资料。

(7) 实施驱动力

保护临近和受纳水体。

(8) 参考文献和案例工厂

055A，I，*043A，I*，*088I，X*，[33，DECHEMA，1995]，[91，Serr，2004]。

4.3.7.20 废水 CHCs 和溶剂去除（三）

（1）概述

在案例工厂 *055A，I* 中，缓冲池和 WWTP 的生物处理单元吹脱排放的废气含 CH_2Cl_2，采用活性炭吸附处理。

（2）环境效益

减少 WWTP 中 CHCs 的扩散排放。

（3）跨介质效应

活性炭吸附的跨介质效应。

（4）运行资料

无可提供资料。

（5）适用性

普遍适用。

（6）经济性

无可提供资料。

（7）实施驱动力

减少扩散性排放。

（8）参考文献和案例工厂

014V，I。

4.3.7.21 工艺废水镍去除

（1）概述

通常，镍用于氢化反应的雷尼镍催化剂。反应后催化剂分离，再生回用。根据具体情况，废水中仍残存相应的镍，需通过两级离子交换进一步处理，其中第二级离子交换器备用。图 4.78 为案例工厂 *018A，I* 的工业废水镍去除工艺流程。

（2）环境效益

① 避免镍扩散到其他工序。

② 镍的浓度可降低至 0.5mg/L 以下。

③ 减少 WWTP 污泥的镍含量。

④ 提高 WWTP 效率，镍可抑制活性污泥性能。

（3）跨介质效应

① 增加酸的消耗。

② 絮凝剂的消耗。

③ 镍从废水转移到废弃物。

（4）运行资料

① 再生液镍浓度为 2600～13500mg/L。

② 废水量为 700L/批次。

（5）适用性

视具体情况而定，普遍适用于类似装置的废水重金属去除。

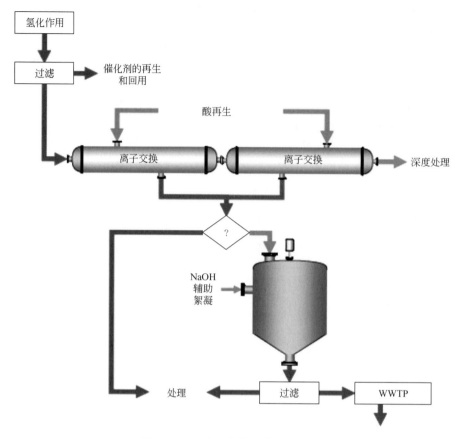

图 4.78　工艺废水镍去除工艺流程

其他装置废水的重金属去除采用化学沉淀后续离子交换处理工艺，效果更好［62，D1 comments，2004］。

废水有机物与重金属会形成络合物或降低离子交换剂效率等，抑制废水重金属的去除［62，D1 comments，2004］。

① 氢氧化物沉淀：在 pH＝7.0～9.5 的条件下，氢氧化钠及其混合物定量沉淀废水中的镍或其他碱金属离子。助凝剂和絮凝剂的作用非常重要［62，D1 comments，2004］。

② 硫化物沉淀：以硫化物、聚硫化物，特别是无毒水溶性三聚硫氰酸钠、TMT 为沉淀剂，与重金属沉淀，后者可降至 10^{-9} 级。例如，Ni 与 TMT 沉淀反应的最佳条件为 pH 值为 12，1g Ni 与 20mL Na_3TMT（15％）溶液和 0.5％铝溶液共沉。快速搅拌 1min，再缓慢搅拌 15min，滤液的重金属含量＜0.4mg/L［62，D1 comments，2004］。

③ 通常情况：所有废水处理工艺可有效组合［62，D1 comments，2004］。

（6）经济性

离子交换树脂需进一步处理。表 4.75 为再生液沉淀-过滤处理/处置成本比较。

经济效益包括提高 WWTP 性能；减少 WWTP 的污泥处置费用。

（7）实施驱动力

① 镍不需进一步处理。

表 4.75 再生液沉淀-过滤处理/处置成本比较

委托处置	欧元(2001 年)	沉淀-过滤处理	欧元(2001 年)
储罐费用	216000～254000	防滑装置和过滤器	178000(1±10%)
处置费用	185000/a	工程	25000
		后续 WWTP 处理	

注：表中费用由爱尔兰元换算所得，IEP（爱尔兰元）与 EUR（欧元）兑换汇率为 1EUR=0.787564IEP。

② 重金属的排放限值。

(8) 参考文献和案例工厂

[15，Köppke，2000]* 018A，I*。

4.3.7.22 废水重金属去除

(1) 概述

重金属废水的主要来源包括：

① 以重金属为反应物的金属粉喷涂、氧化和还原过程；

② 以重金属为催化剂的工艺过程。

废水重金属去除案例详见表 2.17。* 068B，D，I* 案例工厂大量使用重金属，如金属粉喷涂，排放重金属络合物废水。这些含重金属废水需分质处理，必要时需先破坏金属络合物，然后再去除重金属。

图 4.79 为重金属废水分质处理方法的选择。表 4.76 列出了 WWTP 处理前后的废水水质监测结果。废水中 Cu、Cr、Ni 和 Zn 含量均<5mg/L，才能生物处理。

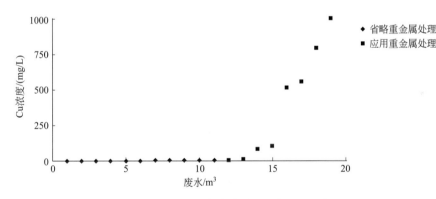

图 4.79 重金属废水分质处理方法的选择

(2) 环境效益

① 减轻生物 WWTP 的负荷。

② 减少水体的重金属排入量。

其他案例工厂的废水重金属去除及其排放值如表 4.77 所列。

(3) 跨介质效应

处理技术的能耗量和试剂消耗。

(4) 运行资料

无可提供资料。

表 4.76   WWTP 处理前后的废水水质监测结果

去除方法	重金属	*068B,D,I* 案例工厂废水排入 WWTP 前的重金属浓度	WWTP 排水的重金属浓度
		年均浓度/(mg/L)	
沉淀-过滤 Na_2SO_4 破坏重金属络合物后,沉淀-过滤	Cu	0.41	0.02
	Cr	0.31	0.03
	Ni	0.08	0.03
	Zn	0.49	
	Pb	0.1	
	Cd	0	
	Hg	0.004	

注：重金属处理后废水与其他废水混合（稀释）。

表 4.77   其他案例工厂的废水重金属去除及其排放值

去除方法	案例工厂	重金属	排入 WWTP 前,案例工厂废水中的重金属浓度	WWTP 排水的重金属浓度
			年均值/(mg/L)	
沉淀、过滤	015D,I,O,B[①]	Cr	0.13	0.05
		Cu	0.29	0.14
	014V,I[②]	Ni	0.07	0.03
	010A,B,D,I,X(2003 年)	Cr	0.05	0.004
		Cu	0.10	0.007
		Ni	0.10	0.04
		Zn		0.017
	009A,B,D(2002 年)	Cr	0.04	0.003
		Cu	0.03	0.007
		Ni	0.03	0.02
		Zn	0.15	0.04
	013A,V,X	Ni		0.03

① *015D,I,O,B*：(湿式氧化) 预处理破坏铜的络合物。

② *014V,I* 涤气处理前，去除废气的重金属（特别是 Zn）。

注：重金属废水分质处理后与其他废水混合（稀释）。

(5) 适用性

在案例工厂 068B，D，I 中，重金属被广泛使用，排入 WWTP 的废水中重金属浓度高。

当废水在厂内生物处理且污泥焚烧处置时，如果废水生物处理的重金属去除效果与预处理-生物处理组合工艺的效果相当，则采用生物处理工艺［117，TWG 2 comments，2005］。

（6）经济性

应用处理技术的经济性。

（7）实施驱动力

法规，减轻 WWTP 负荷，减少污泥重金属含量。

（8）参考文献和案例工厂

［91，Serr，2004］，*014V，I*，*015D，I，O，B*，*068B，D，I*。

4.3.7.23 废水碘回收

（1）概述

在案例工厂*015D，I，O，B*中，烃化过程采用烷基碘化物。碘不属于目标分子，相分离后仍以 I⁻ 的形式存在于废水中。该废水的碘含量最高，通过第一级相分离后，碘从母液中回收。含碘废水的例子如表 4.78 所列。

表 4.78 含碘废水的例子

废水	I⁻浓度/(g/L)	I⁻负荷/(kg/批)	I⁻回收与否
母液	92	550	是
清洗水 1	16	48	不
清洗水 2	1.5	4.5	不

通过调节 pH 值、Na_2SO_3 氧化、$CuSO_4$ 沉淀过滤，碘以 CuI 方式回收。

（2）环境效益

有用物质回收回用或市场销售，不排入水体。

（3）跨介质效应

消耗化学试剂。

（4）运行资料

无可提供资料。

（5）适用性

普遍适用。

（6）经济性

无可提供资料。

（7）实施驱动力

有用物质回收。

（8）参考文献和案例工厂

015D，I，O，B。

4.3.7.24 高浓度磷废水处理

(1) 概述

在案例工厂*055A，I*中，为了减轻 WWTP 和受纳水体的负荷，高浓度磷废水实施分质处理。表 4.79 为该类母液的处置案例。

表 4.79 含磷母液的处置案例

废水	总磷/(g/L)	废水量/(m³/批)	磷负荷/(kg/批)	H₃PO₄ 含量/%(质量分数)
母液 1	130	0.5	65	34
母液 2	181	1.5	271.5	

(2) 环境效益

减轻生物 WWTP 和受纳水体的高磷负荷。

(3) 跨介质效应

无可提供资料。

(4) 运行资料

无可提供资料。

(5) 适用性

普遍适用。

(6) 经济性

无可提供资料。

(7) 实施驱动力

减轻生物 WWTP 和受纳水体的负荷。

(8) 参考文献和案例工厂

055A，I。

4.3.8 总废水处理及其排放值

4.3.8.1 总废水中重金属可达值

(1) 概述

德国的资料［31，European Commission，2003］表明，典型化工厂总废水（未经雨水或冷却水稀释）污染物可达排放值如表 4.80 所列。尽管小型设施的废水，尤其是有机精细化学品生产废水进行了充分的预处理，但是重金属（特别是 Zn、Cu 和 Ni）的浓度仍然较高。

表 4.80 总废水重金属排放可达排放值

参数	排放可达值/(mg/L)			
可能的重金属	Cr	Cu	Ni	Zn
（采用预处理）排放值	0.05	0.1	0.05	0.1

上述去除值仅为生物 WWTP 处理后的废水排放值，如果重金属不转移至其他介质

中（如利用废水处理的污泥做肥料）。

（2）环境效益

减轻受纳水体的重金属负荷。

（3）跨介质效应

无可提供资料。

（4）运行资料

无可提供资料。

（5）适用性

普遍适用。

（6）经济性

无可提供资料。

（7）实施驱动力

减轻受纳水体的重金属负荷。

（8）参考文献和案例工厂

[50，UBA，2001]。

4.3.8.2　总废水 H_2O_2 化学氧化预处理

（1）概述

案例工厂*004D，O*属于多种产品的中小企业（SME），生产有机染料（主要是偶氮染料）和荧光增白剂（二苯乙烯型）。生产废水的生物降解性差（并且颜色深），排入市政管网前，先收集贮存，通过芬顿试剂（H_2O_2 和催化剂）氧化预处理。预处理槽为标准搅拌反应釜。

（2）环境效益

① 难降解有机废水化学氧化预处理。

② 废水 COD 去除 95％后，再生物处理。

③ 化学氧化预处理后残存 COD 生物降解性较高。

（3）跨介质效应

① 消耗化学试剂。

② 耗能。

（4）运行资料

- 处理规模：　　　　　　　　$40000m^3/a$（约 $150m^3/d$）
- 原废水含盐量：　　　　　　10％
- 工况：　　　　　　　　　　110℃和 1bar（1bar＝10^5Pa）
- 废水预处理前 COD：　　　　5000mg/L（750kg/d）
- 废水预处理的 COD 去除率：　取决于处理时间和 H_2O_2 添加量，可达 95％，实际为 80％
- 预处理后的废水 COD：　　　38kg/d（去除率 95％），150kg/d（去除率 80％）。

（5）适用性

① 适用于生物处理不能有效去除的污染物。

② 总排放废水，包括有机物浓度低的冲洗水、清洗水及漂洗水，预处理只应用于极难降解的有机废水（详见 4.3.7.10 部分）。

③ 4.4.7.7 部分列出了 H_2O_2 化学氧化处理废水的案例。

表 4.81 列出了其他厂。

表 4.81　总废水 H_2O_2 化学氧化处理案例

案例工厂	处理量（最大）/(m³/h)	进水 COD（最大）/×10⁻⁶	出水 COD/×10⁻⁶	污染物	平均 H_2O_2 消耗量/(kg/m³)（近 100%氧化）	投资成本/欧元	运行成本/(欧元/m³)
108B，I	8	15000	5000	苯胺、吡啶、噻吩，其他有毒有机物	15	500000	10
109A，V	5	5000	1500	不可降解物质、有机溶剂	7	500000	5
110B	2	5000	500	草甘膦和其他有毒有机物	10	450000	8
112X	100	3500	2500	巯基苯并噻唑及其他污染物	2	1900000	1.3

(6) 经济性

运行成本：1～1.5 欧元/1kg COD（详见 4.81 部分相关内容）。

(7) 实施驱动力

去除 COD。减轻市政生物 WWTP 的处理负荷。

(8) 参考文献和案例工厂

004D，O，[58，Serr，2003]，[99，D2 comments，2005]。

4.3.8.3　厂内生物 WWTP 处理

(1) 概述

瑞典的案例工厂 *016A，I* 包括两个医药生产基地。此前，废水都排入城市 WWTP 处理。调查显示，*016A，I* 的废水周期性地干扰城市 WWTP 的生物处理运行。同时，部分未降解有机物穿透 WWTP 直接排入受纳水体。由此，*016A，I* 厂决定，在厂内建设废水处理站，废水经过其合格处理后，直接排入受纳水体。

(2) 环境效益

① 厂内建设专门的废水处理站，取代现有排入城市 WWTP 的低效处理。

② 多产品生产厂的厂内废水处理站能有效控制、管理和监控废水处理，达标后排入受纳水体。

③ 避免挥发性化合物随着废水进入污水系统的风险。

(3) 跨介质效应

① 废水厂内处理需投加营养物质，为了调节水量和水质，则需增加缓冲池。

② 对于具体案例，只有在低于抑制浓度（阈值）时，难降解化合物才能降解（适合与市政污水的联合处理）。

(4) 运行资料

取决于具体案例。

(5) 适用性

对于已经安排（包括合同、厂区布局）废水厂外处理的企业，废水更改为厂内 WWTP 处理，存在较大难度。

(6) 经济性

无可提供资料。

(7) 实施驱动力

解决废水干扰市政 WWTP 的运行导致市政 WWTP 处理效果下降的问题。减少受纳水体的 COD 排入。

(8) 参考文献和案例工厂

[52，Berlin，2000]，*016A，I*。

4.3.8.4　与市政污水联合处理

(1) 概述

市政污水与 OFC 生产废水联合处理的前提是不存在协同和拮抗作用，也就是处理后的残存物质仅简单叠加。然而，联合处理有利有弊（参见环境效益和适用性）。为了风险最小化，应详细研究废水对市政污水硝化作用的各种可能的抑制因素；必要时，对产生影响的部分废水进行预处理，或者通过计量设施调节污水处理厂的废水排入量。

基于水的经济性，为了硝化抑制时氮排放最小，常见的应急措施为通过物理化学法预处理氨氮废水，条件具备时同时进行氨回收。

废水联合处理的原则是联合处理的脱氮效果不能劣于单独处理。

实践证明，废水联合处理的成功案例是采取严格计量控制，将化工废水排入市政污水处理厂。其常见实例为，通过计量，将易降解的高浓度废水投加至厌氧段（消化池）或反硝化段。

(2) 环境效益

① 改善废水营养物状况。

② 调节废水水温，以优化降解动力学。

③ 两股废水的日排放历时曲线互补，联合处理可以平衡进水负荷。

④ 废水混合使污染物浓度低于其毒性阈值，从而控制其毒性和抑制作用。

(3) 跨介质效应

无可提供资料。

(4) 运行资料

取决于具体废水。

(5) 适用性

需进行案例评价。以下情况不能采用联合处理。

① 排水以合流制为主的城市。降雨量较大时，排水系统出现溢流现象，导致污染物排放增加，致使联合污水处理厂中世代期长的硝化菌等微生物流失。

② 废水联合处理时，工厂生产运行失误会导致废水污染物排放量增加，市政污水的处理效果下降。

③ 许多化学物质，有些即使浓度低，抑制硝化作用。硝化作用一旦失效，需数星期的时间才能恢复。

含有多种未知代谢物和副产品的复杂废水不能与市政污水联合处理。这类废水处理优先采用厂内生物 WWTP［99，D2 comments，2005］。

通常，废水处理厂的规模越大，生物处理过程越稳定，处理效果越好［117，TWG 2 comments，2005］。

(6) 经济性

个别情况下，废水和市政污水联合处理，投资省和运行费用低。

(7) 实施驱动力

节约费用。

(8) 参考文献和案例工厂

［62，D 1 comments，2004］，和许多源自 OFC 行业的案例。

4.3.8.5　厂外污水处理效率

(1) 概述

案例工厂＊011A，I＊的废水最终排入市政 WWTP 处理。采集废水水样，然后将采集的水样混合，再参照市政 WWTP 的运行工况进行污染物降解测试试验，确定污染物降解性的相关参数（如 COD/TOC、AOX、总磷）。

(2) 环境效益

评估厂外污水处理厂的处理性能。

(3) 跨介质效应

无可提供资料。

(4) 运行资料

① 频率：每个季度一次。

② 好氧处理的模拟测试：Zahn-Wellents 测试（详见 4.3.1.3 部分）。

(5) 适用性

普遍适用性。

(6) 经济性

增加取样和测试的费用。

(7) 实施驱动力

确定厂外污水处理厂的处理性能。

(8) 参考文献及案例工厂

＊001A，I＊（更改案例：＊007I＊，＊021B，I＊）。

4.3.8.6　总废水处理

(1) 概述

减少废水有机负荷的主要步骤是总废水的处理。通过采取综合措施和预处理，可有效提高总废水的生物降解性。多产品生产厂的废水变化大，生物处理需耐受废水的水量和水质（毒性和生物降解性）的冲击负荷。图 4.80 为可有效应对（尤其是 OFC 行业废水）冲击负荷的工艺流程——两级生物处理-—级活性炭吸附的废水处理总工艺流程。此流程包括两级生物处理、活性炭吸附、化学沉淀（除磷）和砂滤。

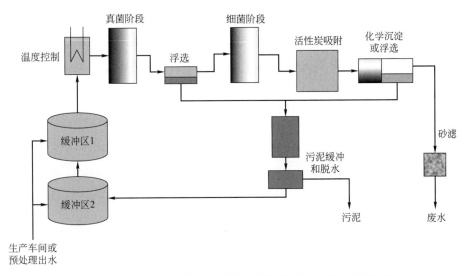

图 4.80 两级生物处理-—级活性炭吸附的废水处理总工艺流程

（2）环境效益

① 有机物去除率：97％（2001 年）。

② 氮去除率：80％（2001 年）。

③ 磷去除率：98.5％（2001 年）。

④ 减少高毒性，抗毒性冲击负荷强。

⑤ 有效去除残存的难降解物质。

（3）跨介质效应

与其他生物处理厂比较，无额外的跨介质效应。活性炭需回收处置。

（4）运行资料

① 处理规模：　　　$2000m^3/d$。

② 进水水温：　　　$29\sim30℃$。

③ 停留时间：　　　30h。

④ 缓冲池容积：　　$2\times4000m^3$。

⑤ 真菌处理段：　　生物膜，pH=4，有机物去除率为75％。

⑥ 细菌处理段：　　生物膜，pH=8，其进水的有机去除率为90％。

⑦ 生物处理段之前，吸附预处理去除难降解废水。

（5）适用性

难降解或毒性高的废水需先做适宜的预处理，可广泛适用。

上述案例并非唯一可靠的处理工艺流程。更详细信息详见文献［31，European Commission，2003］，特别是7.6.1部分的附录及7.6.2中案例。

生物处理后的总废水，采用活性炭吸附处埋的其他案例：①"009A，B，D*"；②*082A，I*"；③*089A，I*　是 AOX 的工程。

(6) 经济性

无可提供资料。

(7) 实施驱动力

废水排入市政 WWTP 联合处理，处理效果差。

(8) 参考文献及案例工厂

＊016A，I＊。

4.3.8.7　生物 WWTPs 保护与性能（一）

(1) 概述

采取有效措施防止有毒废水干扰生物降解，充分利用生物 WWTP 的生物降解潜力，BOD_5 平均去除率大于 99%。表 4.82 为生物 WWTP 处理后的废水毒性和悬浮物可达值。

表 4.82　生物 WWTP 处理后的废水毒性和悬浮物可达值

参数		废水可达排放值
悬浮物/(mg/L)		10～20
毒性	鱼的 LID_F	2
	水蚤的 LID_F	4
	藻类的 LID_F	8
	发光细菌的 LID_F	16

注：LID 为最低无效稀释，具体解释，详见专业词汇表中的"LID"。

生物 WWTP 的保护措施包括以下几项。

① 有毒废水分离后预处理或焚烧处理。

② 通过自动生物测试装置（"毒性计"）监测未处理废水或通过控制敏感生产过程的特征参数，确定污泥活性。

③ 保证足够的缓冲容积，避免进水有机负荷、氮负荷或含盐量（特别是含盐量超过 10g/L）冲击。

④ 保证停留容积，分离不可预见的可能破坏生物处理厂生物环境的废水。

⑤ 在生产设备和 WWTP 设备之间，应用先进通信程序（如生产过程中的不可预见的废水排放信息）。

悬浮物排放已达值（年平均）案例如下。

a. 014V，I：10mg/L。

b. 011X：＞10mg/L。

c. 008A，I：10.4mg/L。

d. 081A，I：17～20mg/L。

e. 036L：20mg/L。

(2) 环境效益

① 保护生物 WWTP。

② 减轻受纳水体的需氧量、悬浮物和毒性。

(3) 跨介质效应

无可提供资料。

(4) 运行资料

取决于具体废水。

(5) 适用性

普遍适用。

除了急性毒性外，其他相关内容包括慢性毒性、生物富集和内分泌干扰。生物富集和内分泌干扰的测试方法尚在研发 [99，D2 comments，2005]。

(6) 经济性

无可提供资料。

(7) 实施驱动力

保护生物 WWTP，减轻受纳水体的有机物、悬浮物和毒性。

(8) 参考文献及案例工厂

[50，UBA，2001]。

4.3.8.8 生物 WWTPs 保护与性能（二）

(1) 概述

案例工厂 * 100A，I * 将现有的厂内生物 WWTP 实施改造成 A/B 工艺，确保废水处理，特别是脱氮效果稳定。其中，A 段去除废水 COD、有机氮氨化，实现脱毒处理；B 段通过硝化/反硝化去除 NH_4^+-N，需要添加易生物降解碳源。表 4.83 为改造前的现有生物 WWTP 工艺及 N 排放值。

表 4.83 改造前的现有生物 WWTP 工艺及 N 排放值

进水	2000m³/d TN：20～120mg/L 无机氮：TN 的 10%		
缓冲池	2800m³		
中性池			
1. 净化			
滴滤池	3160m³		
2. 净化			
活性污泥	8000m³		
3. 净化			
污泥负荷	0.1kgCOD/(kgVSS·d) 6gN/(kgVSS·d)		
	2002～2004 年数据		
	NH_4^+-N	NO_3^--N	NO_2^--N
	mg/L		
平均值	33.8	12.2	4.4
75%	59.0	15.6	1.0
90%	84.6	51.4	8.8

现有厂内生物 WWTP 设置了缓冲池和预处理单元，但运行效果仍受下列因素影响：

① 进水 N 变化，与特殊批次生产高度相关；

② 进水毒性物质。

图 4.81 为现有厂内生物 WWTP 3 个典型运行阶段的 NH_4^+-N 排放值（2002～2004 年）。

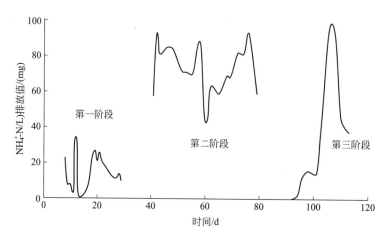

图 4.81 现有厂内生物 WWTP 3 个典型运行阶段的
NH_4^+-N 排放值（2002～2004 年）

第一阶段，现有 WWTP 的无机氮排放值为 10～20mg/L（平均）。此阶段运行稳定、负荷低，处理后出水中没有 NO_2^- 和 NO_3^-（无数据），NH_4^+-N 为 14.8mg/L（平均）。

第二阶段，废水 N 负荷急剧增加，随后的 1 个多月，处理后出水的 NH_4^+-N 达 73.7mg/L（平均）。由于废水中一种或多种产物的毒性，致使活性污泥的微生物不能适应较高 N 负荷。

第三阶段，特殊生产过程所排放的废水出现含氮峰值，导致污泥负荷增加 10 倍。WWTP 运行快速恢复，但是处理后的出水仍残存毒性。

(2) 环境效益

① 生物 WWTP 运行稳定。

② 改造后无机氮排放值（估算）：10～20mg/L（平均）。

(3) 跨介质效应

无。

(4) 运行资料

无可提供资料。

(5) 适用性

普遍适用。

(6) 经济性

改造费用。

(7) 实施驱动力

现有生物 WWTP 运行不稳定。

(8) 参考文献及案例工厂

＊100A，I＊。

4.3.8.9 废水 COD 去除率

(1) 概述

高浓度难降解废水，通过分离（详见 4.3.7.10、4.3.7.11、4.3.7.12 部分)-预处理-生物处理或分离-预处理，COD 去除率大于 95%。

有效的预处理技术包括

① 活性炭吸附（＊009A，B，D＊）；

② 高压湿式氧化（＊015D，I，O，B＊）；

③ 低压湿式氧化（＊014V，I＊）；

④ 蒸发和焚烧（＊040A，B，I＊）。

(2) 环境效益

有效去除 COD，减轻受纳水体有机负荷。

(3) 跨介质效应

取决于所采用的预处理技术。

(4) 运行资料

取决于所采用的预处理技术。

(5) 适用性

普遍适用。

(6) 经济性

无可提供资料。

(7) 实施驱动力

有效去除 COD，减轻受纳水体有机负荷。

(8) 参考文献及案例工厂

[50，UBA，2001]。

4.3.8.10 COD 排放值和去除率

(1) 概述

排入受纳水体前，OFC 总废水需经厂内或场外的生物 WWTP 处理。表 4.84 为总废水处理技术。

典型生物 WWTP 的 COD 去除率为 93%～97%（年平均）（见表 4.82）。重要的是，个别情况除外，不能将 COD 去除率视为孤立的参数。表 4.85 列出了生物 WWTP 的 COD 去除影响因素。OFC 工厂内生物 WWTPs 的 COD 去除率与排放值关系如图 4.82 所示，尽管采用强化分离和预处理（包括预处理的总去除率较高，详见表 3.3），受因素（e）的影响，出现了异常情况（COD 去除率为 75% 和 77%）。

表 4.84　总废水处理技术

案例工厂	总废水处理技术	
	应用技术	适用性
067D,I	湿式氧化	难降解有机废水
045E	蒸发	当地气象适合蒸发,小规模(60m³/d)
024A,I	焚烧	可支付昂贵处理费用

表 4.85　生物 WWTP 的 COD 去除影响因素

因素			效应
分离和预处理程度	(a)	废水充分分离,难降解 COD 有效去除后,进入生物处理段	去除率较高
	(b)	废水未充分分离,难降解 COD 未有效去除便进入生物处理段	去除率较低
	(c)	溶剂被充分去除	去除率较高
	(d)	溶剂未充分去除	去除率较低
产品种类	(e)	所生产的产品导致大多数废水中存在难降解 COD	即使预处理,去除率较低
	(f)	所生产的产品仅导致少数废水中存在难降解 COD	去除率较高

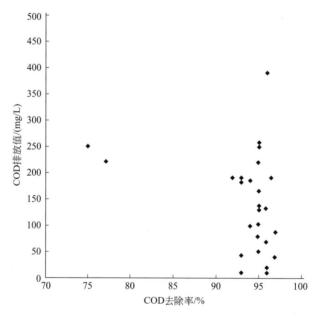

图 4.82　OFC 厂内生物 WWTP 的 COD 去除率与排放值关系

此外,OFC 工厂的运行模式(生产批次、运行计划以及生产品种变化)导致了 COD 去除率的变化。图 4.83、图 4.84 和图 4.85 列举了废水水量、进水有机物/出水有机物浓度以及去除率的历时变化。因此,COD 去除率通常为年平均值。

基于本书目的,所列举的案例的 COD 排放值为 12～390mg/L。如图 4.82 所示,出水的 COD 浓度与 COD 去除率间不存在相关关系。如果生物处理段高效运行(BOD 去除率高),废水中的难降解有机物则只能通过强化分离与预处理去除。案例工厂 *017A,I* 的数据给予了充分证实。

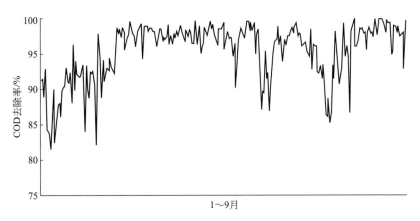

图 4.83   总废水生物处理后的 COD 排放历时变化

注：COD 排放值为基于正常废水进水/出水浓度和处理量的计算值。

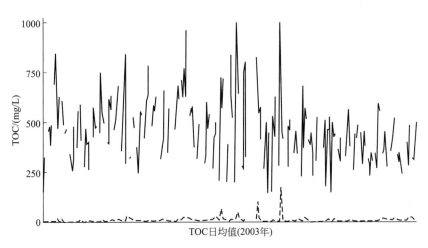

图 4.84   多产品厂生物 WWTP 的进水/排放浓度历时变化

（TOC＝缓冲池的进水/排水）

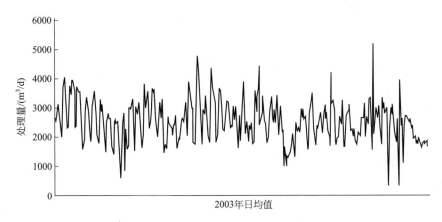

图 4.85   案例工厂 * 043A，I* 生物 WWTP 处理量历时变化

① 进水 COD：9000mg/L（高浓度废水）。

② COD 去除率：96%（非常好）。

③ BOD 去除率：99.6%（非常好）。

而且，该厂废水的最高排放值未超出设定值（390mg/L）。

（2）环境效益

运行数据是制定优化策略的基础。

（3）跨介质效应

无可提供资料。

（4）运行资料

无可提供资料。

（5）适用性

普遍适用。

（6）经济性

无可提供资料。

（7）实施驱动力

运行数据是制定优化策略的基础。

（8）参考文献及案例工厂

详见表 3.3 数据和案例工厂。

4.3.8.11 BOD 去除和排放值

（1）概述

通常，OFC 工厂的总废水通过生物 WWTP 终处理。BOD 去除和排放值反映了易降解有机物的生物降解程度。

所收集的数据显示，生物 WWTP 进水 BOD 浓度为 370~3491mg/L。图 4.86 为 BOD 去除率与 BOD 排放值关系。排放值均低于 20mg/L，去除率为 98.4%~99.8%。其中，最低 BOD 去除率对应于低进水浓度（370mg/L），相应的排放值为 6mg/L。所有水样检测时，样品均未过滤。

（2）环境效益

① 易降解有机物彻底去除，减轻受纳水体负荷。

② BOD 排放值低，表明 WWTP 生物段运行稳定。

（3）跨介质效应

无可提供资料。

（4）运行资料

无可提供资料。

（5）适用性

普遍适用。

（6）经济性

无可提供资料。

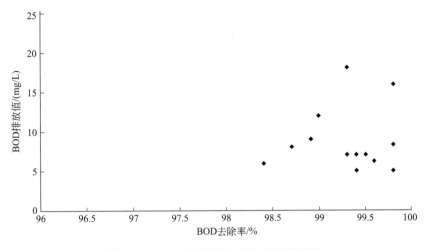

图 4.86　BOD 去除率与 BOD 排放值关系

(7) 实施驱动力

见"环境效益"部分。

(8) 参考文献及案例工厂

详见表 3.3 的案例工厂。

4.3.8.12　AOX 去除和排放值

(1) 概述

通常，OFC 工厂总废水的终处理于生物 WWTP 中完成。AOX 去除和排放值反映了生物降解过程的有机卤代物去除程度。收集的数据显示，AOX 的去除率为 15%～94%，相应的排放浓度为 0.06～1.7mg/L。图 4.87 为 AOX 去除率与排放值的关系。废水的进水浓度详见 4.3.7.14 部分相关内容。

AOX 数据源于相同的案例工厂，与 COD 的去除率比较，AOX 去除率呈规律性的偏低。这证实了卤素（而不是其他元素）是导致低生物降解性的官能团的假设。

AOX 是有机化合物的另一筛选参数。因此，降低 AOX 排放策略同样是基于废水的分离和预处理。

例如：在案例工厂 * 023 * ，AOX 未采取相关的预处理，其排放浓度达 5mg/L。

(2) 环境效益

① 减少受纳水体中的 AOX。

② 开发改进策略的筛选参数。

(3) 跨介质效应

无可提供资料。

(4) 运行资料

无可提供资料。

(5) 适用性

普遍适用。

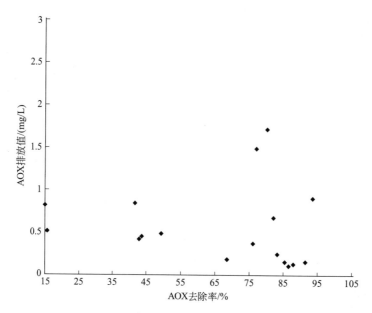

图 4.87　AOX 去除率与排放值的关系

（6）经济性

无可提供资料。

（7）实施驱动力

见"环境效益"部分。

（8）参考文献及案例工厂

详见表 3.5 的案例工厂。

4.3.8.13　LID 排放值

（1）概述

通常，OFC 工厂总废水的终处理在生物 WWTP 中完成。出水的评估（WEA）反映废水残余的藻类、发光细菌、水蚤、鱼和遗传毒性。图 4.88 为收集的 LID 排放值——总废水毒性评估结果（或见表 3.5）。

生物处理后废水残余毒性水平（以 LID 或 EC_{50} 表示）的增加，则表明了废水处理工艺的存在改进潜力。改进措施包括：

① 强化废水毒性有机物的分离或预处理；

② 强化生物 WWTP 的废水缓冲/平衡功能。

（2）环境效益

① 减轻受纳水体负荷。

② 工艺改进潜力指标。

（3）跨介质效应

无可提供资料。

（4）运行资料

无可提供资料。

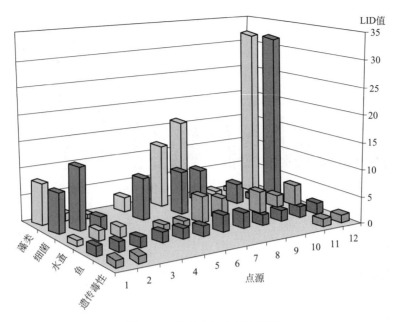

图 4.88　总废水毒性评估结果

（5）适用性

普遍适用。

（6）经济性

监测及后续措施的费用增加。

（7）实施驱动力

见"环境效益"部分。

（8）参考文献及案例工厂

见表 3.5 的案例工厂。

4.3.8.14　氮化物排放

（1）概述

通常，OFC 工厂总废水终处理在生物 WWTP 中完成。无机氮化合物（以无机氮计，即 NH_4^+、NO_3^-、NO_2^- 之和）的降解通常通过硝化和反硝化作用实现。图 4.89 为生物 WWTP 出水氮排放水平，包括收集的总氮排放数据。无机氮排放浓度为 1～34mg/L。因为总氮包含有机氮，所以总氮的排放浓度通常较高。2004 年，生物 WWTP 的出水无机氮浓度最高达 50mg/L 及 34mg/L。为此，对生物 WWTP 实施改造，以调整处理能力、改善运行性能。其中，导致废水出现无机氮高浓度的原因，一种是由于延长发酵单元排放高 NH_4^+ 废水，其他原因如 4.3.8.8 部分所述。经过改造，扩大生物 WWTP 的池容，延长废水的水力停留时间，可以使出水无机氮浓度降至最低。对于案例工厂* 096A，I*，当水力停留时间延长至 7d 时出水无机氮浓度降至 1mg/L。

（2）环境效益

减轻受纳水体负荷。

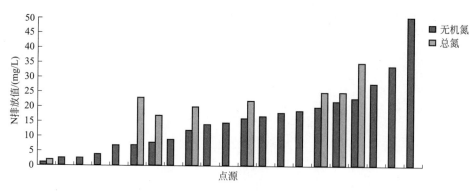

图 4.89　生物 WWTP 出水氮排放值

（3）跨介质效应

无可提供资料。

（4）运行资料

无可提供资料。

（5）适用性

普遍适用。

（6）经济性

无可提供资料。

（7）实施驱动力

减少受纳水体的无机氮排放。

（8）参考文献及案例工厂

详见表 3.5 案例工厂。

4.3.8.15　废水无机氮去除

（1）概述

生物 WWTP 中硝化/反硝化的无机氮排放的年均值为 10～20mg/L。

（2）环境效益

有效减少受纳水体的无机氮排放。

（3）跨介质效应

增加处理段的运行能耗。

（4）运行资料

足够的停留时间可以优化污染物去除。

（5）适用性

普遍适用。

（6）经济性

无可提供资料。

（7）实施驱动力

有效减少受纳水体的无机氮排放。

(8) 参考文献及工程实例

[50，UBA，2001]，[31，European Commission，2003]。

4.3.8.16 废水磷化物去除

(1) 概述

生物 WWTP 出水的总磷的年均排放值浓度可达 1～1.5mg/L。必要时，会在磷化物去除过程中补充化学/机械处理。

(2) 环境效益

有效减少受纳水体的磷化物排放。

(3) 跨介质效应

无可提供资料。

(4) 运行资料

无可提供资料。

(5) 适用性

普遍适用。

(6) 经济性

无可提供资料。

(7) 实施驱动力

有效减少受纳水体的磷化物排放。

(8) 参考文献及案例工厂

无可提供资料。

4.3.8.17 废水磷去除

(1) 概述

通常，OFC 工厂总废水的终处理于 WWTP 中完成。在生物处理段，废水磷化物部分作为微生物生长的营养物质，剩余部分则需在排放前通过化学/机械处理予以去除。图 4.90 为 OFC 工厂的厂内生物 WWTP 的废水进水和出水的总磷浓度。

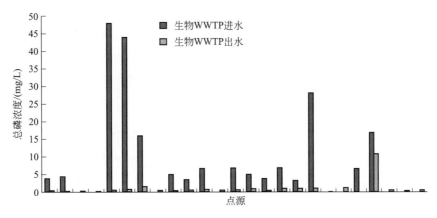

图 4.90　OFC 工厂的厂内生物 WWTP 的废水进水和出水的总磷浓度

当废水进水的总磷浓度为 3.5～48mg/L 时，相应的（具有化学/机械处理）排放浓度为 0.2～1.5mg/L。案例工厂＊086A，I＊的厂内生物 WWTP 没有设置化学/机械的脱磷处理单元，出水的总磷浓度达 10.8mg/L。

总磷排放浓度较高的案例如下。

① 案例工厂＊011X＊：通过优化厂内的 WWTP 的生物处理段，出水总磷排放值较低（2000 年为 1.5mg/L；2003 年达 0.5mg/L）。

② 案例工厂＊047B＊：厂内的 WWTP 的生物处理段虽然经过优化，但出水总磷的排放值仍达 1.3mg/L。原因在于该厂为有机磷化合物生产厂。

(2) 环境效益

减轻受纳水体的磷负荷。

(3) 跨介质效应

无可提供资料。

(4) 运行资料

无可提供资料。

(5) 适用性

普遍适用。

(6) 经济性

无可提供资料。

(7) 实施驱动力

有效减少受纳水体的磷负荷。

(8) 参考文献及案例工厂

详见表 3.4 案例工厂。

4.3.8.18 活性物质废水生物监测

(1) 概述

案例工厂＊040A，B，I＊生产 APIs 和杀菌剂。通过生物监测（以 LID 值表征废水对鱼、水蚤、藻类和发光细菌的毒性）评估废水生物在 WWTP 处理后的残留急性毒性（也可参见 4.3.8.13 部分）。多年的监测结果表明：

① 通常，四种不同受试生物的监测结果互相补充；

② 即使在更大的联合生产厂，技术上可以解析残留急性毒性源，将其毒性最小化；

③ 采样频率应与产品变化频率相对应（列举的案例，采样频率为 20 个/年）。

图 4.91 为案例工厂＊040A，B，I＊于 1985～1996 年间处理后排水的平均残留急性毒性。该厂逐渐实现了重要废水的分离处置（焚烧），改进了专门的生产步骤。最终，实际达到的 LID 的平均排放值如下：

① LID_F：1；

② LID_D：2；

③ LID_L：3；

④ LID_A：1。

(2) 环境效益

生物监测数据是残留急性毒性和复杂废水评价的基础。

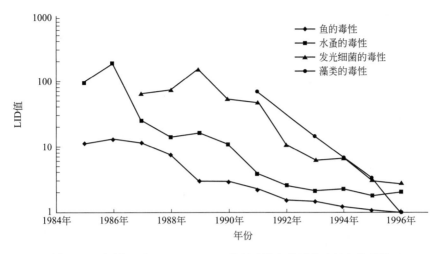

图 4.91　案例工厂 * 040A，B，I* 处理后排水的平均残留急性毒性

注：基于 20 测试值的年平均值。

（3）跨介质效应

无可提供资料。

（4）运行资料

监测频率应与产品变化频率匹配。

（5）适用性

当其他参数显示生物 WWTP 效能变化或产品（如生物活性物质）为废水急性毒性源的毒性时特别适用。

普遍适用于其他参数不易识别的具有固有毒性生产厂。

（6）经济性

① 采样测试费用。

② 所获的资料具有高价值。

（7）实施驱动力

活性物质生产废水具有残留急性毒性。

（8）参考文献及案例工厂

[88，Falcke，1997]，* 040A，B，I* 。

4.3.8.19　全废水评价

（1）概述

全废水评价（Whole Effluent Assessment）评价废水处理效率（参见 2.4.2.4 部分）。评估处理后废水或总废水的生物毒理性（包括有毒性、持久性、生物富集），考察废水的环境影响。废水的环境影响评价明显，则应改进废水的处理技术。通过环境效益评价废水处理技术的变化。

（2）环境效益

降低废水的环境影响。

(3) 跨介质效应

取决于预处理技术。

(4) 运行资料

可采集预处理装置的出水进行全废水评价。所得到评价资料可作为减少废水的环境影响的管理手段。

(5) 适用性

尤其适用于其他参数表征生物 WWTP 的运行变化或已证实产品（如生物活性物质）为毒性主要因素的废水排放。

普遍适用于鉴定的情况：生产厂具有固有毒性，并且不易通过其他参数识别。

WEA 评价几种测试成熟可靠，尤其急性毒性和生物富集测试。然而持久性和慢性毒性测试尚需几年研究可望成熟。

(6) 经济性

WEA 评价的测试工作量与复杂废水中单一物质的综合分析相当。

(7) 实施驱动力

减少受纳水体的毒性负荷。

(8) 参考文献及案例工厂

［99，D2 comments，2005］，［73，Gartiser，2003］。

4.3.8.20　废水毒性和 TOC 在线监测

(1) 概述

由于多产品生产厂的原料变化，WWTP 的生物处理单元必须应对废水负荷和性质（如毒性）的变化。有毒废水排入生物 WWTP 会抑制生物降解过程，影响生物 WWTP 运行稳定。

对比参照样，使用在线监测仪监测生物 WWTP 废水对受试微生物（如硝化细菌）呼吸的抑制（见图 4.92）。如抑制作用增加（＞20%～30%），则需采取相应的技术措施，如：

① 补充投加活性炭；

② 将处理后废水回流至缓冲池。

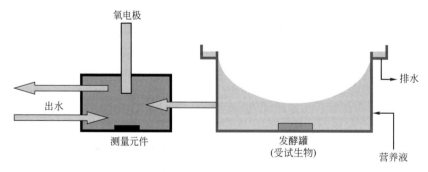

图 4.92　毒性在线监测原理

结合废水 TOC 的在线监测数据，可以探明废水的生物降解抑制与生产过程的关联。

（2）环境效益

如残留急性毒性属于关注因素，则在线监测是保护控制生物 WWTP 运行的有效工具。

（3）跨介质效应

无可提供资料。

（4）运行资料

① 响应时间 <3min。

② 厂内生物 WWTP 的硝化细菌为受试生物，在线监测为代表性监测。

③ 废水与受试生物的比例可调节。

（5）适用性

普遍适用。

类似设备：

① *009A，B，D*，毒性（缓冲池进水）和 DOC 在线监测；

② *010A，B，D，I，X*，毒性（缓冲池进水）和 DOC 在线监测。

（6）经济性

① 投资费：40000～50000 欧元。

② 运行费：4000～5000 欧元/a。

（7）实施驱动力

若废水残留急性毒性为关注因素，则需采取措施保护生物 WWTP。

（8）参考文献及案例工厂

[99，Serr，2004]，*016A，I*。

4.3.8.21 生物处理前后总废水监测

（1）概述

有组织的监控数据是化工厂，特别是在化工厂中引入新生产工艺或当化工厂出现问题时的决策制定的重要资料基础。通过分析总废水监测数据，既可识别长期趋势，也可解析诸如专门生产活动（如试验）、新材料引进或设备更换等单独事件的影响。

此外，总废水监测数据不仅需满足排放限值，而且应具有一定的可信度。

表 4.86 为案例工厂构建的总废水监测计划。

（2）环境效益

制定决策的重要数据基础。

（3）跨介质效应

无可提供资料。

（4）运行资料

① 不需要的废水参数或监测结果低于检测线，监测结果可删除。

② 根据废水的进水水质能计算出的可靠结果，应降低这类参数的监测频率。

（5）适用性

普遍适用。

表 4.86 案例工厂构建的总废水监测计划

监测位点	监测参数	监测频率
预处理单元的进水和出水(性能)	相关参数	1次/d
生物 WWTP		
进水	体积	连续
	pH 值	连续
生物反应釜的进水和出水(如厌氧段、压力生物学)	COD 或 TOC	1次/d
生物段进水	COD 或 TOC	1次/d
	NH$_4^+$-N	1次/d
	总磷	1次/d
曝气池	溶解氧	连续
	pH 值	连续
	温度	连续
	污泥指数	1次/d
	反硝化处理后的 NH$_3$-N	1次/d
沉淀段	能见度	1次/d
排入下水道或受纳水体前的采样点		
	pH 值	连续
	温度	连续
	悬浮物	1次/d
	BOD$_5$	1次/星期
	COD 或 TOC	1次/d
	NH$_4^+$-N	2次/星期
	NO$_3^-$-N	2次/星期
	NO$_2^-$-N	2次/星期
	Cr^{6+}	2次/星期
	Cl$_2$	2次/星期
	CN$^-$	2次/星期
	TP	1次/月
	F$^-$	1次/月
	SO$_4^{2-}$	1次/月
	S^{2-}	1次/月
	SO$_3^{2-}$	1次/月
	Al^{3+}	1次/月
	As	1次/月
	重金属	1次/两月
	AOX	1次/两月
	列举的物质	1次/两月
检查受纳水体的排放点		
气味、颜色、污泥积累等表征指标		1次/月

(1)不需要的废水参数或监测结果低于检测线,监测结果可删除;
(2)根据废水的进水水质能计算出的可靠结果,应降低这类参数的监测频率

（6）经济性

① 取样监测费用。

② 监测数据价值高。

（7）实施驱动力

建立决策制定和规范示范的数据库。

（8）参考文献及案例工厂

001A，I,*014V，I*,*015D，I，O，B*。

4.4　环境管理

4.4.1　概述

通常，处理设备通过技术最佳，运行最高效来达到最佳的环境效果。这是由 IPPC 指令定义的"技术"，即"处理设备的设计、建设、运行、维护和报废所采用的技术和方法"来确立的。

对于 IPPC 处理设备，环境管理系统（EMS）是运营商通过系统、示范性的方式，进行设备的设计、建设、运行、维护和报废的管理工具。EMS 用于制定、实施、维护、审查和监督环境政策，其内容包括组织结构、职责、实施、程序、工艺和资源。EMS 一旦构成设备整体管理运行的固有部分，则是最高效管理工具。

欧盟的许多机构已决定，在自愿原则下实施基于标准 EN ISO 14001：1996 的环境管理体系或欧盟生态管理审计方案（EMAS）。EMAS 不仅包括 EN ISO 14001 的管理体系要求，而且更加重视法律的协同性、环境效益和职员参与。此外，EMAS 要求管理体系的外部验证和公共环境声明许可（EN ISO 14001 中，自我声明可作为外部验证）。还有许多机构已经决定实施非标准化的 EMS。

原则上，标准化体系（EN ISO 14001：1996 和 EMAS）和非标准化（"定制"）体系均以"机构"为实体，这类文件不涉及其产品和服务的机构的所有活动。由于 IPPC 指令的受监管实体是"设备"（如第二款的定义），因此范围较窄。

IPPC 设施的环境管理体系（EMS）的组成如下：

① 环境政策定义；

② 目标和指标的规划与构建；

③ 程序的执行和实施；

④ 检查和纠正措施；

⑤ 管理审查；

⑥ 常规环境评价报告编制；

⑦ 认证机构或外部 EMS 校验；

⑧ 装置停运报废的设计事项；

⑨ 清洁技术研发；

⑩ 基准。

下文较详细地逐条解释了 EMAS 中包含的详细内容，读者可参考本书参考文献一章中的参考文选。

4.4.1.1 环境政策的定义

最高管理层确定设备的环境政策，确保该政策：

① 适合于各种生产活动的性质、规模及环境影响；

② 包括污染防控承诺；

③ 包括所属的机构遵守所有现行相关的环境法律、法规和其他要求的承诺；

④ 提供环境目标和指标的制定审查框架；

⑤ 向所有的员工进行记录和传达；

⑥ 对象为公众和所有相关利益团体。

4.4.1.2 规划

① 识别设备环境影响的程序，确定具有或可能具有重大环境影响的生产活动，确保这类信息实时更新。

② 识别机构订阅的关于法律和其他要求的程序，后者适用于生产活动的环境要求。

③ 编制评审环境目标指标的文件，考虑法律、法规和其他要求以及相关利益团体的观点。

④ 建立和定期更新环境管理方案，包括制定在各相关功能和层次上实现目标的职责，以及实现目标的措施和时间表。

4.4.1.3 程序的实施和运行

重要的是建立、确保程序公开、认知和实施的体系，因此有效的环境管理包括以下几点。

(1) 结构和职责

① 定义、记录和沟通的作用、职责和权限，包括任命 1 名专门管理代表。

② 提供环境管理系统实施和管制的基本资源，包括人力资源和专业技能、技术及财力资源。

(2) 培训、认知和能力

需要识别、培训，确保所有从事对生产活动的环境产生重大影响的工作的职员得到有效培训。

(3) 通信

建立、维护厂区不同层次职能间的内部通信、与外部相关方对话，以及对外部相关通信的接收、记录与响应程序。

(4) 职员参与

涉及通过提供建议书或基于项目的小组工作或环境委员会等形式参与，目的在于获得高环境效益的员工。

(5) 文件

以纸质或电子形式，表述管理体系核心要素及其相互作用，提供相关文件的方向，建立和保持信息的更新。

（6）有效过程控制

① 在备料、开车、常规运行、停车和异常工况等所有运行模式下，实施过程有效控制。

② 确定关键运行参数（如流量、压力、温度、组成和数量）及其监控方法。

③ 记录和分析异常运行工况，识别问题产生的根本原因，确保这类事件不再发生（识别问题原因并解决问题比追究个人的责任更重要，即优先实施"非责备"文化）。

（7）维护计划

① 基于设备、规范等，以及设备故障及其后果的技术说明，建立设备维护的结构化机制。

② 通过适当记录体系和诊断测试，支撑维护计划。

③ 制定清晰的维修计划实施责任。

（8）应急准备和响应

建立和维护识别事故或紧急状况、响应机制以及预防或减少可能导致环境影响的程序。

4.4.1.4 检查和矫正措施

（1）监控

① 建立、维护记录程序，定期监控及评估可能产生重大环境影响的运行活动的关键特征，包括跟踪运行的信息记录、相关的运行控制以及与设备环境目标（参见参考文件"排放的监测"）的一致性。

② 建立、维护定期评价相关环境法律、法规的记录程序。

（2）纠正和预防措施

建立、维护工作程序，明确调查处理偏离预定工况、其他法律要求及目标指标问题的责任和权力，采取措施，减少影响，落实针对问题及环境影响的纠正和预防行动方案。

（3）记录

建立、维护记录程序，用以识别、维护和处置包括培训记录、审核与评审结果在内的清晰明确的可追溯环境记录。

（4）审核

① 建立、维护定期环境管理体系的审核（单个及多个）工作机制与程序，包括人员讨论、运行工况与设备检查、记录与文件审查，形成书面报告。该报告由职员（内审）或外部各方（外审）编制，确保客观公正，内容涵盖审核范围、频次、方法、审核执行及审核结果报告的责任与要求。审核目的在于确定环境管理体系是否符合规划安排，实施和维护是否正确。

② 必要的审核或审核周期间隔不超过 3 年，具体时间取决于生产的性质、规模和复杂度，相关环境影响的重要性，以及之前审核所发现问题的严重性和解决紧迫性以及历史遗留环境问题——生产活动越复杂、环境影响越严重，审核越频繁。

③ 建立必要机制，确保审核结果及时落实。

（5）遵守法律的定期评估

① 审查设备是否符合环境法规，是否持有环境许可证。

② 评估文件。

4.4.1.5　管理审查

① 最高管理层在其决定审查期间，开展环境管理体系的审查，确保其持续适宜性、充分性和有效性。

② 确保必要信息的收集，保证管理者进行管理评价。

③ 评审文件。

4.4.1.6　定期编制环境报告

编制环境报告。该报告应特别重视对照环境目标和指标的装置所取得的成果。它是定期制作，从每年一次到更低频率——取决于排放物、垃圾产生等的重要性。声明需要相关利益方的信息，且是能够公开获取的（如通过电子出版物，图书馆等获取）。

环境报告编制期间，操作员应采用现有相关环境绩效指标，确定选择的指标应：

① 准确评价装置性能；

② 可理解、无歧义；

③ 允许逐年比较，评价装置环境性能的改进；

④ 酌情与部门、国家或地区的基准比较；

⑤ 酌情与管理要求比较。

4.4.1.7　认证机构或外部 EMS 验证员的认证

由官方认可的认证机构或外部 EMS 验证员认证管理系统、审核程序和环境报告，若认证适宜，可强化管理系统可靠性。

4.4.1.8　使用周期结束装置报废的设计因素

① 设计新装置时，需长远地考虑使用周期结束后装置的环境影响，使设备报废更容易、更清洁且费用更低。

② 装置报废产生的环境风险包括土地和地下水污染，大量固体废物。预防技术与工艺专一，但一般因素包括：

a. 避开地下构筑物；

b. 方便拆卸；

c. 选择易于净化的表面处理；

d. 使用化学品残留最少，易于排空或清洗的设备构型；

e. 设计灵活，便于单元拼接；

f. 尽可能使用可生物降解和可回收材料。

4.4.1.9　研发清洁生产技术

环境保护应是运营者的所有工艺设计的固有特征，因为最初设计阶段所整合的技术往往更经济有效。在研发过程中重视研发清洁生产技术。作为替代内部活动，在适当情况下应保持与由相关领域的其他运营者和研究机构积极的协调。

4.4.1.10　基准

基准即对行业、国家或区域的基准开展系统的定期比较，包括能效、节能活动、原料选择、大气排放和水排放（例如欧洲污染排放登记，EPER）、水耗和废物产生。

4.4.2　标准化和非标准化 EMS

EMS 包括标准和非标准（"定制的"）两种体系。遵守和执行国际上普遍公认的标准化体系，如 EN ISO 14001：1996 给 EMS 带来了较高的信誉，特别是当执行恰当的外部验证时。以环境报告的公众参与和遵守现行环境法规的保障机制，EMAS 往往会提供额外的信誉。尽管如此，原则上，若非标准化体系被正确地设计与实施，则该体系具有同等效果。

4.4.3　环境效益

运营者遵守并执行环境管理体系的重点在于关注设备环境绩效。具体而言，通过正常与异常状况的清晰运行程序及责任关联线，确保设备的运行在任何时候均满足许可工况和其他环境目标。

通常，环境管理体系能确保设备的环境性能持续改进。起点越低，短期改进越明显。如果设备具有好的整体环境性能，环境管理体系则有助于运营者保持高绩效水平。

4.4.4　跨介质效应

环境管理技术的设计关注整体环境影响。这与 IPPC 指令的综合预防一致。

4.4.5　运行资料

无资料报道。

4.4.6　适用性

通常，上述内容适用于所有 IPPC 设备。EMS 的范围（如详细度）和性质（如标准和非标准）涉及设备性质、规模和复杂度及其环境影响范围。

4.4.7　经济性

很难精准地确定一个好的 EMS 的引进维护费用和经济效益。下文列举了一些研究示例，然而其结果并不完全一致，也不能反映欧盟所有行业，因此应慎重处理。

1999 年，瑞士通过专项研究，对其境内的 360 家 ISO 认证和 EMAS 注册公司全部进行了调查，回应率为 50%。结论如下。

① EMS 引进维护费用高但并非不合理。然而微小公司的费用少。该费用预计将减少。

② 加强 EMS 与其他管理系统的协同集成可降低费用。

③ 通过成本节约和/或收入增加，一年内可实现 1/2 的环境目标。

④ 增加能源、废物处理和原材料的投入，可实现费用减少的最大化。

⑤ 大多数公司通过实施 EMS，有效提升了自身的市场地位。1/3 公司的报告显示，通过实施 EMS，市场效益逐步提高。

部分欧盟成员国规定，当设备获得认证时，减收监管费。

大量研究[❶]表明，公司规模和投资回报期都与 EMS 的实施费用呈反比。SMEs 中实行 EMS 的实施费用-效益关系没有较大型公司明显。

瑞士的研究结果显示，ISO 14001 构建和运行维护的平均费用是变化的。

① 对于拥有 1~49 名职员的公司：EMS 构建费为 44000 欧元（64000 法郎），年运行费为 11000 欧元（16000 法郎）。

② 对于超过 250 名职员的工厂：EMS 构建费为 252000 欧元（367000 法郎），年运行费为 106000 欧元（155000 法郎）。

由于 EMS 构建运行费与重要指标（污染、能源消耗等）的数量及其复杂性，因此上述平均数字不一定反映具体工厂的实际费用。

德国最近的研究（Schaltegger，Stefan and Wagner，Marcus，*Umweltmanagement in deutschen Unternehmen - der aktuelle Stand der Praxis*，February 2002，p. 106）反映了不同分支 EMAS 具体费用。可以看出，该研究所得出的费用额较瑞士的低很多。从而表明 EMS 估算存在难度。

构建费：最少为 18750 欧元；最多为 75000 欧元；平均为 50000 欧元。

运行维护费：最少为 5000 欧元；最多为 12500 欧元；平均为 6000 欧元。

德国企业家协会的研究（Unternehmerinstitut/Arbeitsgemeinschaft Selbständiger Unternehmer UNI/ASU，1997，Umweltmanagementbefragung-Öko-Audit in der mittelständischen Praxis-Evaluierung und Ansätze für eine Effizienzsteigerung von Umweltmanagementsystemen in der Praxis，Bonn.）提供了实施 EMAS 的费用的年均节约及回报期数据。例如，投入 80000 欧元实施 EMAS 可年均节约 50000 欧元，相当于约 1.5 年的回报期。

依据国际认证论坛（the International Accreditation Forum）（http://www.iaf.nu）

---

❶ E. g. Dyllick and Hamschmidt（2000，73）quoted in Klemisch H. and R. Holger，*Umweltmanagementsysteme in kleinen und mittleren Unternehmen- Befunde bisheriger Umsetzung*，KNI Papers 01/02，January 2002，p 15；Clausen J.，M. Keil and M. Jungwirth，*The State of EMAS in the EU. Eco-Management as a Tool for Sustainable Development-Literature Study*，Institute for Ecological Economy Research（Berlin）and Ecologic-Institute for International and European Environmental Policy（Berlin），2002，p 15

发布的指南，可以估算认证系统实施的相关费用。

4.4.8　实施驱动力

环境管理系统的优势：

① 加强考察公司的环境状况；

② 改善决策制定基础；

③ 进一步发挥个人主观能动性；

④ 为减少运营费用和提高产品质量提供新途径；

⑤ 改善环境性能；

⑥ 提高公司形象；

⑦ 降低责任、保险和违规成本；

⑧ 增加员工、客户和投资者的吸引力；

⑨ 增强监管机构的信任，减少监管；

⑩ 改善与环境团体的关系。

4.4.9　工程实例

以上 4.4.1.1～4.4.1.5 部分属于 EN ISO 14001：1996 和欧盟生态管理和审计计划（EMAS）的组成部分，4.4.1.6 和 4.4.1.7 部分则专属于 EMAS。这两个标准化体系在许多 IPPC 装置中得到了应用。例如，2002 年 7 月，欧盟化学品及其制造业（NACE 代码 24）的 357 个机构通过 EMAS 注册，大部分属于 IPPC 装置。

2001 年，英国的英格兰和威尔士环保局对实施 IPC（IPPC 前身）管理的装置开展了调查。结果发现，32%（占所有 IPC 管理装置的 21%）通过了 ISO 14001 认证，7% 获得了 EMAS 注册。英国的所有水泥厂（约 20 家）都通过了 ISO 14001 认证，大部分获得了 EMAS 注册。在爱尔兰，建立 EMS（并非必须是标准化 EMS）需 IPC 执照。约 500 套许可装置中，100 套通过 ISO 14001 标准，其余 400 套装置为非标准化 EMS。

[43, Chimia, 2000] 报道了在 OFC 基地中成功实施 EMS 的案例。在案例工厂*039A, I*中，各种生产工艺产生的大量废水于该厂的自有 WWTP 中处理。虽然已经满足所有现行法定要求，但是该厂制定了自己的"责任关怀计划"，提高生态效率为后者的重要目标。经过两年的实施，首个净收益显现。其间，废水的溶剂量减少 27%，既产生了环境效益，也获得了经济效益。这得益于下列措施：

① 跨部门协作（"矩阵小组"）；

② 费用节约源于员工直接参与。

4.4.10　参考文献

[Regulation (EC) No 761/2001 of the European parliament and of the council allowing voluntary participation by organisations in a Community eco-management and audit scheme (EMAS), OJ L 114, 24/4/2001, http://europa. eu. int/comm/environment/emas/index _ en. htm]

(EN ISO 14001:1996,

http://www. iso. ch/iso/en/iso9000-14000/iso14000/iso14000index. html;

http://www. tc207. org)

5

BAT 技术

5.1 引言

为了理解本章的内容，请仔细阅读本书的绪论，特别是绪论 0.2.5 部分"本书的理解和使用"。本章介绍 BAT 技术及其相关的排放和/或消耗水平或大致范围，经过了系统评估，具体步骤为：

① 识别行业所存在的主要环境问题；

② 考察解决这些关键问题最为相关的技术；

③ 根据欧盟和全球的现有资料，判断最佳环境绩效；

④ 分析实现最佳绩效的条件，如成本、跨介质效应以及技术实施的主要驱动力；

⑤ 一般地，根据指令 2（11）条款和附件 IV，确定此行业的 BAT 技术及其排放和/或消耗水平。

欧洲污染综合预防与控制局（European IPPC Bureau）及相关技术工作组（Technical Working Group，TWG）的专家意见在上述过程的每个步骤及信息表达方式中起着关键作用。

本章基于评估结果介绍了 BAT 技术及其应用的污染排放和材料消耗水平，这些技术总体上适应于 OFC 行业的需求，基本上反映了 OFC 行业的一些装置的现有性能。"与 BAT 技术相关的"排放或消耗水平，这些水平反映了这些 BAT 技术在 OFC 行业应用的预期环境效益和 BAT 技术自身的费用效益平衡，并非排放或消耗的限值。某些技术尽管可能取得更好的排放或消耗水平，综合费用和跨介质效应因素后，总体上却不能作为 OFC 行业的 BAT 技术。当然，在一些更特殊、存在特殊驱动力的情况下，这些排放或消耗水平合理可行。

BAT 技术应用的排放和消耗水平的确定必须考虑具体的背景条件（如平均周期）。

上述"与 BAT 技术相关的排放和消耗水平"与本书其他章节介绍的"可达到水平"的概念完全不同。某项技术或组合技术应用"可达到水平"应理解为采用这些项技术的装置在维护运行良好的条件下经过一段时间的运行后可达到的水平。

本书前面章节介绍了所列技术的大致费用数据，实际费用取决于技术应用的具体情况，如税收、费用与装置技术特性。本书未详细评估这些具体因素。如果费用数据缺乏，则可通过现有装置调研，评估技术的经济可行性。

可以本章介绍的通用 BAT 技术为参照，开展现有装置运行性能评估或新装置运行改进建议，从而确定装置"基于 BAT 技术"工况，或对照指令第 9（8）条款，建立具有普遍约束力的规则。这样，预计新装置的运行性能能达到或超过通用 BAT 技术。如果现有装置的技术经济符合应用要求，其运行性能也能达到或超过通用 BAT 技术。

BREFs 虽然没有构建法律约束力标准，却为行业、欧盟成员国以及公众提供了指导性资料，即采用某项技术的排放和消耗的可达水平。但是，某项技术应用的合理排放限值的确定则需要综合考虑 IPPC 指令的目标以及装置所处场地的实际状况。

（1）与其他 BREF 的区别

CWW BREF 介绍了化学工业应用的共性技术。因此只得出了一般结论，事实上并没有考虑到 OFC 生产的特殊性。

以 CWW BREF 结果为技术资料库，OFC BREF 根据 OFC 实际对这些技术进行更详细的评价。重点为运行模式（批量生产、生产组织及产品变化）对处理技术选择和应用的影响，以及管理多产品工厂所面临的各种内在挑战。具体而言，根据 OFC 的具体资料和数据，开展绩效评估，得出评估结论。对于 OFC 装置，OFC BREF 的评估结论较 CWW BREF 通用结论重要。对于废水间接排放，也就是 OFC 生产废水与工业园区废水联合处理或排入城镇污水处理厂处理，IPPC 指令第 2（6）条款要求，确保在总体上环境保护达到相同水平，保证间接排放不会加剧环境污染。

CWW BREF 详细介绍了回收/减排技术 ［31，European Commission，2003］。

贮存排放的 BREF 介绍了散装或危险材料贮存 BAT 技术 ［64，European Commission，2005］。

监测通用原则的 BREF 介绍了各种好的监测方法 ［108，European Commission，2003］。

由于与其他领域的关键环境问题和经济平衡不同，OFC 的 BREF 结论不应与其他领域 BREF（即"纵向"BREF）相比较，如溶剂表面处理 BREF 比较。

（2）物质流量和浓度水平

本章介绍了通用 BAT 技术的排放值，后者以质量流量和浓度表示，反映具体案例的多数状况，用于 BAT 技术的参考。所有 BAT 技术相关的排放值均与点源排放相关。未经专门说明，空气排放以 m^3（标）干气为单位。

5.2 环境影响预防及最小化

5.2.1 环境影响预防

5.2.1.1 环境、健康和安全理念贯彻于工艺研发

工艺研发开始就注重环境、健康和安全,可更加有效地预防环境影响,从而使环境影响最小化。如果生产工艺需经过其他法规部门,如 APIs 的生产需 cGMP 或欧盟药物评估局(the European Medicine Evaluation Agenncy,EMEA)、美国食品和药物管理总局(the United States Food and Drug Administration,FDA)或其他现行药物审批部门的批准,工艺研发从开始就更应注重环境、健康和安全。在此情况下,生产工艺调整的再验证过程经历漫长、费用高昂。工艺研发中综合环境、健康和安全因素的目的在于找出环境问题,提出评估和解决这些问题的可行技术路线。当然,往往需要提出折中方案或某方面需优于另一方面。4.1.1 部分列举了合成反应替代工况实例。实际上,各种不可避免的废物管理和处理是多用途厂所面临的关键环境任务(详见 5.2 部分)。

BAT 技术为工艺研发的综合解决环境、卫生和安全问题提供了可行的技术路线(详见 4.1.2 部分)。

BAT 技术可研发下列新工艺(详见 4.1.1 部分)。

① 改进工艺设计,原材料最大化地转化成终产品(详见 4.1.4 和 4.1.8 部分)。

② 使用对人类健康和环境毒害极小或无毒物质。这些物质应使(如溶剂,详见章节 4.1.3)潜在事故、泄漏、爆炸和火灾的风险最小化。

③ 避免使用助剂(如溶剂、分离剂等,详见 4.1.4.2 部分)。

④ 确认相关环境和经济影响,能量需求最小化。常温常压反应优先。

⑤ 在技术经济可实行条件下,使用可再生原料代替不可再生材料。

⑥ 避免不必要的衍生反应(如钝化或保护基团)。

⑦ 采用优于典型的化学计量试剂的催化剂(详见 4.1.4.4 和 4.1.4.5 部分)。

5.2.1.2 工艺安全和反应失控预防

本书介绍安全评价,因为安全评价可以预防潜在的有重大环境影响的事故。然而,本书不能详细介绍安全评价的全部内容。工艺安全的内容远较本书的宽泛。4.1.6.3 部分列举了补充资料的参考文选清单。

5.2.1.2.1 安全评价

BAT 技术对于正常运行开展结构性安全评价,考虑化学过程和装置操作偏差所造成的影响(详见 4.1.6 部分)。

BAT 技术通过下列某项或多项技术的组合(详见 4.1.6.1 部分,无顺序之分)有效控制工艺正常运行。

① 组织措施。

② 控制工程技术。

③ 反应终止剂（如中和、淬灭）。

④ 紧急冷却。

⑤ 抗压结构。

⑥ 压力释放。

5.2.1.2.2 危险物质处理贮存

危险物质处理贮存要求采取预防措施，控制风险。有毒物质处置场的操作人员需要具备充足的安全知识，确保在正常操作下安全工作，一旦出现非正常运行则能快速有效应对。

BAT 技术建立并实施程序和技术措施，控制危险物质处理贮存过程中的风险（具体案例详见 4.2.30 部分）。

BAT 技术充分训练从事危险物质处置的操作人员（具体案例详见 4.2.29 部分）。

5.2.2 环境影响最小化

5.2.2.1 装置设计

装置设计不能轻易改变，现有装置只能逐步变更。例如，能否采用重力流取决于生产厂房的高度（五层楼高），许多装置往往不具备此条件。

BAT 技术应用于下列技术设计新装置，排放最小化（详见 4.2.1、4.2.3、4.2.14、4.2.15 和 4.2.21 部分）。

① 采用密封设备。

② 生产厂房密闭，采用机械通风。

③ 通过惰性气体覆盖 VOCs 处置工艺设备。

④ 反应釜与单台或多台冷却器连接，回收溶剂。

⑤ 冷却器与回收/减排系统连接。

⑥ 重力流代替泵输送（泵是散逸性排放的主要源）。

⑦ 废水分质排放选择性处理。

⑧ 应用现代工艺控制系统，提高生产的自动化程度，确保装置稳定有效运行。

5.2.2.2 土壤保护和水分保持

设施运行过程中排放对土地和地下水存在潜在污染的风险性物质（一般为废液）应该处置。BAT 技术通过设计、建设、运行及维护等技术环节，实现风险的最小化。设施必须封闭，稳定，可有效抵抗机械压力、热或化学应力（详见 4.2.27 部分）。

BAT 技术能够快速准确地识别泄漏（详见 4.2.27 部分）。

BAT 技术提供充足的滞留容积，安全贮存溢漏物质以实现处理或处置（详见 4.2.27 部分）。

BAT 技术提供充足滞留容积，贮存消防用水和污染地表水（详见 4.2.28 部分）。

BAT 技术还能够提供如下工艺（详见 4.2.27 部分）：

① 仅在专门设计区域内装卸，防止泄漏；

② 专门设计区域内收集贮存需要处理的物质，防止泄漏；

③ 在所有水泵提升井及废水处理厂可能出现溢流的水池中安装高液位报警器或人工定期监控；

④ 制定水池和管道（包括法兰和阀门）的测试检查规程；

⑤ 提供防护栏及合适吸附材料等溢出控制设备；

⑥ 测试论证堤岸的完整性；

⑦ 水池安装溢流预防设备。

5.2.2.3 VOCs 排放最小化

5.2.2.3.1 封闭排放源

在封闭系统中实施固体产品或中间产物与溶剂分离。如果后续操作过程排放湿滤饼，则采用干燥过滤器或在封闭系统中操作，实现排放源的封闭（详见 4.2.29 部分）。

BAT 技术封闭 VOCs 排放源并密闭所有开口，实现无组织排放最小化（详见 4.2.14 部分）。

5.2.2.3.2 封闭循环干燥

BAT 技术采用封闭循环干燥，包括溶剂回收冷凝器。

5.2.2.3.3 溶剂清洗设备

通常，设备（如容器）清洗的最后工序为溶剂冲洗。设备（容器）排空后保持密闭，真空脱除残留溶剂，再/或稍微加热脱除蒸气。

BAT 技术设备封闭，溶剂冲洗和清洗（详见 4.2.14 部分）。

5.2.2.3.4 工艺废气循环利用

BAT 技术在满足纯度要求条件下，工艺废气循环利用（详见 4.2.14 部分）。

5.2.2.4 废气最小化

5.2.2.4.1 密闭排气孔

在指定温度（如冷凝器的设定温度）下，控制废气质量流的决定性参数为体积流。

BAT 技术密闭所有不必要的排气孔，防止空气通过工艺设备吸入气体收集系统（详见 4.2.14、4.3.5 和 4.3.6 部分）。

5.2.2.4.2 工艺设备气密性检测

密封工艺设备的所有开口，直到设备保持某真空度或压力［如 100mbar（1bar＝10^5Pa）左右的真空度维持至少 30min］。

BAT 技术确保工艺设备，特别是容器的气密性（详见 4.2.16 部分）。

5.2.2.4.3 惰性保护

定期进行的设备气密性检测，以快速惰性保护代替连续惰性保护。尽管如此，基于安全，在产生氧气的工艺或惰性保护后需提高材料负载的场所，必须采用连续惰性保护。

BAT 技术以快速惰性保护代替连续惰性保护（详见 4.2.17 部分）。

5.2.2.4.4 蒸馏废气最小化

冷凝器布局能确保有效散热，蒸馏废气的排放流量可以降至近零。

BAT 技术优化冷凝器布局，实现蒸馏废气排放流量最小化（详见 4.2.20 部分）。

5.2.2.4.5 容器中液体添加

容器中添加液体包括顶部、底部及斜角进料 3 种方式。有机液体若采用顶部进料，置换气体中的有机物含量（负荷）会提高 10～100 倍。如果固体和有机液体同时投加，液体从底部加入，添加的固体可形成动态密封盖。

BAT 技术在化学反应和/或安全性因素许可前提下，液体添加应采用底部进料或斜角进料方式（详见 4.2.15 和 4.2.18 部分）。否则，应经过管道将液体从容器顶部直接导入，沿器壁投加，防止液体飞溅，减少置换气体中的有机物含量。

固体和有机物液体同时投加的 BAT 技术，固体于顶部投加，在容器内形成动态密封盖，通过密度差减少置换气体中有机物含量，除非化学反应和/或安全性等因素不允许（详见 4.2.8 部分）。

5.2.2.4.6 排放峰值浓度最小化

序批式生产工艺的特征是废气浓度及体积流量变化，由此影响回收和减排技术的运行效果，致使排放浓度常常出现非正常峰值，环境影响加剧。

BAT 技术可使累积峰值浓度、峰值流量及其排放浓度最小化。具体包括：
① 生产组织优化（详见 4.3.5.17 部分）；
② 应用平滑过滤器（详见 4.3.5.16 和 4.3.5.13 部分）。

5.2.2.5 废水体积与负载最小化

5.2.2.5.1 高含盐母液

通常，产物或中间产物与水分离会产生高含盐母液。特别是通过盐析或大量中和过程获得产物会产生高含盐母液。产物或中间产物分离可通过替代技术提高产品的产率和品质，但是替代技术应用前需依据实际情况进行技术评估。具体案例详见 4.2.4、4.2.25 和 4.2.26 部分。

BAT 技术避免产生高含盐母液，或通过如下分离技术实现母液分离（详见 4.2.20）：
① 膜分离工艺；
② 溶剂工艺；
③ 反应萃取；
④ 省略中间产物的分离。

5.2.2.5.2 产物逆流清洗

通常，产品的精制以水清洗有机产物，去除杂质。逆流清洗具有水耗小、废水少、能耗低、效率高等特点。但是，清洗工艺的优化程度却取决于生产水平及规律性。产品的逆流清洗不适合于小规模生产、试验性生产以及频次低的生产。

BAT 技术依据生产规模，确定是否采用产品的逆流清洗（详见 4.2.22 部分）。

5.2.2.5.3 无水真空制备

通过干式泵、溶剂液环泵或密闭循环液环泵制备无水真空。在这些技术不能应用的场所（详见后续交叉文选），则可采用蒸汽注射泵或液环泵。

BAT 技术提供无水真空制备（详见 4.2.5、4.2.6 和 4.2.7 部分）。

5.2.2.5.4 确定反应终点

精确确定化学反应完成可使序批式工艺生产废水最小化。

序批式工艺 BAT 技术建立了清晰的程序，精确确定反应终点（案例详见 4.2.23 部分）。

5.2.2.5.5 间接冷却

添加水或冰以控制安全温度、温度突变或温度骤变的场所，不能采用间接冷却。此外，直接冷却也可应用于"失控"状态的控制或热交换的关停（详见 4.1.6.2 部分）。

BAT 技术采用间接冷却（详见 4.2.9 部分）。

5.2.2.5.6 设备清洁

优化生产装置的清洁程序可降低废水负荷。特别是通过额外的清洁（预清洗）可从清洗水中分离大部分溶剂。对经常输送不同原料的管道，实施清管技术的另一目的在于，减少清洗过程中的产物损失（详见 4.2.8 部分）。

BAT 技术在设备冲洗/清洁之前采用预清洗，使废水有机负荷最小化（详见 4.2.12 部分）。

5.2.2.6 能耗最小化

在 OFC 生产厂，各种各样的工艺/操作需要冷却、加热、热交换或使用温度历时曲线。热耗优化的典型案例是，将一个工艺的余热作为另一个工艺的热源，如二次蒸馏。4.2.10 部分介绍的夹点法为热耗优化的另一案例，已经成功应用于 OFC 生产厂，该厂的 30 台反应釜在通过序批式运行生产出 300 多种产物的同时，实现了成本下降和投资回收率高的效果。

BAT 技术评估可用技术，优化生产能耗（案例详见 4.2.11 和 4.2.20 部分）。

5.3 废水管理和处理

在多产品生产厂，各种不可避免的废水的管理和处理非常重要。投资回收/减排技术的目的在于防止废水产生、使废水排放最小化、实现废水厂内或厂外闭路循环利用。为此，当然需要进行备选技术先进性评估（详见 5.1 部分的 BAT 技术，具体实例详见 4.1.4.2 和 4.1.4.3 部分）。多产品生产厂具有运行模式和产品变化频次高的特点，因此在废水最小化方面有利于采用灵活回收/减排技术，如采用模块化（详见 4.3.5.17 部分）或同时高效完成多任务的技术（详见 4.2.1 和 4.3.5.7 部分）。此外，外部处理，如 4.3.7 部分介绍的废水联合预处理/处理平台也是备选技术方案。

5.3.1 物料平衡和生产废物分析

物料平衡是分析多产品生产，优选改进策略的重要手段。根据生产废水性质、废水处理（包括终排水水质）的监测结果，开展废水管理。

5.3.1.1 物料平衡

BAT 技术根据 VOCs（包括 CHCs）、TOC 或 COD、AOX 或 EOX 和重金属的年排放数据，开展物料平衡分析（详见 4.3.1.4、4.3.1.5 和 4.3.1.6 部分）。

5.3.1.2 废水分析

BAT 技术开展废水详细分析，废水源解析，建立基本数据库，有效管理和处理废气、废水和固体废弃物（详见 4.3.1.1 部分）。

5.3.1.3 废水评价

BAT 技术至少针对表 5.1 列出的废水评价参数开展废水评估，除非经过技术论证表明这些参数无相关性（详见 4.3.1.2 部分）。

表 5.1 废水评价参数

参数	数值
废水量/批次	标准
年批次	
日废水量	
年废水量	
COD 或 TOC	
BOD_5	
pH 值	
生物降解性	
生物抑制性(包括硝化作用)	
AOX	预计
CHCs	
溶剂	
重金属	
TN	
TP	
氯化物	
溴化物	
SO_4^{2-}	
残留毒性	

5.3.1.4 大气排放监测

废气排放监测应反映生产工艺的（序批式、半连续或连续式）运行模式，需考虑具体物质，特别是潜在生态毒性的物质的排放。长期跟踪监测，构建排放历时曲线，并非依据短期周期监测值推算排放水平。排放数据应与运行责任关联。

大气排放的 BAT 技术长期跟踪监测，构建排放历时曲线，反映生产工艺的实际运行模式（详见 4.3.1.8 部分）。

非氧化性减排/回收系统，即各种生产过程排放的废气送至回收/减排系统集中处理，相应的 BAT 技术应用连续监测系统（如 FID）（详见 4.3.1.8 部分）。

生产过程排放潜在生态毒性物质，BAT 技术需分别进行具体物质监测（详见 4.3.1.8 部分）。

5.3.1.5 废气的具体评价

废气排放状况分析的关键和工艺改善策略的技术基础是解析每种工艺操作对回收/减排系统的贡献。

BAT 技术对回收/减排系统的各种废气分别开展评价（详见 4.3.1.7 部分）。

5.3.2 溶剂回用

BAT 技术的溶剂纯度若符合要求（如 cGMP 要求）则实施回用。具体措施包括：
① 溶剂纯度满足要求，前批次的溶剂应用于后续批次（详见 4.3.4 部分）；
② 废溶剂收集，厂内或厂外净化回用（详见 4.3.3 部分）；
③ 废溶剂收集，用于厂内或厂外的燃料回收热量（详见 4.3.5.7 部分）。

5.3.3 废气处理

5.3.3.1 VOCs 回收/减排技术选择和可达排放值

在多产品生产厂中，VOCs 处理技术选择十分重要。多产品生产厂废气量变化大，因此技术选择的关键参数是排放点源的质量排放平均值（以 kg/h 计）。对于整个厂区、某单独生产车间或生产工艺的回收/减排系统，根据实际排放状况和排放点源的多寡，选择某种技术或不同技术的组合。

5.3.3.1.1 VOCs 回收/减排技术选择

BAT 技术，根据图 5.1 所示的流程，选择 VOCs 的回收/减排技术。

5.3.3.1.2 VOCs 非氧化性回收/减排技术

废气排放最小化（详见 5.1.2.4 部分）后，VOCs 非氧化性回收/减排技术可高效运行，所达排放浓度应对应于未稀释废气，如建筑物或房间的通风设备的废气排放量。

BAT 技术应用 VOCs 非氧化性回收/减排技术，废气排放量削减后的可达排放值如表 5.2 所列（详见 4.3.5、4.3.6、4.3.11、4.3.14、4.3.17 和 4.3.18 部分）。

表 5.2 VOCs 非氧化性回收/减排的 BAT 技术及其排放值

参数	点源的平均排放值[①]
TOC	0.1kgC/h 或 20mgC/m³[②]

① 平均时间对应于历时排放曲线（详见 5.2.1.1.4 和 4.3.1.8 部分），排放值相对于干燥气体，以 m³（标）干气为单位。

② 未稀释的废气用排放浓度表示，如房间或建筑物的通风设备的废气排放量。

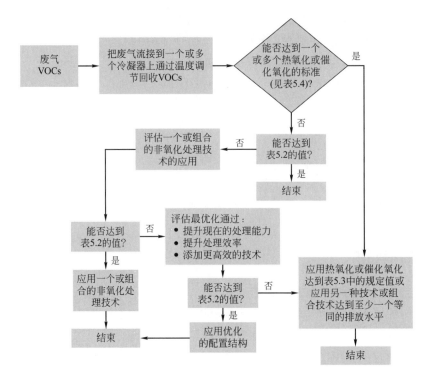

图 5.1　VOCs 回收/减排技术的 BAT 技术选择

5.3.3.1.3　VOCs 热氧化/焚烧或催化氧化减排技术

VOCs 热氧化/焚烧或催化氧化技术属于成熟减排工艺，具有处理效率最高、跨介质效应大的特点。直接对比，催化氧化技术的能耗更小、NO_x 产生量更少，所以技术上应优先选择催化氧化工艺。如果有机废液可替代基本燃料，则可选择热氧化工艺（如废溶剂不回收，废气厂内原位处理可选择以废溶剂为燃料的热氧化工艺）。如果处理废水汽提产生有机物，则可选择自热热氧化工艺（详见 4.3.5.9 和 5.2.4.3 部分）。当废气除 VOCs 外还含有其他高浓度有机物时，选用热氧化工艺处理，可以实现高效减排，如市售 HCl 的回收（详见 4.3.5.2 部分）。如果热氧化设备配置了 $DeNO_x$ 单元或为两级焚烧设备，则可有效减排 NO_x（详见 4.3.5.7 部分）。热氧化/焚烧或催化氧化技术也可用于异味的减排削减排放。

BAT 技术应用热氧化/焚烧或催化氧化技术，处理后的 VOCs 排放浓度如表 5.3 所列（详见 4.3.5.7、4.3.5.8 和 4.3.5.18 部分）。

表 5.3　热氧化/焚烧或催化氧化的 BAT 技术及其 TOC 排放值

热氧化/燃烧或催化氧化	平均排放量/(kgC/h)	或	平均浓度/(mgC/m³)
TOC	<0.05		<5

注：平均时间对应于排放历时曲线（详见 5.2.1.1.4 部分），排放值相对于干燥气体，以 m³（标）干气为单位。

5.3.3.2　NO_x 回收/减排

5.3.3.2.1　热氧化/焚烧或催化氧化工艺的 NO_x 排放

热氧化/焚烧或催化氧化工艺，BAT 技术的可达 NO_x 排放值如表 5.4 所列。必要时，采用 DeNO$_x$ 系统（如 SCR 或 SNCR）或两级焚烧以达到上述排放值（详见 4.3.5.7 和 4.3.5.19 部分）。

表 5.4　热氧化/焚烧或催化氧化的技术选择标准

编号	选择标准
A	废气含剧毒、致癌或 CMR 的 1 类或 2 类物质
B	在常规的操作中，可实现自热操作
C	设备的初级能耗可实现总量削减（如二次加热处理）

5.3.3.2.2　化学过程 NO$_x$ 排放

高浓度（$\geqslant 1000 \times 10^{-6}$）的 NO$_x$ 废气通过吸收处理可获得浓度为 55% 的 HNO$_3$，后者可直接厂内或厂外回用。通常，化学过程排放的废气含 NO$_x$ 和 VOCs，可采用热氧化器/燃烧器处理，如补充 DeNO$_x$ 单元或建成两级焚烧（已经应用于原位处理）。

化学生产过程废气，BAT 技术的 NO$_x$ 的可达排放值，如表 5.5 所列。必要时，应用涤气塔或洗气介质为 H$_2$O 和/或 H$_2$O$_2$ 串联涤气塔，可达到上述排放值（详见 4.3.5.1 部分）。

表 5.5　BAT 技术相关的 NO$_x$ 排放值

原料	平均质量 /(kg/h[①])	平均浓度 /(mg/m³)	备注
化学生产过程，如硝化，废酸回收	0.03~1.7	或	7~220[②]	以 H$_2$O 为涤气介质的涤气塔，废气进气浓度范围相对较低。对于高浓度废气，即使通过以 H$_2$O$_2$ 为涤气介质的涤气塔处理，也很难达到排放要求
热氧化/焚烧，催化氧化	0.1~0.3		13~50[③]	
热氧化/焚烧，催化氧化，废气含有机氮			25~150[③]	低浓度，采用 SCR 高浓度，采用 SNCR

① NO$_x$ 以 NO$_2$ 表示，平均时间对应于排放历时曲线（详见 5.2.1.1.4 部分）。

② 相对于干燥气体，以 m³（标）干气为单位。

③ 相对于干燥气体，以 m³（标）干气为单位。

5.3.3.3　HCl、Cl$_2$ 和 HBr/Br$_2$ 回收/减排

废气的脱 HCl 可采用单台或多台涤气塔（以 H$_2$O 或 NaOH 为涤气介质）（详见 4.3.5.4 部分）。若通过回收量论证设备投资是合理的，则可从高浓度 HCl 废气中高效回收 HCl。这样，该生产线适合于较大规模或同类产品的生产。如 4.3.5.2 部分介绍的案例，废气需先脱除 VOCs 后，才能回收 HCl，而且在 HCl 回收过程中需关注潜在有机污染物（AOX）。同样，废气含 Cl$_2$，则需采取其他处理措施。废气 HBr 和 Br$_2$ 的回收/去除与此类似（详见 4.3.5.4 部分）。

BAT 技术，HCl 可达排放值为 0.2~7.5mg/m³ 或 0.001~0.08kg/h。必要时，需通过单台或多台以 NaOH 或 H$_2$O 为涤气介质的涤气塔涤气处理，达到该排放值（详见

4.3.5.3 部分）。

BAT 技术，Cl_2 的可达排放值为 $0.1\sim1mg/m^3$。必要时，通过吸附去除过量 Cl_2（详见 4.3.5.5 部分）或以 $NaHSO_3$ 为涤气介质的涤气处理，达到该排放值（详见章节 4.3.5.2 部分）。

BAT 技术，HBr 的排放值 $<1mg/m^3$。必要时，通过以 H_2O 或 NaOH 为涤气介质的涤气处理，达到该排放值（详见 1.1.1 和 4.3.5.4 部分）。

5.3.3.4 NH_3 排放值

5.3.3.4.1 废气 NH_3 去除

BAT 技术，废气 NH_3 可达排放值为 $0.1\sim10mg/L$ 或 $0.001\sim0.1kg/h$。必要时，通过以 H_2O 或酸为涤气介质的涤气处理，达到该排放值（详见 4.3.5.20 部分）。

5.3.3.4.2 $DeNO_x$ 过程中 NH_3 去除

BAT 技术，SCR 或 SNCR 的 NH_3 可达排放值 $<2mg/m^3$ 或 $0.02kg/h$（详见 4.3.5.7 部分）。

5.3.3.5 废气 SO_x 去除

BAT 技术，SO_x 可达排放值为 $1\sim15mg/m^3$ 或 $0.001\sim0.1kg/h$。必要时，通过以 H_2O 或 NaOH 为涤气介质的涤气处理达到该排放值（详见 4.3.5.21 部分）。

5.3.3.6 废气颗粒物去除

各种废气的颗粒物均需去除。回收/减排技术的选择取决于废气颗粒物的性质。

BAT 技术，废气颗粒的可达排放值为 $0.05\sim5mg/m^3$ 或 $0.001\sim0.1kg/h$。必要时，采用袋式过滤器、纤网过滤器、旋风分离、洗涤或湿式静电沉降（WESP）达到该排放值（详见 4.3.5.22 部分）。

5.3.3.7 废气自由氰化物去除

氰化物属于剧毒物质，通常通过涤气技术去除废气中的高浓度或低浓度氰化物。

BAT 技术，脱除废气氰化物的可达排放值为 $1mg/m^3$ 或 $3g/h$（以 HCN 计）（详见 4.3.6.2 部分）。

5.3.4 废水管理和处理

5.3.4.1 分离、预处理或处置的典型废水

废水的某些性质决定了该废水需分离、选择性的预处理或处置。

5.3.4.1.1 卤化和硫代氯化母液

BAT 技术，分离、预处理或处置卤化和硫代氯化母液（详见 4.3.2.5 和 4.3.2.10 部分）。

5.3.4.1.2 含生物活性物质废水

典型的含生物活性物质废水为杀虫剂/植物健康产品的生产废水或硝化芳香族化合物产品的清洗废水（一般含硝基苯酚或苯酚类物质）。

BAT 技术，预处理含生物活性物质废水。这类废水中的生物活性物质的浓度影响后续废水处理或对受纳水体具有潜在风险（详见 4.3.2.6、4.3.7.5、4.3.5.9、4.3.5.13 和 4.3.5.18 部分）。

5.3.4.1.3 磺化和硝化反应废酸

磺化和硝化反应废酸通常能被回收。但是在某些情况下，如含盐量高时，不能回收（详见 5.1.2.5.1 部分介绍的 BAT 技术）。此类废水，如相分离后萃取的硝化母液（详见 4.3.2.6 部分），则需通过 5.2.4.2 部分介绍的 BAT 技术，进行必要的预处理。

BAT 技术对废酸分别进行分离和收集，如 5.2.4.2 部分介绍的 BAT 技术，对磺化或硝化反应废酸（详见 4.3.2.6 和 4.3.2.8 部分）进行厂内的原位回收或厂外回收。

5.3.4.2 难降解废水处理

废水中的难降解有机物可以穿透生物 WWTP，因此在生物处理前需预处理（详见 4.3.7.10 部分）。预处理技术包括氧化技术（案例详见 4.3.7.2 部分）、非降解技术（案例详见 4.3.7.1 部分）和其他处理技术（焚烧）。预处理策略主要为两种：难降解有机物减排或提高难降解物质的生物降解性（比较 4.3.7.6 和 4.3.7.12 部分）。为了防止或最小化废水难降解有机物的产生，预处理技术的确定需要进行技术先进性评价。评价标准是生物降解性。如果实际生产，如染料、荧光增亮剂和芳香型中间物的生产排放的大多数废水的生物降解性差，则需将难降解物质作为废水技术选择的优先因素。对此，可以通过生物降解评价试验，如 Zahn-Wellens 试验测定废水的生物降解性及其中难降解有机物（详见 4.3.1.3 部分）。作为技术筛选，可采用 BOD_5/COD 为 0.6 作为判断依据，替代生物降解评价试验的 80% 的固有降解指标。不同单元过程废水案例详见 4.3.2 部分。试验装置和低频次序批式生产排放的难降解废水无需研发相应的难降解有机物预处理技术。

5.3.4.2.1 难降解有机物

BAT 技术根据预处理目的将有机物分为下列两类：生物可降解性为 80%～90%（详见 4.3.7.6 和 4.3.7.7 部分）的有机废水不属于难降解有机废水；当废水的生物降解性较低且废水排放量小时，即 7.5～40kgTOC/批次或 kgTOC/d，废水不属于难降解有机废水（详见 4.3.7.10、4.3.7.12 和 4.3.7.13 部分）。

5.3.4.2.2 分离和预处理

BAT 技术根据 5.2.4.2.1 部分介绍的标准分离和预处理难降解有机废水。

5.3.4.2.3 COD 总去除

BAT 技术根据 5.2.4.2.1 部分确定的难降解有机废水，通过预处理-生物组合处理后，COD 总去除率 >95%（详见 4.3.8.9 部分）。

5.3.4.3 废水中溶剂的去除

生产中大量使用溶剂，致使溶剂造成很大环境影响。因此，溶剂的回收回用或至少利用其热值成为亟待解决的重要任务。如果达到下列条件，废水中溶剂可以回收回用：

生物处理费用＋新溶剂的采购费用＞回收费用＋纯化费用

如果能量平衡（一方面比较生物 WWTP；另一方面比较汽提/精馏/热氧化）结果

显示回收的溶剂可替代所有天然燃料，则废水中溶剂的回收作为热值利用从环境角度而言是有利的。据此，很多溶剂的可回收底限为废水中溶剂含量达到 1g/L。实际上，廉价溶剂（如甲醇和乙醇达 10~15g/L）和回收纯化难度高的溶剂（详见 4.3.7.18 部分）可回收底限较高。可迅速降解的溶剂则可作为生物 WWTP 的碳源（详见 4.3.8.8 部分）。组合技术，如汽提/焚烧的组合技术属于高效可行技术，既可替代生物 WWTP，也可改变经济/能量平衡从而使热氧化/焚烧工艺成为废气减排的主导工艺（详见 4.3.5.9 部分）。除经济或能量平衡之外，为了保护后续预处理设施（如活性炭吸附），也需去除废水中有机溶剂。卤化溶剂的去除需采用 5.3.4.4 的 BAT 技术。生物降解性差的溶剂去除则采用 5.3.4.2 部分的 BAT 技术。

BAT 技术，如果生物处理和新溶剂购买的总费用高于溶剂回收纯化费用，则利用汽提、精馏/蒸馏、萃取或组合技术，从废水中回收溶剂，于厂内原位或厂外异位回用（详见 4.3.7.18 部分）。

BAT 技术，如果能量平衡分析结果表明回收的溶剂可完全替代天然燃料，则从废水流中回收溶剂，替代天然燃料回收热能（详见 4.3.5.7 部分）。

5.3.4.4 废水卤代物去除

5.3.4.4.1 挥发性氯代烃去除

挥发性氯代烃（CHCs）具有潜在的生态毒性。技术可行时，需采用替代溶剂。如果仍然使用 CHCs，则需最大限度地去除废水中的 CHCs。

BAT 技术，去除废水中挥发性 CHCs，如采用汽提、精馏或萃取等预处理技术，则预处理段出水的 CHCs 浓度可<1mg/L，或在厂内原位生物 WWTP 进水口或市政 WWTP 进水口的 CHCs 总浓度可<0.1mg/L（详见 4.3.7.18、4.3.7.19 和 4.3.7.20 部分）。

5.3.4.4.2 AOX 废水预处理

在部分欧盟成员国，AOX 是废水卤代有机物评价的常用参数。在其他欧盟成员国，将 AOX 作为评价参数大规模应用还需逐步实施。影响废水 AOX 排放值的主要因素是废水中 AOX 的分离和选择性预处理效果。具体实例和技术应用详见 4.3.7.15、4.3.7.16、4.3.7.17 和 4.3.7.23 部分。

BAT 技术预处理高浓度 AOX 废水，确保厂内原位生物 WWTP 进水口和市政 WWTP 进水口的废水 AOX 浓度达到表 5.6 浓度值（详见 4.3.7.14 部分）。

表 5.6 BAT 技术的厂内原位生物 WWTP 和市政 WWTP 进水口的 AOX 浓度值

参数	年均值	单位	备注
AOX	0.5~8.5	mg/L	上限值为许多工艺处理各种卤化物,而且所排放的废水经过预处理或废水中 AOX 极易生物降解

5.3.4.5 重金属废水预处理

影响重金属的排放值的主要因素是大量使用重金属的生产工艺所排放废水的分离和选择性预处理。具体实例和预处理技术的应用详见 4.2.25、4.3.2.4、4.3.7.3 和

4.3.7.21 部分。如果与预处理-生物处理技术比较，生物处理技术的重金属去除效果相当，则废水仅通过厂内原位生物处理技术去除重金属，剩余污泥焚烧处置。

BAT 技术预处理大量使用重金属的生产工艺所排放的高浓度重金属或重金属化合物的生产废水，厂内原位生物 WWTP 进水口和市政 WWTP 进水口重金属浓度如表 5.7 所列（详见 4.3.7.22 部分）。

表 5.7　BAT 技术的厂内原位生物 WWTP 进水口或市政 WWTP 进水口重金属浓度

参数	年均值	单位	备注
Cu	0.03～0.4	mg/L	上限值为大量使用重金属或重金属化合物生产工艺排水,经过预处理后的浓度值
Cr	0.04～0.3		
Ni	0.03～0.3		
Zn	0.1～0.5		

5.3.4.6　游离态氰化物去除

氰化物属于剧毒性化合物，因此只要废水含氰化物，无论浓度高低均需去除。处理技术包括调整 pH 值和 H_2O_2 氧化分解等技术（其他应用技术，详见 4.3.6.2 部分），也有通过生物 WWTP 有效降解氰化物的个别案例（详见 4.3.6.2 部分）。NaClO 氧化处理存在生成 AOX 的可能性，不能作为 BAT 技术。调节不同浓度氰化物废水，以回用和替代原材料。废水含氰化物同时 COD 浓度高，则可在碱性条件下以湿式氧化工艺（以 O_2）预处理，预处理后的废水氰化物浓度可＜1mg/L（详见 4.3.7.4 部分）。

BAT 技术可行时，调节含游离氰化物的废水，替代原材料（详见 4.3.6.2 部分）。

BAT 技术：①预处理高浓度氰化物废水，预处理后废水氰化物浓度 ≤1mg/L（详见 4.3.6.2 部分）；②生物 WWTP 可安全去除氰化物（详见 4.3.6.2 部分）。

5.3.4.7　废水生物处理

通过应用 5.3.4.1、5.3.4.2、5.3.4.3、5.3.4.4 和 5.3.4.5 部分的 BAT 技术（废水管理和处理）后，BAT 技术通过生物 WWTP 可处理生产废水、冲洗或清洗废水（详见 4.3.8.6 和 4.3.8.10 部分）。

5.3.4.7.1　原位联合处理

OFC 废水可经厂内原位生物处理或与其他废水或城镇污水混合处理。混合处理的优缺点详见 4.3.8.4 部分。OFC 的复杂废水采用生物处理，则要求生产运行与 WWTP 保持高度联系，其主要目的在于防止生物处理系统遭受原废水变化影响，如原废水浓度或毒性（详见 4.3.7.5、4.3.8.4、4.3.8.6 和 4.3.8.7 部分）的影响。如果不能确保运行稳定，则需提高运行计划的可靠程度（详见 4.3.8.3 和 4.3.8.8 部分），后者包括以厂内原位处理取代与城镇污水混合处理。

BAT 技术通过规范的生物降解性试验（详见 4.3.8.5 部分），确保混合处理的污染物去除效果不低于厂内原位处理。

5.3.4.7.2　去除率和排放值

通常，废水生物处理的 COD 去除率为 $93\%\sim97\%$（年均值）。值得指出的是，

COD 去除率并非孤立参数，而是受生产产品，如染料/色素、荧光增白剂以及芳香类中间体生产过程中的大多数难降解有机废水，溶剂去除程度（详见 4.3.7.18 部分）以及难降解有机物的预处理效果（详见 4.3.8.7 和 4.3.8.10 部分）等影响。根据具体情况，需要进行生物 WWTP 的改良，如调节处理能力、缓冲容积、增加硝化/反硝化功能、补充化学/机械处理等措施（详见 4.3.8.8 部分）。在部分欧盟成员国，AOX 是废水卤代有机物评价的常用参数。在其他欧盟成员国，将 AOX 作为评价参数大规模应用还需逐步实施。影响重金属的排放值的主要因素是大量使用重金属的生产工艺所排放废水的分离和选择性预处理（详见 4.3.7.22 部分）。

　　BAT 技术充分利用总废水的生物降解潜力，BOD 去除率高于 99%，相应的 BOD 排放值为 1~18mg/L（年均值）。该排放值是废水经过生物处理未稀释，如经生物处理的出水未经冷却水稀释的浓度值（详见 4.3.8.11 部分）。

　　BAT 技术的 WWTP 可达排放值如表 5.8 所列。

表 5.8　BAT 技术的 WWTP 可达排放值

参数	年均值[①]		备注
	排放值	单位	
COD	12~250		详见 4.3.8.10 部分
TP	0.2~1.5		上限值对应于主要产品为含磷化合物的生产废水（详见 4.3.7.24、4.3.8.16 和 4.3.8.17 部分）
无机氮	2~20		上限值对应于产品主要为有机氮化合物或发酵废水（详见 4.3.2.11 和 4.3.8.14 部分）
AOX	0.1~0.7	mg/L	上限值对应于各种 AOX 相关的生产废水和经过预处理的高 AOX 浓度废水（详见 4.3.8.12 和 5.2.4.4.2 部分）
Cu	0.1~0.7		上限值对应于大量使用重金属或重金属化合物生产废水和经预处理的重金属废水（详见 4.3.7.22、4.3.8.1 和 5.2.4.5 部分）
Cr	0.007~0.1		
Ni	0.01~0.05		
Zn	-0.1		
SS	10~20		详见 4.3.8.7 部分
LID_F	1~2	稀释因子	毒性表示为水生态毒性（EC_{50} 值），可参考 4.3.8.7、4.3.8.13 和 4.3.8.18 部分
LID_D	2~4		
LID_A	1~8		
LID_L	3~16		
LID_{EU}	1.5		

①　生物处理之后，未经稀释（如冷却水稀释）的废水排放值。

5.3.4.8　总出水监测

　　总出水的定期监测包括生物 WWTP 处理效果监测，使多产品生产厂的运营者判断问题的产生源——产品变化、具体生产活动、生产批次，找到解决问题的措施（案例详见 4.3.8.8 部分）。难降解有机物、AOX 及重金属的监测结果反映预处理是否正常（案例详见 4.3.7.14 和 4.3.7.22 部分）。监测频率应反映生产运行模式、产品更换频率以及生物 WWTP 的缓冲容积与停留时间之比。监测频率案例详见 4.3.8.21 部分的

表 4.86。

BAT 技术定期监测生物 WWTP 总原废水和总排水，基本监测参数如表 5.1 所列（详见 4.3.8.21 部分）。

5.3.4.8.1 生物监测

在活性药物、生物杀虫剂和植物保护剂等生产生态毒性物质的 OFC 厂，生物监测是识别总废水中残留急性毒性物质的重要手段，而不是追踪、监测某种不确定且很宽泛的物质的手段。生物监测也是识别生产厂固有问题的手段，其他监测数据往往不能明显反映这些问题。生物监测频率应反映生产运行模式和产品的更换频率。如果生物监测结果显示存在残留毒性，就应识别出现这类毒性的原因，从而提出有效措施予以消除。

BAT 技术定期进行对生态毒性物质生产厂废水生物 WWTP 的总排水的生物监测（案例详见 4.3.8.18 和 4.3.8.19 部分）。

5.3.4.8.2 毒性在线监测

如果需要关注残留急性毒性（如 WWTP 运行波动与关键生产活动相关），则通过生物在线监测与 TOC 在线监测组合在早期识别关键工况，促使运行人员做出应对。

BAT 技术，如果需要关注残留急性毒性，则采用生物在线监测与 TOC 在线监测的组合监测，案例详见 4.3.8.7 和 4.3.8.19 部分。

5.4 环境管理

许多环境管理技术被确定为 BAT 技术。范围（如详细程度）和 EMS 性质（如标准化或未标准化）通常与设备的性质、规模及复杂度，和环境影响范围相关。

BAT 技术，依据具体情况，坚持实施协同的 EMS，具有以下特征（详见第 4 章）。

① 顶层管理（顶层管理委员会是成功应用 EMS 其他功能的先决条件）确定装置的环境政策。

② 规划构建必要的管理程序。

③ 实施管理程序，应特别注意：

a. 结构和责任；

b. 培训、意识和竞争力；

c. 沟通；

d. 员工参与；

e. 文件材料；

f. 有效的过程控制；

g. 维护规程；

h. 应急准备和反应；

i. 符合环境法的安全保障。

④ 检查运行和采取正确措施，应特别注意：

a. 监测和监控〔详见，排放监测参考文件（the Reference Document on

Monitoring of Emissions)〕；

　　b. 正确预防措施；

　　c. 维护记录；

　　d. 独立（当可行时）的内部审核，确定环境管理系统符合预定计划及正确实施和维护。

　　⑤ 高层管理复审。

　　逐步补充上述内容的 3 个补充措施。但是，BAT 技术通常没有这 3 个补充措施。具体为：

　　a. 通过资信认证机构或外部 EMS 验证机构，审查确认管理系统和审核程序；

　　b. 编制发表（可能需要外部机构确认）定期的环境公报，介绍与设备相关的所有重要环境内容，确保对环境目标、指标以及合适的区域基准进行逐年对比；

　　c. 坚持实施国际公认的自愿制度（如 EMAS 和 EN ISO 14001：1996）。这种自愿制度赋予 EMS 更高可信度。特别是 EMAS 包括上述的所有特征，赋予更高可信度。但是原则上，如设计和实施正确，非标准化系统同样有效。

6

新技术

6.1 混合改进

（1）概述

大多数 OFC 是通过批量搅拌釜生产的。反应釜用于混合、反应和分离（如结晶和液-液萃取）。根据生产工艺的要求，许多反应釜和搅拌器的设计是可行的，但各自有优缺点。混合工况对工艺运行的影响很大，生产规模的搅拌反应釜的混合工况与实验或中试规模的存在很大差别。混合工况不佳会导致装置运行出现下列不良后果：

① 产率低于预期，原材料消耗增加，废物产生量加大；

② 试剂用量超量；

③ 反应釜搅拌效果差，溶剂用量超量；

④ 反应釜过度搅拌、搅拌器低效以及批次周期缩短，生产能耗超量；

⑤ 生产过程中固体原料反应不彻底，固体原料浪费大，批次周期缩短；

⑥ 气体原料传质效果差，气体原料用量超量；

⑦ 产品性质不稳定，生产不合格现象突出。

（2）环境效益

随具体应用而变，部分混合改善的环境效益包括：

① 氯耗量减少 50%；

② 原材料消耗减少 50%，废水量（色素生产）减少 75%；

③ 废水有机物（废水处理）减少 50%；

④ 表面活性剂用量减少 90%［粉末垂伸（draw-down）工艺］；

⑤ 批次减少 65%，能耗减少（凝胶生产）；

⑥ 避免反应釜新搅拌器过度设计，能耗下降30％（涂料厂）。

（3）运行资料

确保采用合适的混合，改善装置运行效果，避免生产批次浪费。

（4）跨介质效应

无。

（5）适用性

多数OFC工艺具有潜在适用性。新工厂设计时，技术应用的机会最大。现有装置及工艺改造具有经济高效的特点。多产品生产厂技术应用的机会较少，但是当工艺遇到严重问题或需要改造时，混合规模扩大需选择最合适的反应釜。

（6）经济性

相对于后续的装置改造、生产浪费或废物末端处理，问题预防更经济高效。

（7）实施驱动力

改善经济效益、增加产量、提高产品质量。

（8）参考文献和案例工厂

［104，BHR Group，2005］。

6.2 工艺强化

（1）概述

多数OFC的生产采用序批式搅拌釜，用于混合、反应和分离（如结晶和液-液萃取），技术原理简易，操作高度灵活。但是如6.1部分所述，运行稳定性差。搅拌釜的混合即使经过优化，其运行工况（如混合速率和热传递效率）基本控制，但是生产规模一旦扩大，运行效果仍会较差（详见6.1部分）。

批量生产到小规模生产，连续强化的反应釜技术的环境效益具有逐步改善的潜力。有许多适合于单相和多相过程的工艺强化（PI）技术，具体包括：

① 静态混合反应釜；

② 喷射器；

③ 化学反应釜-热交换器组合（HEX反应釜）；

④ 转盘反应釜；

⑤ 振荡流反应釜；

⑥ "超重力"技术。

PI技术属于微反应釜技术（详见4.1.4.6部分），并能应用于生产速率较高（10～10000 t/a）的场所，但微反应釜"编号"的理念不符合实际。

（2）环境效益

随应用而变，应用PI的环境效益的典型案例如下。

① 硅氢化过程的杂质量减少99％，产品的价值增加，同时过量试剂减少约20％，达到了额外溶剂去除的要求。

② 能耗减少＞70％（从许多工艺研究结果中获得的典型数据——通过混合时间和综合热量实质性减少获取）。

③ 对于潜在危险工艺，反应釜容积减少＞99％，有效确保安全操作。

通过 PI 技术和绿色化学（4.1.1 部分）、溶剂选择（4.1.3 部分）以及其他合成与反应工况（4.1.4 部分）的结合，实现环境效益的最大化。

(3) 跨介质效应

无。

(4) 运行资料

对于连续、强化工艺，需额外研发时间，重视工艺的启动关停程序。这些技术在稳定的状态下运行，可提供可靠工艺过程，使人工操作最小化，避免不同批次的差异性。

(5) 适用性

理想而言，PI 技术适合于固有快速化学过程（反应时间短于几分钟）。传统的设计过程不适用，但通过强化化学条件实现快速化学过程，PI 技术可有效运行。当反应物、催化剂或产品为固体时，PI 技术运行会出现问题（但是相对于微反应属于很小的问题）。设计新工厂时，应用 PI 技术的机会最大。在现有装置及工艺改造中使用 PI 技术能够达到经济高效。

PI 技术通过拼装"插用"设备，应用于多产品生产厂。

(6) 经济性

经济效益因应用而定，通过改善产品质量（价值）、提高产率、减少原料和溶剂的消耗增加利润。与传统装置比较，PI 技术装置的投资费用通常节省 50％～70％。

(7) 实施驱动力

改善经济效益，扩大产量，改善产品质量，改善固有安全性。

(8) 参考文献和实例工厂

［105，Stankiewicz，20］。

6.3 微波辅助有机合成

(1) 概述

微波辅助有机合成（MAOS）利用微波加热，提高化学反应速率。微波辐射通过"微波电介质加热"作用，快速加热各种材料。加热效果取决于特定材料（溶剂或试剂）吸收微波能量转化为热能的能力。微波辐射将微波能与分子直接耦合，产生有效内加热作用。微波光子能量弱，不能破坏化学键，所以微波不能诱导化学反应。

微波加热可以促使各类化学反应快速容易进行，包括烯丙基的烷化反应、闭合环复分解反应、环加成反应、C—H 键激活反应以及聚合物基体重组反应。该技术通过过热溶剂的反应使产物与溶剂分离。

（2）环境效益

① 能源效率提高（大幅度提高反应速率，扩大产率，减少副产品）。

② 避免使用过渡金属催化剂，防止有毒废物产生。

③ 严格控制反应参数。

（3）跨介质效应

无。

（4）运行资料

"微波的快速电介质加热与密封容器（高压灭菌锅）的结合是 MAOS 技术的发展方向"[107，Kappe，2004]。

溶剂的选择不在于沸点，取决于反应介质的电介质特性。后者通过投加强极性材料，如离子液体。

（5）适用性

适用于许多反应类型，技术简便（程序简单、易操作）有效。

以前，序批式反应釜 1 次能够处理几升。现在，反应釜具有单个或多个反应腔，连续运行可处理数公斤原料。然而，微波技术应用于 1000kg/批次以上的有机合成的规模化生产尚无文献发布。几家微波系统制造商正试图将该技术从实验室规模转向工业化规模生产。

（6）经济性

① 缩短反应时间（小时级缩短至分钟级），提高反应产率，减少反应副产物。

② 设备投资高（较传统加热设备的投资高几倍）。

（7）实施驱动力

改进精细化学品的合成。

（8）参考文献和实例工厂

[107，Kappe，2004]，[93，Leadbeater，2004]。

6.4 恒流反应釜

（1）概述

"恒流"的概念可应用于大多数热传递装置或（批次、半连续和连续式）反应釜的设计。"恒流"于连续式搅拌反应釜的应用属于最先进的技术发展——现代精细化学或医药制造业中最常见的工艺设备。

恒流搅拌反应釜应用完全不同的温度控制原理。传统搅拌反应釜以加热或冷却套管控制工艺温度。恒流搅拌反应釜具有可变热传递区域（见图 6.1）。热传递方程式如下。

$$q = U \cdot A \cdot \text{LMTD}$$

式中　q——热交换器补充或去除的热量，W；

　　　U——热传递系数，$W/(m^2 \cdot K)$；

　　　A——热交换面积，m^2；

LMTD——套管和工艺间的平均温差，K。

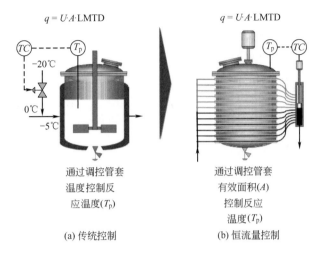

$q = U \cdot A \cdot \mathrm{LMTD}$ $q = U \cdot A \cdot \mathrm{LMTD}$

(a) 传统控制

通过调控管套温度控制反应温度(T_p)

(b) 恒流量控制

通过调控管套有效面积(A)控制反应温度(T_p)

图 6.1 传统温度控制和恒流温度控制的比较

传热总套管与独立控制的多根并联传热分套管连接，反应釜内形成变热传递区域（各根独立的进料和回流套管与共用歧管连接）。在出口歧管上，安装电动活塞，控制传热套管的运行数量。

使用面积作为基本控制参数，同时利用小的热传递单元，具有下列独特运行功能：

① 采用热平衡热度仪，有效实施工艺过程监测；

② 与传统技术相比，工艺过程的温度控制更加精确、快速和稳定；

③ 改善反应釜的工况；

④ 提高传热流体的利用率。

（2）环境效益

工艺的连续在线监控（采用热量测定仪）可获得下列环境效益：

① 准确测定工艺过程终点——提高产率，减少废物；

② 精确控制工艺过程终点——消除不必要的过长批次，提高设备利用率，降低能耗；

③ 准确断定潜在失控反应——降低与此相关的环境风险。

改善恒流工艺温度控制，提高反应选择性（和工况），提高产品质量，提高产品产量，减少次品生成量。

恒流通过完全不同的原理控制工艺过程温度。在流体热传递系统中，取得了下列环境效益：

① 循环热传递流体泵能耗减少超过 90%；

② 热传递流体温度绝对加热冷却能耗下降；

③ 热传递流体的耗量减少。

（3）跨介质效应

无。

（4）运行资料

恒流的运行操作与任何传统搅拌反应釜的运行操作基本相同。

① 体积容量：100mL～100000L。

② 结构材料：不锈钢、哈斯特洛合金、玻璃、搪玻璃钢和其他合金。

③ 运行压力：以需求确定。

④ 操作温度：根据需求而定。

⑤ U值（总热传递系数）等于或优于传统套管序批式反应釜。

(5) 适用性

恒流可适合于不同规模，实验室、中式和工业规模的各种类型序批式反应釜。恒流的原理可应用于序批式反应釜，如化学合成反应、结晶、聚合和发酵反应釜的运行。

另外，恒流原理可应用于连续流反应釜。但是恒流连续式反应釜尚处于研发的早期阶段。

(6) 经济性

工艺在线监测促使工艺的改进优化，从而使装置运行获得显著经济利益，后者取决于具体工艺和装置的性能。

与获得的运行效益相比，恒流投资费用通常较小。

(7) 实施驱动力

在制药行业，FDA工艺分析技术（PAT）是推动医药制造行业采用分析技术的关键驱动力。在主要的制造环境中，恒流提供了准确、简单、通用的分析手段。

更重要的是恒流产生的经济效益有效地促使其广泛应用于整个化工生产行业。

(8) 参考文献和实例工厂

[109，Ondrey，2005]，[110，A. Desai and R. Pahngli，2004]，[111，Ashe，2004]，[112，Hairston，2003]，[113，Ashe，2002]。

结束语

7.1　技术交流

7.1.1　工作进度安排

2003~2005 年，有机精细化学品（OFC）生产的最佳可行性技术（BAT 技术）开始了信息交流。通过 25 个月的工作，完成了资料收集和初稿编制，通过两次咨询会和最后的技术工作组会议（TWG）完成了本书。表 7.1 为 OFC BREF 编制工作进程。

表 7.1　有机精细化学品（OFC）BREF 编制工作进程

启动会议	2008 年 3 月 26~28 日
初稿	2004 年 2 月
第二稿	2004 年 12 月
技术工作组会议	2005 年 6 月 27~30 日

7.1.2　资料来源和书稿编制

许多报告内容翔实，为本书的编制提供了针对性的资料。其中，德国 [15，Köppke，2000，50，UBA，2001]、西班牙 [46，Ministerio de Medio Ambiente，2003] 和 CEFIC [18，CEFIC，2003] 的报告为本书初稿提供了素材。

通过访问西班牙、爱尔兰、法国、联合国、芬兰、瑞典、匈牙利、奥地利、瑞士、德国和意大利 [58，Serr，2003，91，Serr，2004] 的 28 家生产厂，收集了许多第一手资料，此项工作在一位或多位 TWG 成员的组织陪同下完成。行业、欧盟成员国、许多个体公司（本书的数据源于115个案例工厂）以及不愿公开姓名的作者等提供了相关资料和案例。

根据获得的1000条技术意见，编制了本书的初稿。然后征得约800条技术意见，编制了本书第二稿。最后的技术工作组会议讨论重点是 VOCs 回收/减排的技术选择，即废水原位与异位生物处理和废水预处理的选择。

7.1.3　共识程度

通过技术工作组的交流和最终技术工作组会议，资料交流非常成功，技术上达成高度共识，没有提出异议。但是，需要强调的是，技术保密的日益增强是本书资料收集编制过程中遇到的较大障碍。

7.2　未来工作建议

7.2.1　OFC 行业排放和消耗水平的量化评价

OFC 行业所面临的主要环境问题在1.2部分进行了总体介绍。本书第3章"现行排放和消耗水平"仅介绍了个别案例工厂的排放值。除图3.1和表3.6外，关于 OFC 行业总体排放，没有更加具体详细的数据和资料。这应是未来工作的内容。

7.2.2　从 OFC 装置拓展 VOCs 排放状况的解析

多产品工厂以序批式生产 OFC。产品规模"较大"，则采用特定生产线，运行方式包括序批式、半序批式或连续运行，形成了多样的形式。资料交流显示，以传统方法解析 OFC 行业的 VOCs 排放往往出现误导性结果。表7.2列举了与 VOCs 大气排放相关的未来工作建议。

表7.2　与 VOCs 大气排放相关的未来工作建议

问题	建议
输送源的排放监测解析	VOCs 大气排放量变化剧烈，是排放值确定的一个重要难题。未来的工作应通过 5.3.1.1.4 和 5.3.1.1.5 部分介绍的关于排放历时监测和连续监测的 BAT 技术测试的数据，确定相应的排放值
扩散型和逃逸型排放	既有资料交流没有足够的数据，不能支撑评估扩散型/逃逸型排放的作用及其对 TVOC 排放的贡献
VOCs 物质的统一分类体系	在欧洲存在空气排放物的不同分类体系，对 OFC 行业确定不同化合物的危害性差异构成了困难

7.2.3 OFC 废水联合预处理平台

OFC 资料交流强调了废水流预处理与总废水生物处理相结合的重要性。通过联合预处理平台，在碱性条件下，有氧高压湿式氧化工艺可高效灵活处理（详见 5.2.4 部分介绍的 BAT 技术）OFC 废水，特别是 OFC 聚集区（见 4.3.7.4 部分）的排放废水。同时，可以处置废水生物处理的剩余污泥（详见表 7.3）。未来的工作应加强该处理工艺的经济评价，比较单独的废水处理策略。

表 7.3 资料缺乏不能进行 BAT 技术评价的主题

主题	评论
废水处理污泥处置	详见 4.3.7.4、4.3.7.22 和 5.2.4.5 部分。未来工作应开展不同技术的评价
天然产品提取	天然产品提取原材料的重要工艺，详见 2.7.2 和 4.1.5 部分
废弃炸药处置	炸药厂经常进行废弃炸药处置，详见 2.5.8 部分

7.2.4 制剂工艺评价

许多化学合成产品，如染料/颜料、杀菌剂/植物健康品或爆炸物呈制剂、混合物或标准悬浮物形式。生产设备从技术上可与合成单元连接，运行上可以相同生产规程/批量操作。制剂加工会产生污染物，如残留溶剂的 VOCs、配料的微粒物、冲洗/清洗废水以及其他分离废水。未来的工作应根据 2.7.1 部分的资料，进一步开展评价制剂加工过程的评价。

7.2.5 其他

资料交流在一些主题上未能获取充足的技术数据，进行 BAT 技术的评价，相关的技术只能得出通用性结论。表 7.3 为最终 TWG 会议所确定的资料缺乏不能进行 BAT 技术评价的主题。

7.2.6 R&D 的未来工作

大多数 OFC 的生产采用序批搅拌反应釜，如混合、反应和分离（如结晶和液-液提取）。这类技术具有易掌握且操作高度灵活的优点，缺点是运行常常非最佳效果（详见 6.2 部分）。"新兴技术"一节中介绍了多种可选择的工艺技术，首次工业规模应用的实例于第 4 章 BAT 备用技术（详见 4.1.4.6 部分）中。尽管这些技术具有环境效益，其报告却不明确。因此，R&D 未来的工作应提供更详细的资料，特别是环境效益、跨介质效应和技术适用性。

WEA 是评估废水处理效率的手段。WEA 原理基于生物测定，评价废水有机物毒性、持久性和生物富集性。WEA 技术包中的几种测试方法不仅可行而且非常有效，其中主要是急性毒性和生物富集性监测。WEA 后续 R&D 工作应关注持久性、慢性毒性和应用案例研究，论证在 OFC 行业应用"可用性"（详见 4.3.8.19 部分）。

通过 RTD 计划，EC 启动支持了清洁生产技术、新兴废水处理和循环技术以及管理策略的计划课题。这些课题的成果可以为 BREF 的审查提供技术支撑。诚邀读者将涉及本书内容（详见本书绪论）的研究结果及时通报 EIPPCB。

附录 I

缩写和释义

A

ADR	危险化学品国际公路运输的欧洲协议
AOX	吸附性有机卤化物。计量水中吸附性有机卤化物。分析检测首先通过无卤化物的活性炭吸附水样中的有机化合物,然后硝酸钠溶液淋洗活性炭以完全去除氯离子(非有机卤化物),再以氧气燃烧活性炭,定量所产生的氯化氢。此方法仅可检测氯、溴和碘(不能检测生态学上很重要的氟化物),溴和碘以氯计。AOX 检测结果以 $mgCl/L$ 水或 $mgCl/g$ 物质计
APIs	药物活性成分

B

BOD_5	5 日生化需氧量,微生物生物氧化水中有机物生成二氧化碳和水的耗氧量指标有机浓度越高,耗氧量越大。因此,废水中有机物浓度过高,导致水中含氧量降至低于水生生物承受值 BOD 测试试验,测定在 20℃,稀释条件下,5d、7d 或 30d(不常见)后的溶解氧耗量,分别为 BOD_5、BOD_7 或 BOD_{30} 测定值常表述为: • mgO_2/L 总废水 • mgO_2/g 物质
BREF	BAT 技术参考文献

C

CA	炭吸附处置
CAS	化学文摘社

CEEC	中东欧国家
CEFIC	欧洲化学工业委员会
CFCs	氯氟化碳
CFR	联邦法规代码。美国联邦政府综合部门编纂在《联邦公报》上发布的一般性和永久性的法典
CHF	瑞士法郎
cGMP	关于药物生产、加工、包装和保存的《国际药品生产质量管理规范》
CHCs	氯化烃
CIP	原位清洗
cmr	致癌、致突变、生殖毒性
COD	化学需氧量,氧化水中有机、无机物所耗氧的量的指标 COD 测试在 150℃、强氧化剂(通常是重铬酸钾)存在的条件下进行。为评价耗氧量,测定 Cr^{6+} 还原为 Cr^{3+} 的量,然后转化为氧的量 结果通常表述为: • mgO_2/L(总废水) • mgO_2/g(物质)
CP	质量流量与比热容之乘积

D

$DeNO_x$	废气氮氧化物去除
DMF	二甲基甲酰胺
DEM	德国马克
DMSO	二甲基硫亚砜
DOC	溶解性有机碳

E

EC	欧共体
EC_{50}	急性毒性水平 EC_x 使用统计数据分析,需要至少 5 对浓度及响应数据,响应数据值应在 0~100% 之间。EC_{50} 值表示,50% 的受试生物产生明显负影响浓度值。参见"LID"
ECPA	欧洲作物保护协会
EFTA	欧洲自由贸易联盟
EHS	环境、健康和安全
EIPPCB	欧洲污染综合防治局
ELV	排放限值
EMAS	生态管理审核计划
EMPA	瑞士联邦实验室及材料测试研究院

EOX	可萃取有机卤素
EPA	环境保护局
ESIG	欧洲溶剂工业集团
ESIS	欧洲现有物质信息系统
EtO	环氧乙烷
EU	欧盟
EUR	欧元

F

FDA	美国联邦药品管理局
FID	火焰离子检测器
浮栏	由塑料、天然或合成材料构成的漂浮或固定装置，这种装置可用于盛装大量溢出物，如特定区域内、外的石油。浮栏呈不同形状、大小和形状，可用于陆上或水上

G

GDCh	德国化学会
GMO	基因改造生物
GMP	药品生产质量管理规范
固有有机负荷	废水中不能被固有生物去除性测试（如 Zahn-Wellens 测试）生物去除的一部分有机负荷

H

HHC	卤代烃
HMX	高熔点炸药，即奥克托今或环四亚甲基四硝胺
HNS	六硝基芪

I

IBC	中型贮运箱
IEP	爱尔兰磅
IMS	工业甲基化酒精
IPPC	污染综合预防控制措施
IQ	安装验证
ISO	国际标准化组织
I-TEQ	二噁英/呋喃的国际毒性当量

K

可去除 CHCs	常见可氯化烃类(CHCs)为可汽提去除的水中氯代化合物。水中 CHCs 的脱除技术还包括精馏、萃取、汽提及其组合工艺

L

L(CT)	指定暴露期的致死浓度
LEL	爆炸下限
$LID_{F,D,A,L,EU}$	最低无效稀释 总废水稀释至受试生物无影响。常见受试生物为鱼(F)、水蚤(D)、海藻(A)、发光细菌(L)、遗传毒性(EU)。LID 测试既无需浓度响应关系,比 EC_{50} 测试简单,也无需统计学评价和置信限值。LID_F 测试则逐渐以鱼卵替代鱼,结果与鱼的很一致,因此无需改变"LID_F"术语

M

MAOS	微波辅助有机合成
MEK	甲基乙酮
MIBK	甲基异丁酮
MITI	日本国际贸易与产业部
MTBE	甲基叔丁醚
MW	兆瓦

N

NC	硝化纤维素
NCE	新化学体
NG	硝化甘醇
nm	纳米

O

OECD	经济合作与发展组织
OFC	有机精细化学品
OQ	操作认证

P

PAH	多环芳烃
PAN	过氧乙酰硝酸酯
PCB	多氯联苯
PCDD	多氯代二噁英
PCDF	多氯代苯并呋喃
PEG	聚乙二醇
PETN	季戊四醇四硝酸酯
PI	工艺强化
PLC	可编程逻辑控制器
POP	持久性有机污染物
ppm	百万分之一
PTFE	聚四氟乙烯,俗称特氟龙®
PV	工艺验证

R

R&D	研发
R-术语	R-术语是标准术语,表示危险物使用过程中存在的风险。67/548/EEC 指令的附录Ⅲ,即危险物质的分类、包装、标识相关的法规与管理条例,明确了术语 R 的定义
R40	致癌效应的有限证据(参考上述"R-术语")
R45	可能致癌(参考上述"R-术语")
R46	可能损伤遗传基因(参考上述"R-术语")
R49	吸入可能致癌(参考上述"R-术语")
R60	可能损伤生殖力(参考上述"R-术语")
R61	可能伤害未出生婴儿(参考上述"R-术语")
RTD	研究、技术和发展

S

SCAS	半连续性活性污泥工艺
SCR	选择性催化还原工艺
生物降解性	有机物的细菌可生物氧化性指标,常用(有机物)%计。以 BOD 试验(OECD 测试 301A-F)测定,与废水生物处理装置的生物降解作用相关
生物削减率	生物处理厂有机物总去除(包括生物降解)效果指标,常用(物质总量)%计。采用生物去除 OECD 302 B 方法测定,结果反映包括生物处理厂总去除效果: • 生物降解(测定时间长达 28d,以测定废水中存在需要专门驯化的微生物的降解效果)去除; • 活性污泥吸附去除; • 挥发性物质的汽提去除; • 水解沉淀过程去除

水生生物毒性	特定污染物的水生生物影响指标。最常见的参数如下。 IC_{10}＝细菌生长的抑制浓度（10%的抑制）。浓度高于 IC_{10} 值会严重影响生物处理厂运行效果,甚至完全抑制活性污泥的活性 LC_{50}＝致死浓度（50%的死亡率）。以鱼为实验对象,表示鱼死亡数达50%的毒性物质浓度值 EC_{50}＝半数效应浓度（50%的效应）。它是用于特别敏感的生物,如水蚤藻和海藻 特定污染物的水生生物毒性水平,定义如下。 • 剧毒:＜0.1mg/L。 • 极毒:0.1～1mg/L。 • 有毒:1.0～10mg/L。 • 中等毒性:10～100mg/L。 • 无毒:＞100mg/L
SNCR	选择性非催化还原工艺
SME	小型或中等企业
SOP	标准运行规程

T

T+	通过吸入、皮肤接触或吞食等曝露途径,产生剧毒(的化合物)
TAA	联邦德国环境、自然保护和核安全部所属的工厂安全技术委员会
TATB	1,3,5-三氨基-2,4,6-硝基苯
TDS	总溶解性固体
THF	四氢呋喃
TMT	三聚硫氰酸
TNT	2,4,6-三硝基甲苯
TO	热氧化剂
TOC	总有机碳
TPP	三苯基膦
TPPO	三苯基氧膦
TWG	技术工作组

U

UBA	联邦环境署
UK	英国
US	美国
USD	美元
UV	紫外光

V

VOCs	挥发性有机化合物	
VSS	挥发性固体悬浮物	

W

WEA	总废水评价,总废水生态毒性效应(持久性、生物累积性和毒性)评价。毒性水平的两个常用指标:EC_{50} 或 LID	
WESP	湿式静电除尘器	
WWTP	污水处理厂	

附录 II

词典

英语	德语	法语	西班牙语
abatement	Minderung	réduction，suppression	limpieza
activated carbon	Aktivkohle	charbon actif	carbón activo
active ingredient	Wirksubstanz	ingredient actif	componente activo
AOX	AOX	AOX	AOX
batch	Charge	lot	batch
batch production	chargenweise Herstellung	production en discontinue	producción en batch
BOD	BSB	DBO	DBO
broth	Brühe	bouillon	caldo
by-products	Nebenprodukte	sous-produits	subproducto
COD	CSB	DCO	DQO
condenser	Rückflusskühler	condenseur	condensador
degradability	Abbaubarkeit	dégradabilité	degradabilidad
distillation residue	Distillationsrückstand	résidu de distillation	residuo de destilación
effluent	Abwasser	effluent	aguas residuals
emission inventory	Emissionskataster	inventaire des emissions	catastro de emisiones
exhaust gas	Abgas	rejet gazeux	emisión gaseosa
fire fighting water	Löschwasser	eau d'incendie	agua contraincendio
heavy metal	Schwermetall	métaux lourds	metal pesado
intermediate	Zwischenprodukt	produit intermédiaire	producto intermedio
isomer	Isomer	isomère	isómero
mass balance	Massenbilanz	bilan matière	balance de materias

续表

英语	德语	法语	西班牙语
mother liquor	Mutterlauge	eaux mères	aguas madres
organic load	organische Fracht	charge organique	carga orgánica
phase	Phase	phase	fase
pigging technology	Molchtechnik	technique de raclage des canalisations	transporte y limpieza simultaneous
point source (emission)	Emissionsquelle	point source	punto de emisión
precipitation	Fällung	precipitation	precipitación
pretreatment	Vorbehandlung	pré-traitement	pre-tratamiento
recovery	Rückgewinnung	récupération	recuperación
rinsing/cleaning water	Spülwasser	rinçage/eau de rinçage	aguas de limpieza
salting out	Aussalzen	précipitation par ajout de sel	precipitar con sal
scrubber	Wäscher	épurateur (laveur de gaz)	lavador de gases
stirred-tank reactor	Rührkesselreaktor	reacteur sous agitation	reactor de tanque agitado
stripping	Strippen	stripage,separation	agotamiento
thermal oxidation	Thermische Nachverbrennung	oxidation thermique	oxidación termica
TOC	TOC	DBO	COT
total effluent	Gesamtabwasser	effluents totaux	efluente total
VOCs	VOCs	COV	COV
wash-water	Waschwasser	eau de lavage	aguas de lavado
waste water stream	Abwasserteilstrom	écoulement des eaux usées	corriente segregada
work-up	Aufarbeitung	finition,fabrication	procesar
yield	Ausbeute	rendement	rendimiento

附录Ⅲ

案例工厂概况

本书的资料和数据源于表 F1 列出的案例工厂，即资料对应于具体的或匿名的案例工厂，排名不分先后。贯穿全书的同一代码数字代表同一案例工厂。如表 F1 所列，代码数字后的字母表示不同产品类别。

表 F1　案例工厂概况

字母	产品类别	出现频次
A	APIs	51
B	杀菌剂或植物健康产品	14
D	染料/颜料	13
E	爆炸物	8
F	香料/香精	6
I	中间体	73
L	大型综合性多产品生产基地	2
O	荧光增白剂	2
V	维生素	3
X	其他 OFC	27

案例工厂	产品
001A,I	APIs,中间体
002A	APIs
003F	香料/香精
004D,O	荧光增白剂,染料
005A	APIs
006A,I	APIs,中间体
007I	中间体

续表

案例工厂	产品
008A,I	APIs,中间体
009A,B,D	APIs,活性植物保护剂,染料
010A,B,D,I,X	APIs,植物活性保护剂,染料,中间体,精细有机化学品,硫酸,乙醛,C1-CHCs
011X	光稳定剂,抗氧化剂,缓蚀剂,添加剂,稳定剂
012X	有机及无机专用化学品
013A,V,X	APIs,维生素,有机精细化学品
014V,I	维生素,中间体
015D,I,O,B	染料,中间体,荧光增白剂,抗菌剂
016A,I	APIs,中间体
017A,I	APIs,中间体
018A,I	APIs,中间体
019A,I	APIs,中间体
020A,I	APIs,中间体
021B,I	中间体,生物农药
022F	香料/香精
023A,I	APIs,中间体
024A,I	APIs,中间体
025A,I	APIs,中间体
026E	爆炸物
027A,I	APIs,中间体
028A,I	APIs,中间体
029A,I	APIs,中间体
030A,I	APIs,中间体
031A,I	APIs,中间体
032A,I	APIs,中间体
033L	大型综合多产品生产基地
034A,I	APIs,中间体
035D	染料
036L	大型综合多产品生产基地
037A,I	APIs,中间体
038F	香精
039A,I	APIs,中间体
040A,B,I	APIs,生物农药,中间体
041A,I	APIs,中间体
042A,I	APIs,中间体
043A,I	APIs,中间体
044E	爆炸物

续表

案例工厂	产品
045E	爆炸物
046I,X	中间体,委托合成品
047B	生物农药,植物健康品
048A,I	APIs,中间体
049A,I	APIs,中间体
050D	染料,颜料
051I,X	中间体,多产品
052I,X	中间体,多产品
053D,X	颜料,印刷助剂
054A,I	APIs,中间体
055A,I	APIs,中间体
056X	纺织助剂
057F	香料/香精
058B	除草剂,杀螺剂
059B,I	生物农药,中间体,多产品
060D,I	染料,中间体
061X	专用表面活性剂
062E	爆炸物
063E	爆炸物
064E	爆炸物
065A,I	APIs,中间体
066I	中间体
067D,I	染料,颜料,中间体
068B,D,I	染料,植物健康品,中间体
069B	植物健康品
070X	专用表面活性剂
071I,X	专用表面活性剂
072I,X	添加剂
073F	香料,香精
074F	香料,香精
075I,X	中间体,其他有机精细化学品
特殊	专用表面活性剂
077X,I	添加剂,专用表面活性剂,中间体
078X,I	中间体,其他有机精细化学品
079D	染料,颜料
080I	中间体
081A,I	APIs,中间体

续表

案例工厂	产品
082A,I	APIs,中间体
083A,I	APIs,中间体
084A,I	APIs,中间体
085B	生物农药,植物健康品,中间体
086A,I	APIs,中间体
087I	中间体
088I,X	纺织化学品,洗涤剂,添加剂,中间体
089A,I	APIs,中间体
090A,I,X	APIs,中间体,食物添加剂
091D,I	燃料,燃料中间体
092B,I	杀虫剂,除草剂,杀菌剂,中间体
093A,I	APIs,中间体
094I	中间体
095A,I	APIs,中间体
096A,I	APIs,中间体
097I	中间体
098E	爆炸物
099E	爆炸物
100A,I	APIs,中间体
101D,I,X	染料,中间体,其他有机精细化学品
102X	未提供
103A,I,X	APIs,中间体,分析试剂,其他有机精细化学品
104X	专用橡胶,添加剂
105X	未提供
106A,I	APIs,中间体
107X	未提供
108B,I	农用化学品,中间体
109A,V	APIs,中间体
110B	农用化学品
111A,I	APIs,中间体
112X	添加剂
113I,X	化妆品用表面活性剂
114A,I	APIs,中间体
115A,I	APIs,中间体

◀参考文献▶

[1] Hunger，K. (2003). "Industrial Dyes"，WILEY-VCH，3-527-30426-6.

[2] Onken，U.，Behr，A. (1996). "Chemische Prozesskunde"，Georg Thieme Verlag，3-527-30864-4.

[3] Ullmann (2001). "Ullmann's Encyclopedia of Industrial Chemistry"，iley-VCH.

[4] Christ，C. E. (1999). "Production-Integrated Environmental Protection and Waste Management in the Chemical Industry"，3-527-28854-6.

[5] Anastas，P. T.，Williamson，T. C. (Eds.) (1996). "Green Chemistry-Designing Chemistry for the Environment"，ACS Symposium Series，0-8412-3399-3.

[6] Köppke，K.-E.，Wokittel，F. (2000). "Forschungsbericht: Untersuchungen von Moeglichkeiten medienuebergreifender Emissionsminderungen am Beispiel von Betrieben der Pharma- und Spezialitaetenchemie"，297 65 527 FG Ⅲ 2.3.

[7] Winnacker and Kuechler (1982). "Chemische Technologie Band 6"，Carl Hanser Verlag，3-446-13184-1.

[8] Schönberger，H. (1991). "Zur biologischen Abbaubarkeit im Abwasserbereich. Ist der Zahn-Wellens-Abbautest der richtige Test?"，Z. Wasser-Abwasser-Forsch，pp. 118-128.

[9] CEFIC (2003). "Best available techniques for producing Organic Fine Chemicals".

[10] Booth，G. (1988). "The manufacture of organic colorants and intermediates"，Society of Dyers and colourists，0-901956-47-3.

[11] Bamfield，P. (2001). "The restructuring of the colorant manufacturing industry"，Rev. Prog. Color.，pp. 1-14.

[12] EFPIA (2003). "About the industry"，EFPIA.

[13] ECPA (2002). "Ten years of ECPA: 1992-2002"，European Crop Protection Association，ECPA.

[14] US EPA (2003). "About Pesticides"，US EPA.

[15] EFRA (2003). "Market Statistics"，European Flame Retardant Association.

[16] Kruse，W. (2001). "Errichtung einer Produktionsanlage zur Herstellung von 7-Aminocephalosporansaeure"，BC Biochemie GmbH，Frankfurt，20028.

[17] GDCh (2003). "Summary of BUA Stoffberichte".

[18] OECD (2003). "Introduction to the OECD guidelines for testing of chemicals".

[19] Loonen，H.，Lindgren，F.，Hansen，B.，Karcher，W.，Niemela，J.，Hiromatsu，K.，Takatsuki，M.，Peijnenburg，W.，Rorije，E.，Struijs，J. (1999). "Prediction of biodegradability from chemical structure: modeling of ready biodegradability test data"，Environmental Toxicology and Chemistry，pp. 1763-1768.

[20] Kaltenmeier，D. (1990). "Abwasserreinigung nach dem Stand der Technik in chemischen Grossbetrieben"，Korrespondenz Abwasser，pp. 534-542.

[21] ESIS (2003). "European Existing Substances Information System"，European Chemicals Bureau.

[22] European Commission (2003). "BREF on common waste water and waste gas treatment/management systems in the chemical sector".

［23］ CEFIC (2003). "Crop protection Agents".

［24］ DECHEMA (1995). "Industrial Waste Water: The Problem of AOX", DECHEMA, 3-926 959-70-3.

［25］ Schwarting, G. (2001). "Für alle Fälle - Zentrale Abgasreinigungsanlage fürpharmazeutischen Multi-purpose-Betrieb", Chemie Technik, pp. 54-56.

［26］ CEFIC (2003). "Special considerations surrounding product families: Pharmaceuticals".

［27］ Moretti, E. (2002). "Reduce VOCSS and HAP Emissions", CEP, pp. 30-40.

［28］ ESIG (2003). "Guide on VOCSS emissions management".

［29］ Moretti, E. C. (2001). "Practical solutions for reducing volatile organic compounds and hazardous air pollutants", 0-8169-0831-1.

［30］ Bayer Technology Services (2003). "LOPROX®-Niederdruck-Nassoxidation zur Abwasservor-reinigung und Schlammbehandlung", Bayer Technology Services.

［31］ Schwalbe,T. , Autze, V. , Wille, G. (2002). "Chemical Synthesis in Microreactors", Chimia, 56/11, pp. 636-346.

［32］ Hiltscher, M. , Smits (2003). "Industrial pigging technology", Wiley-VCH, 3-527-30635-8.

［33］ TAA (1994). "Guide for the Identification and Control of Exothermic Chemical Reactions", Technical Committee for Plant Safety (TAA) at the German Federal Ministry of Environment, Nature Conservation and Nuclear Safety.

［34］ Chimia (2000). "Green Chemistry", Chimia, pp. 492-530.

［35］ Hörsch, P. , Speck, A. , Frimmel, F. (2003). "Combined advanced oxidation and biodegradation of industrial effluents from the production of stilbene-based fluorescent whitening agents", Water Research, pp. 2748-2756.

［36］ Ministerio de Medio Ambiente (2003). "Spanish report on BATs in the Organic Fine Chemistry Sector".

［37］ TA Luft (2002). "Erst allgemeine Verwaltungsvorschrift zum Bundesimmissionsschutzgestz-Technische Anleitung zur Reinhaltung der Luft", Bundesgesetzblatt.

［38］ Anhang 22 (2002). "Anhang 22 zur Abwasserverordnung: Chemische Industrie".

［39］ UBA (2001). "German proposals for BAT for the BREF on common waste water and waste gas treatment in the chemical sector".

［40］ UBA (2004). "Data and comments" for subsections "Sulphonation", "Diazotisation" and "Metal-lisation".

［41］ UBA (2004). "BREF OFC: Herstellung von Pflanzenschutzmitteln", personal communication.

［42］ Verfahrens u. Umwelttechnik Kirchner (2004). "Abluftkonzept für die hochflexible Produktion organischer Feinchemikalien", Verfahrens u. Umwelttechnik Kirchner, Wischbergstrasse 8, 91332 Heiligenstadt, personal communication.

［43］ CEFIC (2003). "Logical grouping of unit operations and processes".

［44］ Jungblut, H. -D. , Schütz, F. , BASF Aktiengesellschaft, Ludwigshafen (2004). "Special considerations surrounding product families: Crop Protection Chemicals".

［45］ UBA (2004). "Translated excerpt from Hinweise und Erläuterungen zum Anhang 22 der Abwasserverordnung".

［46］ Serr, B. (2003). "Mission report: site visits in Spain".

［47］ SICOS (2003). "Guide technique de mise en place des schemas de maitrise de emissions dans le secteur de la chimie fine pharmaceutique", SICOS, Ministere de L'Écologie et du Développement

Durable，ADEME.

［48］ Martin，M. (2002). "Membrantechnik für scharfe Farben"，Chemie Technik，pp. 66-67.

［49］ D1 comments (2004). "TWG's comments on draft 1 OFC".

［50］ European Commission (2005). "BREF on Emissions from Storage".

［51］ Freemantle，M. (2003). "BASF's Smart Ionic Liquid"，Chemical and Engineering News，81/ 13，pp. 1.

［52］ Riedel (2004). "Ionic Liquids"，Sigma-Aldrich.

［53］ UBA (2004). "Data and comments" for subsections "chlorination"，"alkylation"，"condensation" and "pretreatment on production sites for biocides/plant health products".

［54］ Anonymous (2004). "Comparison of two sites for the Production of insecticides"，personal communication.

［55］ Wuthe，S. (2004). "Mikroreaktoren halten Einzug in die Produktion von Feinchemikalien"，Chemie Technik，pp. 36-40.

［56］ SW (2002). "Mikroverfahrenstechnik auf dem Weg in die Produktion"，Chemie Technik，pp. 46-50.

［57］ EPA，U. (1999). "How to prevent runaway reactions"，Case study：Phenol-formaldehyde reaction hazards.

［58］ Gartiser，S.，Hafner，C. (2003). "Results of the " Demonstartion Program " in Germany. Report to the OSPAR IEG on Whole Effluent Assessment. "，FKZ 201 19 304.

［59］ Trenbirth，B. (2003). "Discussion of emissions from an Organic Fine Chemical Manufacturer"，Contract Chemicals.

［60］ Rathi，P. (1995). "H-acid：A review and analysis of cleaner production"，Chemical Engineering World，XXX，/10，pp. 6.

［61］ Boswell，C. (2004). "Microreactors gain wider use as alternative to batch production"，Chemical Market Reporter，pp. 8-10.

［62］ Linnhoff (1987). "Process Integration of Batch Processes" AIChE Annual Meeting，New York.

［63］ Baumgarten，G.，Jakobs，D.，Muller，H. (2004). "Behandlung von AOX haltigen Abwasserteilströmen aus pharmazeutischen Produktionsprozessen mit Nanofiltration und Umkehrosmose"，Chemie Ingenieur Technik，pp. 321-325.

［64］ Gebauer，M.，Lorch，H-W. (1995). "Produktionsintegrierte Prozesswasseraufbereitung in der Pharmazeutischen Industrie (Verfahrensvorstellung und erste Betriebserfahrungen) " Colloquium Produktionsintegrierter Umweltschutz-Bremen.

［65］ Meyer，E. (2004). "Abwasserbehandlung nach dem Stand der Technik am Beispiel eines pharmazeutischen Betriebes" Abwasser aus der chemischen und pharmazeutischen Industrie.

［66］ Oza，H. (1998). "Options for improvements in H-acid manufacture"，Chemical weekly，pp. 151-158.

［67］ Falcke (1997). "Biomonitoring of the effluents of the Organic Chemical Industry" Ecotoxicological Evaluation of Waste Water，Berlin.

［68］ 3V Green Eagle (2004). "Solid-liquid separation"，3V Cogeim，www. 3v-cogeim. com.

［69］ 3V Green Eagle (2004). "Advanced Technologies for waste water treatment"，3V Cogeim，www. 3v-cogeim. com.

[70] Serr, B. (2004). "Information obtained from site visits in Finland, Sweden, Hungary, Austria, Switzerland, Germany and Italy".

[71] Collivignarelli, C., Riganti, V., Galessi, R. (1999). "WET OXIDATION-Sperimentazione su Impianti Pilota del Tratamiento del Refluo da Produzione di Caprolattame".

[72] Leadbeater, N. (2004). "Making microwaves", Chemistry World, pp. 38-41.

[73] O'Driscoll, C. (2004). "Small is bountiful - disposable microreactors bring chemical manufacture to the desktop", Chemistry World, pp. 26-30.

[74] Up-To-Date Umwelttechnik AG (2005). "ConCat Abluftreinigungsanlagen-Zusatzinformationen", Up-To-Date Umwelttechnik AG.

[75] Up-To-Date Umwelttechnik AG (2005). "ConCat Abluftreinigung", Up-To-Date Umwelttechnik AG.

[76] Up-To-Date Umwelttechnik AG (2005). "PLASMACAT Clean air at low cost", Up-To-Date Umwelttechnik AG.

[77] Up-To-Date Umwelttechnik AG (2005)."PLASMACAT Abluftreinigung-Zusatzinformationen", Up-To-Date Umwelttechnik AG.

[78] D2 comments (2005). "TWG's comments on draft2 OFC".

[79] TAA (2000). "Technische Regel für Anlagensicherheit TRAS 410 Erkennen und Beherrschen exothermer chemischer Reaktionen", Bundesanzeiger, 166a/2001.

[80] VDI (2000). "VDI2440 Emissionsminderung Mineralölraffinerien", VDI.

[81] European Commission (2005). "BREF on Waste Incineration".

[82] BHR Group (2005). "Benefits of improving mixing processes".

[83] Stankiewicz, A., Moulijn, J., Dekker, M. (Eds) (2004). "Re-engineering the chemical processing plant - Process Intensification", 0-8247-4302-4.

[84] Koppke, K.-E., Wokittel, F. (2000). "Untersuchungen zum Einsatz abwasserloser Produktionsprozesse in der chemisch-pharmazeutischen Industrie", 299 26 306.

[85] Kappe, C. O. (2004). "Controlled Microwave Heating in Modern Organic Synthesis", Angewandte Chemie International Edition, pp. 6250-6284.

[86] European Commission (2003). "BREF on General Principles of Monitoring".

[87] Ondrey, G. (2005). "A new process-monitoring tool passes field tests", Chemical Engineering, pp. 15.

[88] A. Desai and R. Pahngli (2004). "An Investigation into Constant Flux Transfer for Improved Reaction and Crystallisation", Department of Chemical Engineering, Imperial College.

[89] Phosgene Panel (2005). "Phosgene Panel", American Chemistry Council.

[90] TWG 2 comments (2005). "TWG's comments in the final TWG meeting", personal communication.